全国应用型人才培养工程指定教材
IT 技术类

软件测试技术

IT 技术类教材编写组　组编
杨　堃　熊应高　　　　主编

北京航空航天大学出版社

内容简介

本书是最新编写的《软件测试技术》课程的指定教材。主要内容包括:软件测试概述、黑盒测试方法、白盒测试方法、软件测试过程、系统测试技术与应用、软件测试报告与测试评价、软件测试项目管理、软件测试自动化与软件测试工具、WinRunner 测试工具等。

本书既可作为高职高专院校各专业相关课程的教材,也可以供广大计算机爱好者自学或计算机培训班使用。

图书在版编目(CIP)数据

软件测试技术/杨堃等主编. —北京:北京航空航天大学出版社,2009.9

ISBN 978-7-81124-876-0

Ⅰ.软… Ⅱ.杨… Ⅲ.软件—测试—高等学校—教材 Ⅳ.TP311.5

中国版本图书馆 CIP 数据核字(2009)第 138981 号

软件测试技术

IT 技术类教材编写组 组编

杨 堃 熊应高 主编

责任编辑 杨 昕

*

北京航空航天大学出版社出版发行

北京市海淀区学院路 37 号(100083) 发行部电话:(010)82317024 传真:(010)82328026

http://www.buaapress.com.cn E-mail:bhpress@263.net

北京市松源印刷有限公司印装 各地书店经销

*

开本:787×1 092 1/16 印张:13 字数:333 千字

2009 年 9 月第 1 版 2009 年 9 月第 1 次印刷 印数:5 000 册

ISBN 978-7-81124-876-0 定价:24.00 元

全国应用型人才培养工程
指定教材编委会

丛书前言

社会要发展，人才是关键。随着知识经济时代的到来，人才资源在经济发展中的地位和作用日益突出，已经成为现代经济社会发展的第一资源。目前，国内各行业对于应用型人才的需求日益迫切，无论是IT技术、工程制造领域，还是经济管理，甚至社会科学领域，都是如此。

全国应用型人才培养工程是由中外科教联合现代应用技术研究院组织开展的面向现代企业用人需要的人才工程。工程坚持“职业能力为导向，职业素质为核心”的课程设计原则，重点突出“职业精神、职业素质、职业能力”的培养，以提高学员的职业能力为目的，弥补技术人才与岗位要求的差距，提高学员的从业竞争力，培养适应现代信息社会需要的高技能应用型专业人才。

全国应用型人才培养工程包括培训、测评和就业三大部分。以企业对特定岗位的实际技术要求以及对从业人员的职业精神和素质要求为依据，通过课程嵌入或者集中培训的方式解决企业在岗前培训设置方面的诸多问题。人才工程还集合各专业、各方向社会普遍认可的考核、评测体系，通过整合及学分互认等方式，实现国家认证、国际学历的有益结合；实现职业资格、职业能力、专项技能和人才资格等多种认证的有益互补；实现紧缺人才库入库、技能大赛选拔以及人才择优推荐的有益支持，从而实现始于培训、专于认证、达于就业的完整的人才培养和服务体系。

全国应用型人才培养工程培训课程包括IT技术类、工程制造类、经济管理类和社会科学类4大类，13个专业方向，共100多门课程。

为了更好地配合全国应用型人才培养工程在全国的推广工作，我们专门成立了教材编写组，负责指定教材的编写工作。在编写过程中，依照人才工程所开设课程的考核标准，设定教材的编写纲目，分解知识点，选择常用经典实例，组织知识模块。

本套指定教材的特点体现在以下几个方面。

1. 行业特点

人才工程标准教材根据全国各级院校的专业教师、大中型培训机构培训师和企业相关技术人员提出的对新世纪本、专科学生培养的明确目标而设定内容，因此具备了明显的符合当前行业细分原则的侧重点与方向，更加符合企业用人的技术要求。

2. 内容侧重

人才工程主要解决当前本、专科学生所学知识内容与企业实际需要之间的差距问题；人才工程的指定教材则以企业对用人的实际技能需求为设定依据，按照“理论够用为度”的原则，对各个专业的核心课程进行了梳理整合，并以实训内容为侧重点编写。因此，本套教材不仅适用于人才工程培训，亦适用于普通的本、专科院校。

3. 编写团队

全国应用型人才培养工程教研中心负责标准教材的组织和编写工作。本套教材由教研工作经验较为丰富的专业团队负责编写，既可以解决教学实践与工程案例的接口问题，也可以有效地提高实训教材的实用性。

4. 编写流程

注重整体策划。本套教材在策划以及编写过程中，严格按照“岗位群→核心技能→知识点→课程设置→各课程应掌握的技能→各教材的内容”的编写流程，保证了教学环节内容的设定和教材的编写与当前企业的实际工作需要紧密衔接。

为了方便教学，我们免费为选择本套教材的教师提供部分专业的整体教学方案以及教学相关资料：

◇ 所有教材的电子教案。

◇ 部分教材的习题答案。

◇ 部分教材的实例制作过程中用到的素材。

◇ 部分教材中实例的制作效果以及一些源程序代码。

本套教材的编写是在教育部、中国科学院、工业和信息化部、人力资源和社会保障部众多领导和专家的支持和帮助下才顺利完成的，在此我们表示衷心的感谢。同时，我们也欢迎读者朋友们能够对于本套教材给予指正和建议。来信请发至 napt. untis@gmail. com。

全国应用型人才培养工程指定教材编委会
2009 年 6 月

前　言

软件测试在软件开发过程中具有重要的地位,它是保证软件质量的一种重要手段。软件测试是一门需要独特技术的专门学科。软件测试并非只凭直觉,测试人员必须掌握软件测试方面的专业知识,并掌握专业的测试技术,还要具有相当多的实践经验。

随着人们对软件测试技术认识的不断加深,软件测试已经成为软件产业中的新兴门类并迅速发展起来,软件测试专业机构和组织也正在迅速发展,软件测试人才需求旺盛,测试职业的价值也日益凸显。

本书作为"全国应用型人才培养工程"指定教材之一,全面、系统地讲述了软件测试的基础知识和专门技术。全书共分9章。

第1章是软件测试概述,介绍了软件生命周期模型、软件质量保证、理解软件测试、软件测试的分类、软件测试的工作流程、软件测试人员的基本素质等内容。

第2、3章分别介绍了软件测试中经常用到的两种测试方法:黑盒测试和白盒测试。

第4章为软件测试过程,对软件测试过程中包含的单元测试、集成测试、系统测试、验收测试、回归测试、系统排错等不同阶段进行了详尽的阐述。

第5章讲述了系统测试中常用的基本技术以及测试技巧。

第6、7章分别介绍了软件测试报告与测试评价、软件测试项目管理这两方面的内容。

第8章为软件测试自动化与软件测试工具概述。

第9章结合实例,详细介绍了软件测试工具 WinRunner,便于学生在前面所学理论知识的基础上,进行一些软件测试方面的具体实践。

本书由杨堃、熊应高主编。此外,在本书编写过程中,吴洪伟、徐振成、彭小琦、史磊、陈赞等同志,在资料收集与整理方面给予了大量的帮助,在此表示衷心的感谢。

由于编写时间较为仓促,书中难免会有疏漏和不足之处,恳请广大读者提出宝贵意见。如有问题可以通过电子邮件(wooystudio@263.net)与编者联系。

编　者

2009年7月

目　录

第 1 章　软件测试概述

本章要点

- 软件生命周期模型
- 软件质量保证
- 软件测试的定义及目的
- 软件测试的分类
- 软件测试的工作流程
- 软件测试人员的基本素质

学习要求

- 了解 3 种典型的软件生命周期模型
- 理解软件测试与软件开发过程的关系
- 掌握软件测试与质量保证的区别
- 领会不同的软件测试分类方法及其区别
- 掌握软件测试的基本工作流程

1.1　软件生命周期模型

1.1.1　软件生命周期

软件测试是软件开发过程中的一个重要组成部分。当一个项目组开发一个软件时，需要按照一系列步骤来进行，这些步骤构成了软件开发过程。在软件开发过程中，每个步骤都应该有明确的输入、输出和实施方法，有时，一个步骤会被分解成若干个子步骤。

软件开发过程和一些常见的工程活动(如建筑房屋、修建公路等)是很相似的，一般来说，软件开发过程需要经历以下主要阶段：

① 定义。明确软件开发的目标、软件的需求。

② 计划。制订软件开发所涉及的各种计划。

③ 实现。进行设计、编码、文档编写工作，完成所要求开发的软件特性。

④ 稳定化。以测试和缺陷修复工作为主，确保提交的软件具有优良的品质。

⑤ 部署。安装、提交开发完成的软件，建立可以供用户使用的环境。

实际应用过程中，在软件开发过程经过这 5 个主要阶段之后，软件还需要经历一个使用、维护,直到被停止使用的阶段。加上这个阶段之后,就形成了一个软件从诞生到最后被停止使用的完整周期,这个周期被称为软件生命周期。也就是说,软件生命周期是包含了定义、计划、实现、稳定化、部署、运行与维护这 6 个阶段的过程。

1.1.2 软件生命周期模型

从 20 世纪 70 年代开始,人们就在不断研究软件开发过程,到目前为止,已经形成了一系列过程模型,也称为软件生命周期模型。以下将介绍几种最为常见的软件生命周期模型。

1. 瀑布过程模型

瀑布过程模型反映了人们早期对软件工程的认识水平,是人们所熟悉的一种线性思维的体现。

瀑布过程模型强调阶段的划分及其顺序性、各阶段工作及其文档的完备性,是一种严格线性的、按阶段顺序的、逐步细化的开发模式,如图 1-1 所示。

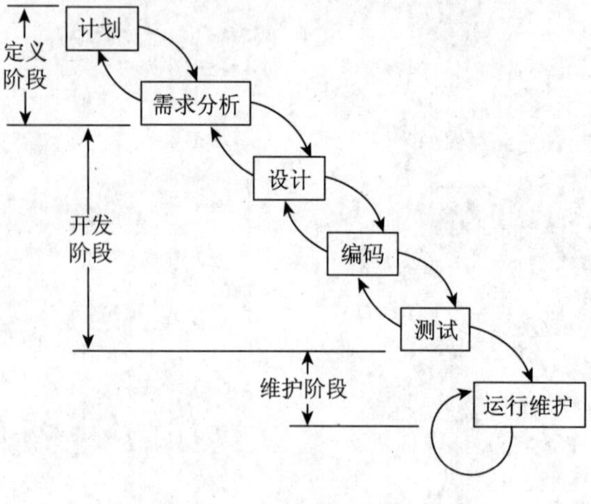

图 1-1 瀑布过程模型

该模型主要由顺序的 6 个阶段组成,包括计划、需求分析、设计、编码、测试和运行维护等。

(1)计划阶段

该阶段的主要任务包括:确定软件开发的总目标;给出软件的功能、性能、可靠性以及接口等方面的设想;研究完成该项软件任务的可行性,探讨问题解决的方案;对可供开发使用的资源(如计算机硬件、软件、人力等)、成本、可取得的效益和开发的进度做出估计;制订完成开发任务的实施计划。

(2)需求分析

所谓需求分析,是指收集产品的需求,对开发的软件进行详细的定义,由软件开发人员和用户共同讨论决定,确定哪些需求是可以满足的,并且给予确切的描述,写出软件需求说明书等文档,提交管理机构审查。

(3)设　计

设计是软件过程的技术核心。在设计阶段,应把已确定的各项需求转换成相应的体系结构,在结构中,每一组成部分是功能明确的模块,每个模块都能体现相应的需求。这一步称为总体设计。然后进行详细设计,即对某个模块要完成的工作进行具体的描述,以便为程序编写打下基础。

(4)编码阶段

编码阶段的主要工作是编写各种层次的代码,包括由高级的可视化开发系统生成的代码和用第 4 代语言编写的代码等。

(5)软件测试

软件测试,是为了发现程序中的错误而执行的过程。

(6)运行维护

运行维护,主要是对应用进行修复和改动,使它能够持续发挥作用。

实际上，图 1－1 所示各阶段并不是严格按照顺序执行的，因为过程中的各部分之间都有某种程度的重叠。造成这种重叠的原因是，绝大多数应用系统都是复杂的，非线性的，上述任何一个阶段都不可能在下一阶段开始之前完全结束。实际上，人们很少使用单纯的瀑布过程模型，除非是很小的项目或者是开发的产品与自己以前做过的项目类似。

2. 螺旋过程模型

螺旋过程模型需要经历多次需求分析、设计、实现、测试。这样做有多种原因，其中主要的原因是基于规避风险的需要；另一个原因是需要在早期构造产品的局部版本时即交给客户以获得反馈；最后是为了避免像瀑布过程模型一样一次集成大量的代码。

螺旋过程模型的基本思路是，依据前一个版本的结果构造新的版本，这个不断重复迭代的过程形成了一个螺旋上升的路径，如图 1－2 所示。

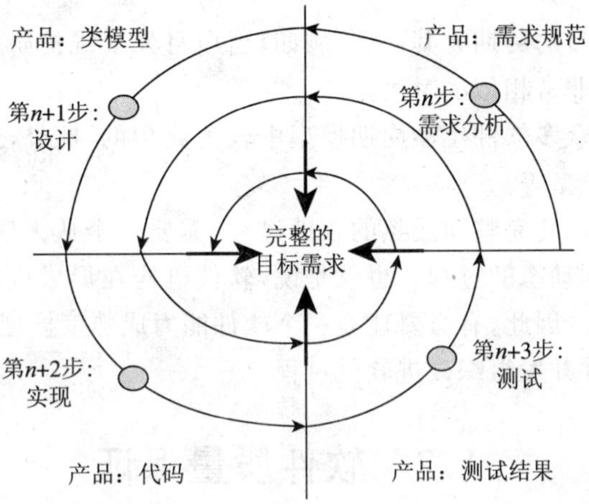

图 1－2　螺旋过程模型

螺旋过程模型的一个主要优点是，能够在每次迭代中都收集到过程中产生的各种度量数据。例如，在第一次迭代时记录下小组进行设计和实现所耗费的时间，以此即可改进后续设计，实现耗费时间的估计。这对于没有任何历史数据的开发组织尤其有用。

螺旋过程模型符合典型项目的发展特点，但是跟简单的瀑布过程模型相比，它需要投入更多的精力来更细致地管理其过程。一个最直接的原因是，每次迭代完成之后都必须保证文档的一致性。特别是代码应该实现文档中描述的设计并且满足文档中记录的需求。此外为了提高小组的生产效率，往往会在前一个迭代结束之前就开始新的一次迭代，这为协调文档的一致性增加了难度。

螺旋开发过程需要多少次迭代取决于具体情况。一个典型的工作量为 3 人/月、耗时 4 个月的项目大概需要两次或者 3 次迭代。项目若采用 5 次迭代，则所需要的管理费用通常会耗掉新增迭代所创造的价值。

当迭代的速度加快，每次迭代只是在前一次的基础上增加少量功能的时候，螺旋过程模型就演变为增量过程模型。

3. 增量过程模型

有些时候可能会用一种几乎连续的过程小幅度地推进项目，这就是增量过程模型，如图 1－3所示。

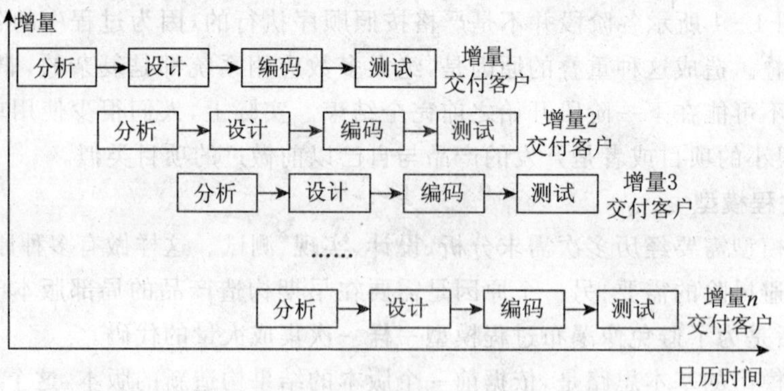

图 1-3　增量过程模型

这种过程模型在项目的后期尤其适用，例如，当项目处于维护阶段，或者立项的产品与原先开发出来的产品结构非常相似的时候。

以上 3 种模型只是众多软件生命周期模型中较为典型的，此外，还有快速原型法、喷泉模型、统一软件开发过程模型等。

软件开发机构形成一套完整而成熟的软件过程，需要一个从无序到有序、从特殊到一般、从定性到定量、从静态到动态的过程。也就是说，软件机构在形成成熟的软件过程之前，必须经历一系列的成熟阶段。因此，有必要建立一个软件能力成熟度模型来对过程作出一个客观、公正的评价，以促进软件开发组织改进软件过程。

1.2　软件质量保证

软件质量是软件的生命，它直接影响软件的使用与维护。软件开发人员和用户都十分重视软件的质量问题。软件质量通常由以下几方面进行评价：

① 软件需求是衡量软件质量的基础，不符合需求的软件就不具备软件质量。设计的软件应在功能、性能等方面都符合要求，并能可靠地运行。

② 软件结构良好，易读，易于理解，易于修改、维护。

③ 软件系统具有友好的用户界面，便于用户使用。

④ 软件生存周期中各阶段文档齐全、规范，便于配置、管理。

1.2.1　质量与质量模型

软件的质量因素很多，如正确性、精确性、可靠性、容错性、性能、效率、易用性、可理解性、简洁性、可复用性、可扩充性及兼容性等。

软件质量因素也称为软件质量特性，反映了质量的本质。讨论一个软件的质量，问题最终要归结到定义软件的质量特性。

面对众多的质量因素如何取折衷，这实际上就是区分质量因素对软件质量影响程度轻重的问题，这个问题已经有了解决方案，即软件质量模型。

图 1-4 所示为 ISO/IEC 9126—1991 标准规定的软件质量度量模型。它由 3 层组成，其中第 1 层称为质量特性，第 2 层称为质量子特性，第 3 层称为度量。

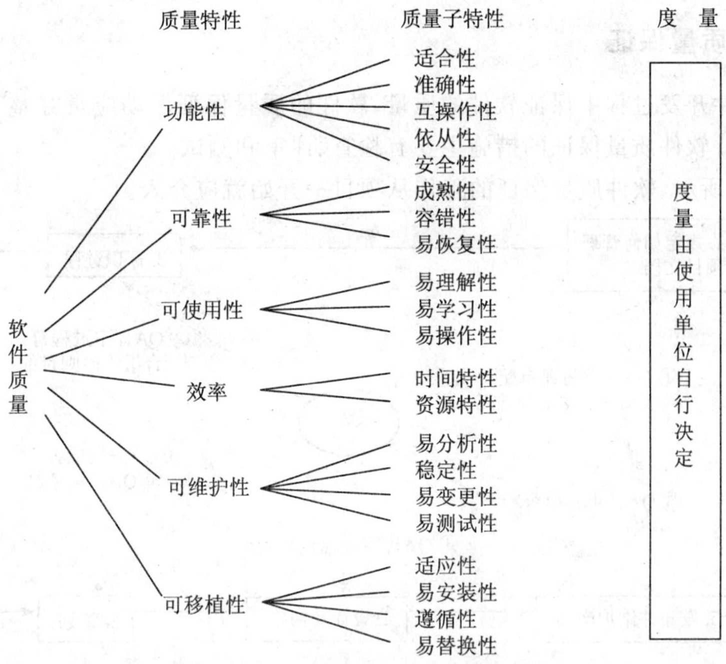

图 1-4　ISO 软件质量度量模型

软件质量评价的目的是为了直接支持开发并获得能满足用户要求的软件。最终目标是保证产品能提供所要求的质量，即满足用户明确的和隐含的要求。软件产品的一般评价过程是，确定评价需求，然后规定、设计和执行评价，如图 1-5 所示。

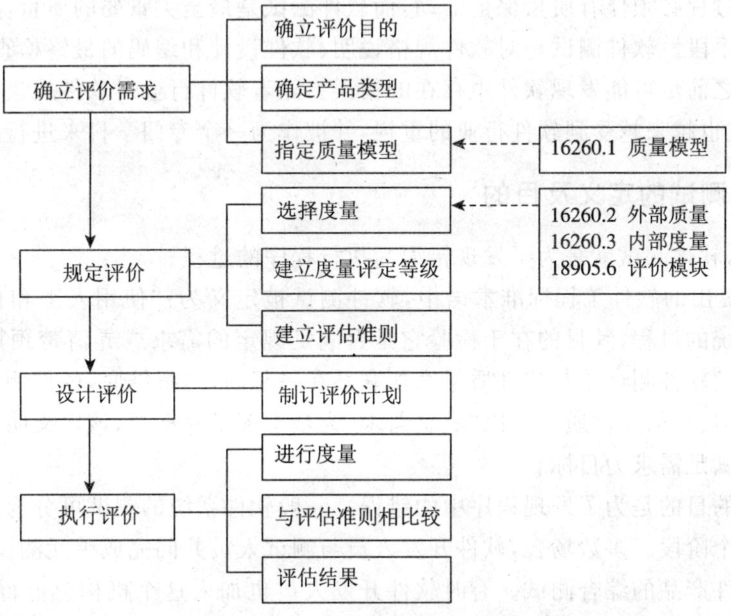

图 1-5　软件评价过程

1.2.2 软件质量保证

为了在软件开发过程中保证软件的质量，软件的质量保证活动应贯穿整个软件生存周期的每一个阶段。软件质量保证的措施主要有检查、评审和测试。

如图 1－6 所示，软件质量保证的工作从项目一开始就应介入。

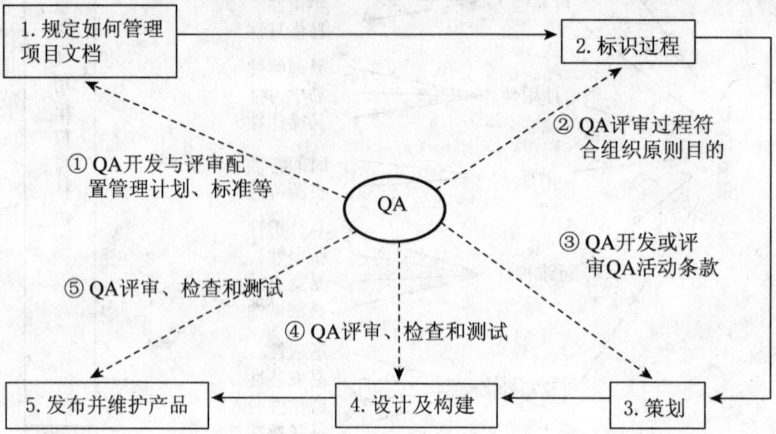

图 1－6 质量保证活动

1.3 理解软件测试

软件开发过程必须伴有质量保证活动，而软件测试是最至关重要的质量保证活动，是质量控制的最重要手段。软件测试是对软件规格说明、软件设计和编码的最终检查，目的是在软件产品交付使用之前尽可能发现软件中存在的错误。随着软件行业对软件质量重视程度的不断提高，软件测试也越来越受到软件行业的重视，并被作为一个专门学科来进行研究。

1.3.1 软件测试的定义及目的

简单地说，软件测试就是为了发现错误而执行程序的过程。

在 IEEE 提出的软件工程标准术语中，软件测试被定义为："使用人工和自动手段来运行或测试某个系统的过程，其目的在于检验它是否满足规定的需求或弄清楚预期结果与实际结果之间的差别。"软件测试是与软件质量密切联系在一起的，归根结底，软件测试是为了保证软件质量。通常情况下，软件质量是以"满足需求"为基本衡量标准的，该定义明确提出了软件测试以检验是否满足需求为目标。

软件测试的目的是为了发现程序中的错误。一般软件系统的测试可分为单元(模块)测试和综合测试两个阶段。多数场合，软件开发人员与测试人员共同完成单元测试任务；专门的测试机构负责软件产品的综合测试。有时软件开发人员也加入这个机构。值得指出的是，不能保证通过测试的程序一定正确，测试只能找出程序中的错误，而不能证明程序无错。事实上，软件运行期间测试活动从未间断，只是在软件产品交付给用户之后，将由用户继续扮演测试的角色而已。

软件测试是一个找错的过程。软件测试的过程亦是程序运行的过程。程序运行需要数据，为测试设计的数据称为测试用例。测试用例的设计原则是尽可能暴露程序中的错误。

软件是由人来完成的，所有由人做的工作都不会是完美无缺的。软件开发是个很复杂的过程，期间很容易产生错误。无论是软件从业人员、专家和学者做了多大的努力，软件错误仍然存在。因而大家也得到了一种共识：软件中残存着错误，这是软件的一种属性，是无法改变的。所以通常说软件测试的目的就是为了发现尽可能多的缺陷，并期望通过改错来把缺陷统统消灭，以期提高软件的质量。一个成功的测试用例在于发现了至今尚未发现的缺陷。

任何工程化的产品都有两种测试方法，一种方法是已知产品应该具有的功能，通过测试检验每个功能是否都能正常使用；另一种方法是已知产品内部的工作过程，通过测试检验产品内部动作是否按产品规格说明的规定正常进行。前者称为黑盒测试，后者称为白盒测试。黑盒测试法完全不考虑程序的内部结构和处理过程，而白盒测试法密切关注处理细节，要检查程序的每一条逻辑路径。

软件测试的目的是以最少的人力、物力和时间找出软件中潜在的各种错误和缺陷，通过修正各种错误和缺陷提高软件质量，回避软件发布后由于潜在的软件缺陷和错误造成的隐患所带来的商业风险。同时，软件测试是以评价一个程序或者系统属性为目标的活动，测试是对软件质量的度量与评价，以验证软件的质量满足用户的需求程度，为用户选择与接受软件提供有利的依据。

此外，分析错误产生的原因，还可以帮助发现当前开发工作所采用的软件过程的缺陷，以便进行软件过程改进。同时，通过对测试结果的分析整理，还可以修正软件开发规则，并且为软件可靠性分析提供依据。当然，通过最终的验收测试，也可以证明软件满足了用户的需求，树立人们使用软件的信心。

1.3.2　软件测试与开发过程的关系

对于软件测试与软件开发过程之间的关系，不能套用固定的模型。例如，“程序设计”与“测试”之间的关系，习惯上总以为程序设计在先，测试在后，如图1-7(a)所示。而对于一些复杂的程序，将测试分为同步测试与总测试更有效，如图1-7(b)所示。

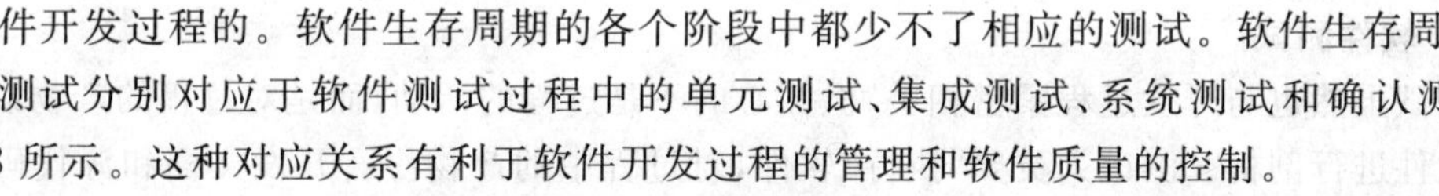

图1-7　程序设计与测试的关系

现在还有一种全新的软件开发模式——以测试驱动软件开发，总的思想是：软件测试是贯穿于软件开发过程的。软件生存周期的各个阶段中都少不了相应的测试。软件生存周期各个阶段的测试分别对应于软件测试过程中的单元测试、集成测试、系统测试和确认测试，如图1-8所示。这种对应关系有利于软件开发过程的管理和软件质量的控制。

最开始，测试着重于每一个单独的模块，以确保每个模块都能正确执行，把它叫做单元测试。单元测试大量使用白盒技术，检查每一个控制结构的分支以确保完全覆盖和最大可能的错误检查。

由于被测试的模块往往不是独立的程序，它处于整个软件结构的某一层上，被其他模块调用或调用其他模块，其本身不能单独运行，因此在单元测试时，应为测试模块开发一个驱动模块和若干个被调用模拟子模块,也就是提供模块的应用环境。

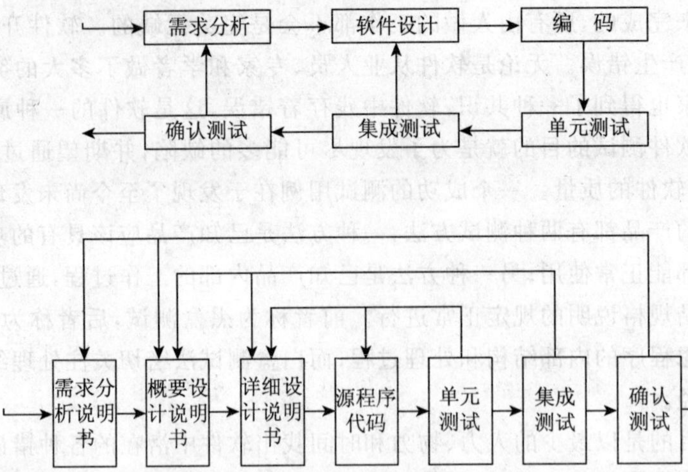

图 1-8 软件测试与软件开发的关系

接下来,模块必须装配或集成在一起形成完整的软件包,集成测试解决的是与验证和程序构造这两个问题相关的问题,在集成过程中使用最多的是黑盒测试案例设计技术。

在软件集成构造完成之后,一系列高阶测试就开始了。系统测试要验证所有的元素能正常地啮合在一起(如硬件、数据库等结合在一起)从而完成整个系统的功能。确认测试提供了对软件符合所有功能的、行为的和性能的需求的最后保证,在确认过程中,只使用黑盒测试技术。

1.3.3 软件测试与质量保证的区别

软件测试人员的一项重要任务是要保证软件的质量,但不等于说软件测试人员就是软件质量保证人员,因为测试只是质量保证工作中的一个环节。软件质量保证和软件测试是软件质量工程的两个不同层面的工作。

1. 质量保证

质量保证(QA)工作通过预防、检查与改进来保证软件质量。QA 采用“全面质量管理”和“过程改进”的原理开展质量保证工作。QA 所关注的是软件质量的检查与测量。虽然在 QA 的活动中也有一些测试活动,但所关注的是软件质量的检查与测量。QA 的工作是软件生命周期的管理以及验证软件是否满足规定的质量和用户的需求,因此 QA 主要着眼于软件开发活动中的过程、步骤和产物,而不是对软件进行剖析以找出问题或评估。

2. 软件测试

测试虽然也与开发过程紧密相关,但关心的不是过程的活动,而是对过程的产物以及开发出的软件进行剖析。测试人员要“执行”软件,对过程中的产物——开发文档和源代码进行走查,运行软件,以找出问题,报告质量。测试人员必须假设软件存在潜在的问题,测试中所做的操作是为了找出更多的问题,而不仅仅是为了验证每一件事是正确的。对测试中发现的问题的分析、追踪与回归测试也是软件测试中的重要工作,因此软件测试是保证软件质量的一个重要环节。

软件质量保证活动与软件测试的关系,如图 1-9 所示。

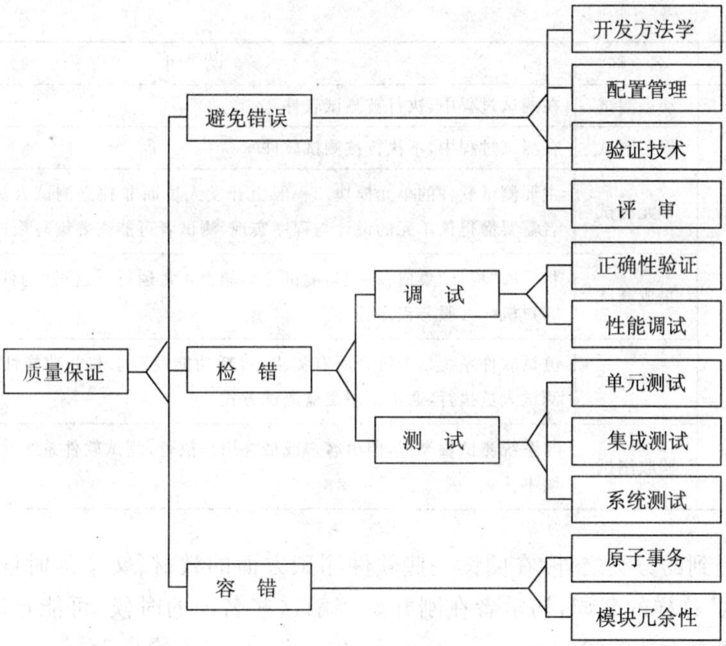

图1-9　软件质量保证活动与测试的关系

1.4　软件测试的分类

本节将会讲述软件测试的一些分类方法，在后续的章节中，将会逐步地介绍这些相关的测试方法与技术。本节的内容是让学生先建立起一个整体的概念。

对于软件测试，可以从下面几种不同的角度加以分类：

(1) 从是否需要执行被测试软件的角度分类

可分为静态测试和动态测试。如果在测试过程中执行被测试软件，则称为动态测试；反之，则称为静态测试。

(2) 从测试是否针对软件结构与算法的角度分类

可以分为白盒测试和黑盒测试。如果在测试过程中，不关心软件的内部结构和具体实现算法，在无需了解软件结构与算法的情况下进行测试，则称为黑盒测试；反之，如果需要针对软件的内部结构和算法进行测试，则称为白盒测试。

(3) 从测试的不同阶段分类

测试工作本身有着不同的阶段，在每个阶段有着不同的目标和测试对象、测试方法，测试可分为单元测试、集成测试、系统测试、验收测试4个阶段。

表1-1清晰地描述了这3种分类方式。

表1-1　软件测试分类表

分类依据	名　称	说　明
基于是否关注软件结构与算法	黑盒测试	基于软件需求，而不是基于软件内部设计和程序实现的测试方式
	白盒测试	基于软件内部设计和程序实现的测试方式

续表 1-1

分类依据	名 称	说 明
基于是否执行被测试软件	动态测试	在测试过程中,执行被测试软件
	静态测试	在测试过程中,不执行被测试软件
基于测试的不同阶段	单元测试	主要测试软件的单元模块。一般由开发人员而非独立测试人员来执行,因为测试者需要懂得该单元的设计与程序实现,测试者可能需要编写额外的测试驱动程序
	集成测试	将一些"构件"集成在一起,测试它们能否正常运行。这里"构件"可以是程序模块、客户机——服务程序等
	系统测试	测试软件系统是否符合所有需求,包括功能性需求与非功能性需求。一般由独立测试人员执行,通常采用黑盒测试方式
	验收测试	与系统测试很类似,但由客户或最终用户执行,测试软件系统是否符合需求规格说明书

除了上面提到的分类之外,在阅读一些软件测试方面的教材、文章的时候,可以看到很多类似于"xx测试"这样的名词,初学者在刚开始接触这些名词的时候,可能难以理解其中的内涵并产生一些概念上的混淆。

每一项测试工作,都有一个具体的目标,例如:为了确认软件的性能,可以进行"性能测试";为了确认软件功能符合该软件的功能需求,可以进行"功能测试"。类似的测试还有很多,如"兼容性测试"、"安装测试"等。下面列举了一些常见的测试内容:

- 回归测试:指错误被修正后或软件功能、环境发生变化后进行的重新测试。回归测试的困难在于不好确定哪些内容应当被重新测试。
- 功能测试:测试软件的功能是否符合功能性需求,通常采用黑盒测试方式。一般由独立测试人员执行。
- 负载测试:测试软件系统的最大负载,超出此负载软件可能会失常。
- 压力测试:概念上与负载测试相似,叫法不同。
- 性能测试:测试软件在各种状况下的性能,如在正常或最大负载下的状况。
- 易用性测试:测试软件是否易用,主观性比较强。一般要根据很多用户的测试反馈信息才能评价易用性。
- 安装与卸载测试:测试软件在"全部、部分、升级"等状况下的安装/卸载过程。
- 恢复测试:测试该系统从故障中恢复过来的能力。
- 安全性测试:测试该系统防止非法侵入的能力。
- 兼容性测试:测试该系统与其他软件、硬件兼容的能力。
- 内存泄漏测试:测试软件在运行过程中,是否会造成内存泄漏。
- 比较测试:通过与同类产品比较,考察该系统的优点、缺点。
- Alpha 测试:一种先期的用户测试,此时系统刚刚开发完成。
- Beta 测试:一种后期的用户测试,此时系统已经通过内部测试,大部分错误已经改正,即将正式发行。

作为软件测试人员,需要好好理解这些分类方法,理清各种测试的关系,否则在实施测试工作、阅读一些测试技术文档时会感觉很吃力。

1.4.1　黑盒测试和白盒测试

按测试方式分类，可以把不关心软件内部实现的测试称为“黑盒测试”。反之，将依赖软件内部实现的测试称为“白盒测试”。

在进行黑盒测试时，主要的测试依据是软件需求，而白盒测试的主要依据则是软件设计。

事实上，任何工程产品都可以使用以下的两种方法之一进行测试：

- 已知产品的功能设计规格，可以进行测试证明每个实现了的功能是否符合要求；
- 已知产品的内部工作过程，可以通过测试证明每种内部操作是否符合设计规格要求，所有内部成分是否已经经过检查。

前者就是黑盒测试，后者就是白盒测试。

在进行黑盒测试时，并不关注程序结构的本身，而是注重测试软件的功能需求和性能需求。因此，黑盒测试也称功能测试或数据驱动测试，它是在已知产品所应具有的功能，通过测试来检测每个功能是否都能正常使用。在测试时，把程序看作一个不能打开的黑盒子，在完全不考虑程序内部结构和内部特性的情况下，测试者在程序接口进行测试，它只检查程序功能是否按照需求规格说明书的规定正常使用，程序是否能适当地接收输入数据而产生正确的输出信息，并且保持外部信息(如数据库或文件)的完整性。

软件的白盒测试是对软件的过程性细节做细致的检查。这种方法是把测试对象看作一个打开的盒子，它允许测试人员利用程序内部的逻辑结构及有关信息，设计或选择测试用例，对程序所有逻辑路径进行测试。通过在不同点检查程序状态，确定实际状态是否与预期的状态一致。因此白盒测试又称为结构测试或逻辑驱动测试。

1.4.2　静态测试和动态测试

从是否执行被测试软件来进行分类，测试可以分为静态测试和动态测试。软件本身包含了各种代码，如果只是检查代码和文档，而不执行被测试的软件，此时所进行的就是静态测试。反之，如果在测试过程中执行被测试的软件，则所进行的就是动态测试。

静态测试和动态测试之间，并不存在哪种方式更加有效的问题。针对不同的软件和不同的潜在问题，有可能是静态测试容易发现，也有可能是动态测试更加容易发现。一般情况下，软件需要经过一系列的静态测试后才会进行动态测试。例如，第 5 章中所介绍的代码复查是一种静态的测试方法，在进行动态测试前，一般都需要先进行代码复查，这样能够快速地发现代码中潜在的问题。另外，诸如代码结构方面的问题，在动态测试中就难以发现，而在静态测试中就一目了然。有时候会有这样的例子：软件工作一切正常，某一天，开发组想开发这个软件的升级版本时，突然发现这个软件的结构极其难读，使得修改和升级代码极其艰难。在这个例子中，如果进行了前期的静态代码复查，就可以发现这个问题，而不是等到软件需要进行维护、升级的时候才发现。

1.4.3　测试的不同阶段

按测试阶段不同，测试可分 4 个主要阶段：单元测试、集成测试、系统测试和验收测试。这是一种从小到大、循序渐进的测试过程。

所谓“从小到大”，指的是被测试对象从小到大的变化。集成测试界于单元测试和系统测试之间，起到“桥梁作用”，一般由开发小组采用白盒测试结合黑盒测试的方式来测试，既要验证“设计”又要验证“需求”。系统测试的粒度最大，一般由独立测试小组采用黑盒方式来测试，主要测试系统是否符合“需求规格说明书”。

验收测试与系统测试非常相似，主要区别是测试人员不同，验收测试由用户执行。有些用户（特别是一些自身 IT 技术力量并不强的用户）在对软件进行验收时，会委托第三方进行测试。在国外，已经有一些专业的软件测试公司提供这样的服务。

1. 单元测试

在系统设计阶段，整个系统最终被细分为许多模块，这里可以把模块理解为单元。每个单元的接口、数据结构与算法都已经设计完成。在实现阶段，程序员首先编写这些单元，然后把单元集成为子系统，再把子系统集成为最终的目标系统。在做集成之前，应当先执行单元测试，以保证单元本身正确无误。为了测试单元是否符合设计要求，必须跟踪到单元内部，检查所有的源代码，因此单元测试采用白盒测试方式。

由于单元通常不是可运行程序（如可能是一个或者几个 Java 类），因此无法直接测试。测试者必须编写额外的可运行的测试驱动程序，通过测试驱动程序调用单元的接口，从而跟踪到单元的内部。单元测试人员既要了解单元的详细设计，又要有本事为该单元编写测试驱动程序。这样的测试人员不好找，可以就地取材，让程序员兼任测试人员的角色。通常的做法是，开发人员编写完成某个单元后，先自我检查，然后请同伴进行代码审查，再请同伴进行单元测试，如果发现缺陷，原开发者应当及时修正程序。

这样边开发、边审查、边测试，可以高效率地发现并排除单元中的缺陷。如果单元通过了同伴的审查与测试，就可以升级成为基准文件，以后再对该单元修改时，必须遵循变更控制规则，避免修改过于频繁而失控。

一个系统的单元通常比较多，看起来单元测试的工作量比较大，但由于每个单元比较小，而且相对独立，因此测试与改错的难度比较低。综合考虑，单元测试并不可怕。

能否等到整个系统全部开发完后，再集中精力进行一次性的单元测试呢？这样是否会提高单元测试的效率呢？

不会！如果这样做，在开发过程中，缺陷会越积越多并且分布得更广、隐藏得更深，反而导致测试与改错的代价大大增加。最糟糕的是无法估计测试与改错的工作量，使进度失去控制。因此，为图眼前省事而省略单元测试或者“偷工减料”是“得不偿失”的做法。

2. 集成测试

软件实现一般是渐增式的，从编写单元到完成整个系统，通常要经历数次集成（除非软件的规模很小）。于是每次单元集成都要进行相应的集成测试。

有人可能问：“如果每个单元都通过了测试，把它们集成在一起难道会有什么不妥吗？”实际上，这不但有可能，而且几乎必定发生。

要把很多个单元集成在一起肯定靠接口耦合，这时可能会产生在单元测试中无法发现的问题。例如：数据通过不同的接口时可能出错；几个函数关联在一起时可能达不到预期的功能；在某个单元里可以接受的误差可能在集成后被扩大到无法接受的程度。所以集成测试是必要的，不是多此一举。

集成测试介于单元测试和系统测试之间，如何测试通常取决于“集成体”的特征。

刚开始时，“集成体”的规模比较小，离目标系统比较遥远，那么要以白盒测试为主。不仅要跟踪“集成体”的那部分新代码(从语义上理解,它们不能算是单元),有时还要跟踪到那些被测试过的单元的内部(如果错误是单元造成的)。

随着集成次数的增加,“集成体”的规模越来越大,离目标系统越来越近,此时要以黑盒测试为主。可以提前做系统测试阶段的部分工作,如子系统的功能测试、性能测试等。

由于每个“集成体”并不是最终的目标系统,所以测试者还得编写测试仿真程序。集成测试工作通常让程序员承担,采用白盒测试与黑盒测试相结合的方式。

集成测试属于软件实现阶段,如何安排测试取决于集成开发的方式。常见的集成方式有两种:“自顶向下”和“自底向上”。因此产生“自顶向下”和“自底向上”两种集成测试方式,一种集成测试方式的优点差不多就是另一种的缺点。本书并不建议严格按照“自顶向下”和“自底向上”的方式开发软件,折衷办法是:软件结构的高层采用“自顶向下”方式开发,软件结构的底层采用“自底向上”方式开发。

如果软件系统要分若干次集成,能否只在最后一次做集成测试,以便降低集成测试的工作量呢?这是不可取的,道理同单元测试不能等到所有单元开发完了再做一样,把集成测试拖到最后执行也会导致缺陷的累积和扩散,使集成测试与改错的代价增加。

3. 系统测试

当软件开发完毕后,需要进行全面的系统测试。系统测试采用黑盒测试方式,其目的是检查系统是否符合软件需求。系统测试的主要内容有:功能测试、健壮性测试、性能-效率测试、用户界面测试、安全性测试、压力测试、可靠性测试、安装/卸载测试等。

在集成测试的时候,已经对一些子系统进行了功能测试、性能测试等,那么在系统测试时能否跳过相同内容的测试?

不能!

因为集成测试是在仿真环境中开展的,那不是真正的目标系统。再者,单元测试和集成测试通常由开发小组执行。根据测试心理学的分析,开发人员测试自己的工作成果虽然是必要的,但不能作为已经通过测试的依据。

为了保证测试的客观性,应当由机构的独立测试小组来执行系统测试。

4. 验收测试

验收测试的内容与系统测试的内容几乎是相同的,主要区别在于测试人员不同。验收测试人员来自于客户方,而系统测试人员则来自于开发方。

难道开发方的测试人员执行的系统测试还不够客观公正吗?非得要请用户重新测试吗?

这不仅仅是“客观公正”的问题,主要原因如下:

① 是“信任”问题。对于合同项目而言,如果测试小组是开发方的人员,客户怎么能够轻易相信“别人”呢?所以当项目进行系统测试之后,客户再进行验收测试是情理之中的事。否则,那是客户失职。

② 即使开发方测试人员对天发誓,他们在系统测试时铁面无私,绝无半点虚假,也不能因此省略客户验收测试。不论是合同项目还是非合同项目,软件的最终用户各色各样(如受教育程度不同、使用习惯不同等)。测试小组至多能够模仿小部分用户的行为,但并不具有普遍的代表性。

如此说来,为何不让用户取代测试小组,把系统测试和验收测试合二为一呢?

理论上是可以的,但在现实中却行不通,因为:

① 系统测试不是一会儿就能做完的，较长时间的用户测试很难组织。用户还有自己的事情要做，他们为什么要为别人测试呢？即使用户愿意做系统测试，他们消耗的时间、花费的金钱大多比测试小组的高。

② 系统测试时会找出相当多的软件缺陷，软件需要反反复复地改错。如果让用户发现这样的"内幕"，一是丢脸，二是会吓跑买主。所以还是关起门来，先让测试小组做完系统测试的好。

验收测试可以分成两类：Alpha 测试和 Beta 测试。两者的主要区别是测试的场所不同。Alpha 测试是指把用户请到开发方的场所来测试；Beta 测试是指在一个或多个用户的场所进行测试。

Alpha 测试的环境是受开发方控制的，用户的数量相对比较少，时间比较集中。而 Beta 测试的环境是不受开发方控制的，谁也不知道用户如何折磨软件，用户数量相对比较多，时间不集中。一般地，Alpha 测试先于 Beta 测试执行。通用的软件产品需要较大规模的 Beta 测试，测试周期比较长。如果产品通过了 Beta 测试，那么就可以正式发行了。如果是合同项目，应当在合同中说明验收测试是 Alpha 测试还是 Beta 测试，或者两个都要。

验收测试是由用户来完成的。那么，是不是就和软件测试人员没有关系了呢？不是。当软件开发人员在为客户开发软件的时候，有可能同时从其他软件开发商那里采购软件，这个时候，软件开发人员将作为客户来执行验收测试。

当系统测试完成后，软件产品将被递交给客户。对客户来说，要做的第一件事情是进行验收测试。如同在盖完房子，住户拿到钥匙后的第一件事情不是立即搬进去住，而是进行验收工作。

验收测试由用户参加设计测试用例，使用用户界面输入测试数据，并分析测试的输出结果，一般使用生产中的实际数据进行测试。在测试过程中，除了考虑软件的功能和性能外，还应对软件的可移植性、兼容性、错误的恢复功能等进行确认。

1.4.4 测试目的和内容

每个软件都具有一系列的目标和要求。例如，在开发一个电子商务网站软件，这个软件至少需要满足这样几个要求：按照操作流程里面的说明，能够正常完成物品的买卖工作；当用户查找自己以往的购物记录时，系统应该在 5 秒钟内完成查找；用户可以使用 Microsoft Internet Explorer 浏览器访问，也可以使用 FireFox 浏览器访问。在这里有 3 个要求，分别是软件的功能要求、性能要求和兼容性要求。

这里所列举的 3 个要求，只是待开发软件的一个极小的部分。那么，针对这些要求，需要进行哪些测试呢？对于第一个要求，测试人员需要按照软件需求说明书里面描述的用户操作流程，编写一系列测试用例。每个测试用例中，会包含多个操作步骤（例如，用户登录、选择商品、选择付款方式、选择交货方式等），由于每个操作步骤中，用户可能进行不同的选择，因此会形成多个测试用例。在编写完测试用例之后，测试人员按照编写完成的操作流程进行操作，然后记录操作结果，与预期的结构进行比较，看是否一致，如果一致，则说明软件可以完成该项功能。对于第二个要求，需要构造一个测试环境，例如建立多个用户在不同的网络环境中测试，需要构造一个用户的购物记录，然后进行查找，此时，记录系统查找所需要的时间。对于第三个要求，需要分别在客户端使用 Microsoft Internet Explorer 和 FireFox 浏览器，然后连接到该网站，并测试各项功能是否正常。

前面所进行的三项测试，其目的是不同的。第一项测试的目的是测试软件功能是否正常，称之为功能测试；第二项测试的目的是测试软件性能是否满足软件需求中的要求（当然，所测试的这个内容，只是该软件性能要求中的一项）；第三项测试的目的是测试该软件是否可以兼容两种不同的浏览器。

针对这个软件，需要进行的测试还很多。从这个例子可以看出，对一个软件而言，需要测试的内容是多方面的，针对不同方面的测试，是有不同的测试目标的，是为了检查和验证该软件的不同方面。

在每个测试阶段（单元测试、集成测试和系统测试）中，都需要有一系列的测试目标。特别是在系统测试过程中，所需要进行的测试内容是最多的。在上面讲的这个例子里，就是需要在系统测试阶段进行功能测试、性能测试和兼容性测试。

1.4.5　测试的各种分类之间的关系

前面谈了测试的各种分类方法，这些不同的分类方法之间是存在联系的。前面介绍了按照测试的不同阶段进行的分类，在测试的不同阶段中，适合进行不同类型的测试。

在基于不同测试目的的分类中，可以看到大量的测试分类，那么，其中适合采用白盒测试方式的主要有：接口测试、路径测试等；适合采用黑盒测试方式的主要有：功能测试、健壮性测试、性能测试、用户界面测试、安全性测试、压力测试、可靠性测试及安装/卸载测试等。

在基于测试的不同阶段的分类中，有的测试阶段更多采用静态测试方法，有的测试阶段则更多采用动态测试方法；有的测试阶段更多采用黑盒测试方法，而有的测试阶段则更多采用白盒测试方法。

上述测试阶段、测试方式和测试内容的关系见表1-2。

表1-2　测试阶段、测试方式和测试内容之间的关系

测试阶段	主要依据	测试人员、测试方法	主要测试内容
单元测试	系统设计文档	由程序员执行白盒测试	接口测试、路径测试
集成测试	系统设计文档和软件需求	由程序员执行白盒测试和黑盒测试	接口测试、路径测试、功能测试、性能测试
系统测试	软件需求	由独立测试小组执行黑盒测试	功能测试、健壮性测试、性能测试、用户界面测试、安全性测试、压力测试、可靠性测试、安装/卸载测试
验收测试	软件需求	由用户执行黑盒测试	

从表1-2中还可以看到，除了测试人员的不同，在系统测试和验收测试阶段的主要测试内容是一致的。

1.5　软件测试的工作流程

1.5.1　测试工作的主要步骤

软件测试工作是项目开发工作中的一个重要的组成部分，也是一种典型的工程活动。同所有的工程活动一样，软件测试工作也有一个清晰的流程。一般来说，软件测试工作需要经过3个基本步骤：测试计划、测试设计与开发、执行测试。

(1)测试计划

测试人员的任务是首先对需求进行分析，最终定义一个测试集合。一些项目使用拙劣的语言而非明确的细节来描述应用程序。尽管这些需求并不完善，但对于进行测试开发来说还是足够的。通过刻画和定义测试，可以比较容易发现给定需求中的问题。然后，软件测试人员根据软件需求会同项目主管制定并确认"测试计划"。

(2)测试设计与开发

在此过程中，软件测试人员根据软件需求和软件设计说明书来完成测试用例设计，并编写必要的测试驱动程序。

(3)执行测试

在执行测试的过程中，需要完成的主要工作是：建立测试环境；根据前面编写的测试计划和测试用例运行测试；记录测试结果；报告软件缺陷；跟踪软件缺陷，直至其被处理；分析测试结果。

在实际测试工作中，根据项目开发所采用的不同生命周期模型，软件测试工作流程应进行更进一步的细化。

准确简洁的工作流程是高质量、高效率的基础，通过规范工作流程，保证工作质量和降低工作成本，明确所有的工作产品、工作的入口和出口，特别是如何保证入口和出口的工作产品的质量。

软件测试由许多阶段组成，是一个与设计、编码任务并行开展的活动，整个软件测试的开销(包括测试计划、测试设计、开发测试环境、测试执行及其他测试任务)可以占整个进度的一半。在许多项目中，测试执行时间随着开发进度的拖延而被压缩。

前面已经介绍过，按照不同的阶段来划分，软件测试需要经过单元测试、集成测试、系统测试和验收测试阶段。单元测试和集成测试往往是由设计人员和程序员来完成的，而系统测试是由独立的软件测试组来完成的，验收测试是由用户来完成的。因此，在实际的软件开发中，往往是设计人员和程序员来编写单元测试和集成测试计划，对单元测试和集成测试进行设计和开发，然后执行单元和集成测试；而软件测试人员则按照上述的3个基本步骤，对系统测试进行计划、设计与开发、执行。

1.5.2 测试信息流

在测试工作过程中，需要面对各种各样的信息，图1-10描述了测试信息流。

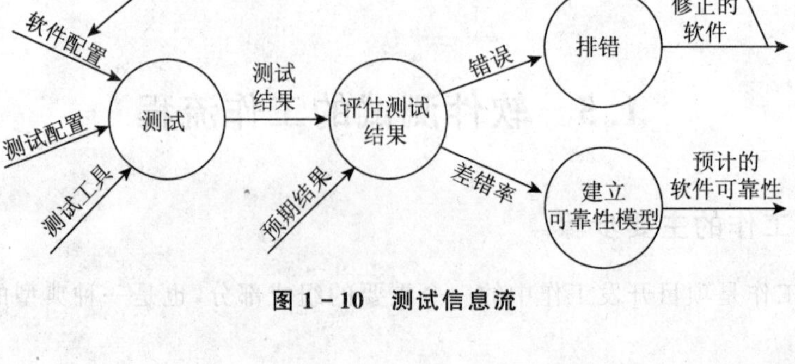

图1-10 测试信息流

整个测试过程需要3类输入：

① 软件配置。包括软件需求规格说明、软件设计规格说明和源代码等。

② 测试配置。包括测试计划、测试用例和测试驱动程序等。

③ 测试工具。为提高软件测试效率，可使用测试工具支持测试工作，其作用就是为测试的实施提供某种服务，以减轻人们完成测试任务中的手工劳动。例如，测试数据自动生成程序、动态分析程序等。

测试之后，要对所有测试结果进行分析，将实测的结果与预期的结果进行比较。如果发现出错的数据，就意味着软件有错误，那么就需要开始排错。也就是对已经发现的错误进行错误定位和确定出错性质，并改正这些错误。修改后的软件一般都要经过再次测试，直到通过测试为止。

从测试信息流中可以看出，作为软件测试人员，其工作不仅仅在于使用软件执行测试。在开始执行测试前，测试人员必须制定出整体测试策略，包括如何记录测试中发现的问题。在项目结束时，软件测试活动的结果被记录在最终报告中。

1.6　软件测试人员的基本素质

软件测试是一项非常严谨、复杂、艰苦的和具有挑战性的工作，如今随着软件规模和复杂性的日益增加，软件公司已经把软件测试作为技术工程的专业岗位。随着软件技术的发展，进行专业化、高效率的软件测试的要求越来越迫切，对软件测试人员基本素质的要求也越来越高。概括地说，软件测试人员应具备下列基本素质：

1. 具有良好的计算机编程基础

软件测试人员需要了解软件是怎样设计的，以便很容易地找出软件的缺陷，从而使测试工作更加高效。

2. 具有创新精神和超前意识

测试显而易见的错误并不是软件测试人员的工作，他们的工作应该是以富有创意的、高超的手段来寻找软件缺陷。根据测试过程和测试结果，应善于发现问题的症结所在，对错误的类型和错误的性质做出准确的分析和判断。

3. 不懈努力，追求完美

软件测试人员应当追求完美的软件，即使知道某些目标无法达到，也应当尽力地接近目标。在测试过程中，软件测试人员应当总是不停地尝试。即使可能会碰到转瞬即逝或者难以重现的软件缺陷，他们也不会心存侥幸，而是尽一切可能去寻找。

4. 具有整体观念，对细节敏感

大型软件的测试工作十分复杂，软件测试人员应善于把握好整体与局部的关系，选择相应的测试数据、测试手段以及测试时间，敏锐地发现那些深藏不露的软件缺陷。

5. 合作精神

软件测试人员应与软件开发人员密切合作。当与软件开发人员研究故障报告和问题时，软件测试人员应善于表达自己的观点，沉着、老练地与不够冷静的软件开发人员进行合作。当测试发现的软件缺陷有时被认为不重要、不用修复时，应耐心地说明软件缺陷为何必须修复，并可以通过实际演示清晰地表达自己的观点。

此外，在测试某一行业或领域的专业软件时，还需要具备一定的相关专业知识。

习　题

1. 什么是软件测试？
2. 软件测试的目的是什么？软件质量如何能够保证？
3. 试说明软件测试与软件开发过程的关系。
4. 软件测试与质量保证有何不同？
5. 软件测试工作包含哪些主要的步骤？
6. 软件测试工作如何分类？
7. 软件测试人员需要哪些基本素质？

第 2 章　黑盒测试方法

本章要点

- 黑盒测试的原理及目的
- 边界值测试
- 等价类测试
- 决策表法测试

学习要求

- 理解黑盒测试的原理及目的
- 掌握常用的黑盒测试方法
- 掌握黑盒测试的用例设计方法

2.1　黑盒测试方法概述

黑盒测试，又称为功能测试或数据驱动测试。其原理是把程序看成一个黑盒子，完全不考虑程序的内部结构和处理程序，主要针对软件界面、软件功能、外部数据库访问以及软件初始化等方面进行测试。

黑盒测试的目的主要是在已知软件产品应具备功能的基础上，发现以下类型的错误：

- 检查程序功能是否按照需求规格说明书的规定正常使用，测试每个功能是否有遗漏，检测性能等特性要求是否满足要求。
- 检测模块接口是否存在问题。例如，人机交互是否存在错误、数据结构或外部数据库是否存在错误、程序是否能够适当地接收数据并产生正确的输出结果等。
- 检测程序初始化和终止方面的错误。

黑盒测试属于穷举输入测试方法，只能将所有可能的输入都作为测试情况来使用，才能检查出程序中所有的错误。但穷举测试是不现实的，因此需要选择合适的方法来设计出合适的测试用例。要求测试用例具有完整性、代表性，并且能够有效地发现软件缺陷。

黑盒测试常用的方法包括：边界值分析发、等价类划分法、决策表法和错误推测法等。这些方法各有所长，在实际应用时，需要针对被测软件的具体特点，选择合适的测试方法。

2.2 边界值测试

2.2.1 边界值分析法

大量的测试实践表明，许多故障往往发生在输入定义域或者输出值域的边界上，而不是在其内部，例如做一个除法运算的例子，如果测试者忽略被除数为 0 的情况就会导致问题的遗漏。所以，在设计测试用例时，一定要重视对边界值附近的处理。为检验边界附近的处理专门设计测试用例，通常会取得很好的效果。

边界值分析法的基本思想是：选取正好等于、刚刚大于和刚刚小于边界值的数据作为测试数据。边界值分析法是最有效的黑盒分析法，但在边界情况复杂时，要找出适当的边界测试用例，还需要针对问题的输入域、输出域边界，耐心细致地逐个进行考察。

1. 边界值分析

边界值分析关注的是输入、输出空间的边界条件，以标识测试用例。实践证明，程序在处理大量中间数值时都正确，但在边界处最可能出现错误。例如，循环条件漏写了等于，计数器少计了一次或多计了一次，数组下标忽略了 0 的处理等，这些都是平时编程最容易疏忽而导致出错的地方。

开始阶段，人们可能意识不到一组给定数据包含了多少边界，经过仔细分析总可以找到一些不明显的、有趣的或可能产生软件故障的边界。实际上，边界条件就是软件操作界限所在的边缘条件。

一些可能与边界有关的数据类型有：数值、速度、字符、位置、尺寸、数量等。同时，针对这些数据类型，可以考虑它们的特征：第一个/最后一个、最小值/最大值、开始/完成、超过/在内、空/满、最短/最长、最慢/最快、最早/最迟、最高/最低及相邻/最远等。

以上列举的是一些可能出现的边界条件。在实际应用中，每一个软件测试问题都不完全相同，可能包含各式各样的边界条件，应根据具体情况来确定。

2. 内部边界值分析

上面所讨论的边界条件比较容易发现，它们在软件规格说明中或者有定义，或者可以在使用软件的过程中确定。而有些边界却是在软件内部，用户几乎看不到，但在进行软件测试时仍有必要对它们进行检查，这样的边界条件称为内部边界条件或次边界条件。

寻找内部边界条件比较困难，虽然不要求软件测试人员成为程序员或者具有阅读源代码的能力，但要求软件测试人员能大体了解软件的工作方式。例如，对文本输入或文本转换软件进行测试，考虑在数据区间包含哪些值时，最好参考一下 ASCII 表。如果测试的文本输入框只接受用户输入字符 A～Z 和 a～z，就应该在非法区间中，检查 ASCII 表中刚好位于 A 和 a 前面，Z 和 z 后面的值——“@”，“[”，“‘”和“{”。

2.2.2 边界值分析法测试用例

1. 边界值分析测试的基本思想

为了便于理解，假设有两个变量 x_1 和 x_2 的函数 F，其中函数 F 实现为一个程序，x_1、x_2 在下列范围内取值：

$a \leqslant x_1 \leqslant b, c \leqslant x_2 \leqslant d$

区间$[a,b]$和$[c,d]$是x_1、x_2的值域，程序F的输入定义域如图2-1所示，即带阴影矩形中的任何点都是程序F的有效输入。

采用边界值分析测试的基本原理是：故障往往出现在输入变量的边界值附近。例如，当一个循环条件为“≤”时，却错写成“<”，计时器少计数一次。

边界值分析测试的基本思想是在最小值(min)、略高于最小值(min+)、正常值(nom)、略低于最大值(max-)和最大值(max)处取输入变量值。同时，对于有多个输入变量的情况，通常是基于可靠性理论中称为“单故障”的假设，这种假设认为有两个或两个以上时出现而导致软件失效的情况很少，也就是说，软件失效基本上是由单故障引起的。边界值分析测试用例的获得，是通过使一个变量取极值，剩下所有变量取正常值。有两个输入变量的程序F的边界值分析测试用例如图2-2所示。

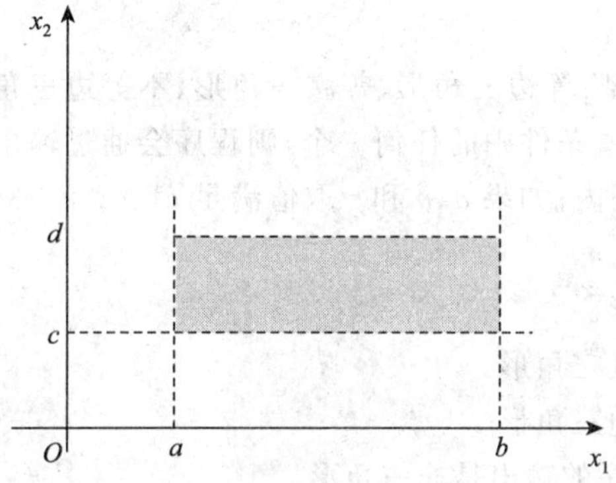

图2-1 有两个变量x_1、x_2的程序F的输入域

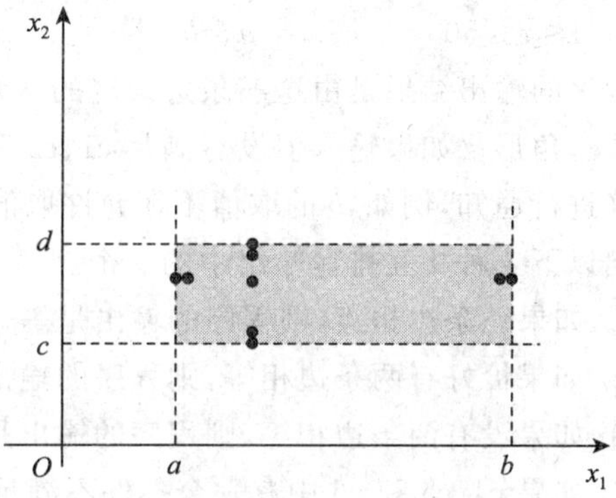

图2-2 有两个输入变量的程序F的边界值分析测试用例

$\{<x_{1nom}, x_{2min}>, <x_{1nom}, x_{2min+}>, <x_{1nom}, x_{2nom}>, <x_{1nom}, x_{2max-}>, <x_{1nom}, x_{2max}>, <x_{1min}, x_{2nom}>, <x_{1min+}, x_{2nom}>, <x_{1max-}, x_{2nom}>, <x_{1max}, x_{2nom}>\}$

对于一个含有n个变量的程序，保留其中一个变量，让其余变量取正常值，被保留变量依次取min、min+、nom、max-、max值，对每个变量都重复进行。这样，对于一个有n个变量的程序，边界值分析测试程序会产生$4n+1$个测试用例。如果没有显式地给出边界，例如三角形问题，则必须创建一种人工边界，可以先设定下限值(边长应大于或等于1)，并规定上限值，例如50，或取默认的最大可表示的整数值。

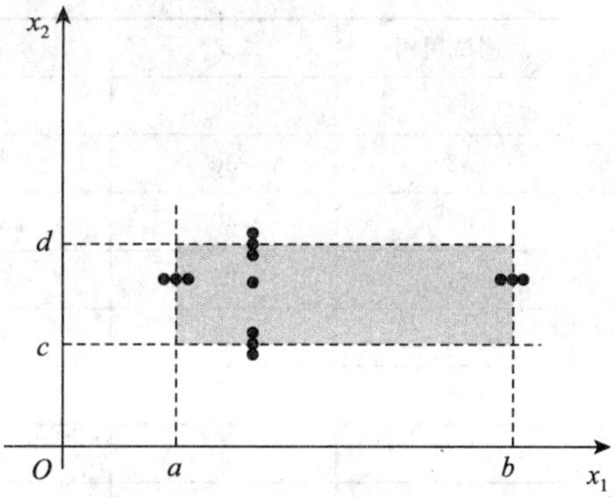

图2-3 有两个输入变量的程序F的健壮性测试用例

2. 健壮性测试

健壮性测试是边界分析测试的一种简单扩展，除了取5个边界值分析取值外，还需要考虑采用一个略超过最大值(max+)以及略小于最小值(min-)的取值，检查超过极限值时系统的表现会是什么。健壮性测试最有意义的部分不是输入，而是预期的输出。它要观察例外情况如何处理，例如某个部分的负载能力超过其最大值可能出现的情形。健壮性测试用例如图

2-3所示。

2.2.3 边界值分析法测试实例

1. 三角形问题

【问题描述】 三角形问题接受3个整数 a、b 和 c 作为输入,用做三角形的边。程序的输出是由这三条边确定的三角形类型:等边三角形、等腰三角形、不等边三角形或非三角形。

通过提供更多细节可以改进这个定义。于是这个问题变成以下形式。

三角形问题接受3个整数 a、b 和 c 作为输入,用做三角形的边。整数 a、b 和 c 必须满足以下条件:

c1. $1 \leqslant a \leqslant 50$　　c4. $a < b + c$

c2. $1 \leqslant b \leqslant 50$　　c5. $b < a + c$

c3. $1 \leqslant c \leqslant 50$　　c6. $c < a + b$

程序的输出结果是由这三条边确定的三角形类型:等边三角形、等腰三角形、不等边三角形或非三角形。如果输入值没有满足 c1、c2 和 c3 这些条件中的任何一个,则程序会通过输出消息来进行通知,例如,b 的取值不在允许取值的范围内;如果 a、b 和 c 取值满足 c1、c2 和 c3,则给出以下4种相互排斥输出中的一个。

① 如果三条边相等,则程序的输出是等边三角形。

② 如果恰好有两条边相等,则程序的输出是等腰三角形。

③ 如果没有两条边相等,则程序的输出是不等边三角形。

④ 如果 c4、c5 和 c6 中有一个条件不满足,则程序的输出是非三角形。

在三角形问题描述中,除了要求边长是整数外,没有给定其他的限制条件。边界下限为1,上限为50。表2-1给出了其边界值分析测试用例。

表2-1 三角形问题的边界值分析测试用例

测试用例	a	b	c	预期输出
test1	30	30	1	等腰三角形
test2	30	30	2	等腰三角形
test3	30	30	30	等边三角形
test4	25	25	49	等腰三角形
test5	25	25	50	非三角形
test6	30	1	30	等腰三角形
test7	30	2	30	等腰三角形
test8	25	49	25	等腰三角形
test9	25	50	25	非三角形
test10	1	30	30	等腰三角形
test11	2	30	30	等腰三角形
test12	49	25	25	等腰三角形
test13	50	25	25	非三角形

2. NextDate 函数

【问题描述】 NextDate 是一个有 3 个变量(月份、日期和年)的函数。函数返回输入日期后面的那个日期。变量月份、日期和年都具有整数值,且满足以下条件:

c1. 1≤月份≤12

c2. 1≤日期≤31

c3. 1950≤年≤2050

在 NextDate 函数中,规定了变量 month、day、year 相应的取值范围,即 1≤month≤12,1≤day≤31,1950≤year≤2050,表 2-2 给出了其健壮性测试用例。

表 2-2 NextDate 函数的边界值分析测试用例

测试用例	month	day	year	预期输出
test1	6	15	1949	year 超出[1950,2050]
test2	6	15	1950	1950.6.16
test3	6	15	1951	1951.6.16
test4	6	15	1975	1975.6.16
test5	6	15	2049	2049.6.16
test6	6	15	2050	2050.6.16
test7	6	15	2051	year 超出[1950,2050]
test8	6	−1	2009	day 超出[1,31]
test9	6	1	2009	2009.6.2
test10	6	2	2009	2009.6.3
test11	6	30	2009	2009.7.1
test12	6	31	2009	输入日期超界
test13	6	32	2009	day 超出[1,31]
test14	−1	15	2009	month 超出[1,12]
test15	1	15	2009	2009.1.16
test16	2	15	2009	2009.2.16
test17	11	15	2009	2009.11.16
test18	12	15	2009	2009.12.16
test19	13	15	2009	month 超出[1,12]

2.2.4 边界值分析法的局限性

如果被测程序是多个独立变量的函数,这些变量受物理量的限制,则很适合采用边界值分析。这里的关键是"独立"和"物理量"。

简单地看一下表 2-2 中 NextDate 函数的边界分析测试用例,就会发现其实这些测试用例是不充分的。例如,没有强调 2 月和闰年。这里的真正问题是,月份、日期和年变量之间存在依赖关系,而边界值分析假设变量是完全独立的。不过即便如此,边界值分析也能够捕获月末和年末缺陷。边界值分析测试用例通过引用物理量的边界独立导出变量极值,不考虑函数的性质，也不考虑变量的语义含义。因此把边界值分析测试用例看作是初步的，这些测试用例的获得基本没有利用理解和想象。

物理量准则也很重要。如果变量引用某个物理量，例如温度、压力、空气速度、负载等，则物理边界极为重要。边界值分析对布尔变量和逻辑变量没有多大意义，例如布尔变量的极值是 true 和 false，但是其余 3 个值不明确。布尔变量可以采用基于决策表的测试。

2.3 等价类测试

使用等价类作为功能性能测试的基础有两个动机：希望进行完备的测试，同时又希望避免冗余。边界值测试不能实现这两种希望中的任意一个，研究那些测试用例表，很容易看出存在大量冗余，再进一步仔细研究，还会发现严重漏洞。等价类测试重复边界值测试的两个决定因素：健壮性和单/多缺陷假设。本节给出了 4 种形式的等价类测试，在弱/强等价类测试之分的基础之上针对是否进行无效数据的处理产生健壮与一般等价类测试之分。

2.3.1 等价类

等价类的重要特征是对它们构成集合的一个划分，其中，划分是指互不相交的一组子集，并且这些子集的并是整个集合。这对于测试有两点非常重要的意义：表示整个集合这个事实提供了一种形式的完备性，而互不相交可保证一种形式的无冗余性。由于子集是由等价关系决定的，因此子集的元素都有一些共同点。等价类测试的思想是通过每个等价类中的一个元素标识测试用例。如果广泛选择等价类，则可以大大降低测试用例之间的冗余。例如，在三角形问题中，首先要有一个等边三角形的测试用例，可能选择三元组(10,10,10)作为测试用例的输入。如果这样做了，则可以预期不会从诸如(3,3,3)和(50,50,50)这样的测试用例中得到多少新东西，这些测试用例会以与第一个测试用例一样的方式进行“相同处理”，因此，这些测试用例是冗余。当在考虑结构性测试时，将会看到“相同处理”映射到“遍历相同的执行路径”。

等价类测试的关键就是选择确定类的等价关系。通常是通过预测可能的实现，考虑在现实中必须提供的功能操作来做出这种选择。本书将会举例说明这一点，但是首先必须区分弱和强等价类测试。

为了便于理解，下面结合具体实例进行讨论。已知函数 F，有两个变量 x_1 和 x_2。如果 F 实现为一个程序，则输入变量 x_1 和 x_2 将拥有以下边界以及边界内的区间。

$a \leqslant x_1 \leqslant d$　　区间为$[a,b)$，$[b,c)$，$[c,d]$

$e \leqslant x_2 \leqslant g$　　区间为$[e,f)$，$[f,g]$

其中，方括号和圆括号分别表示闭区间和开区间的端点。x_1 和 x_2 的无效值是：$x_1 < a$，$x_1 > d$ 以及 $x_2 < e$，$x_2 > g$。

1. 弱一般等价类测试

弱一般等价类测试通过使用测试用例的每个等价类（区间）的一个变量实现（单缺陷假设的作用）。对于上面给出的例子，可得到如图 2-4 所示的弱等价类测试用例。

这 3 个测试用例使用每个等价类中的一个值。事实上，永远都有等量的弱等价类测试用例，因为划分中的类对应最大子集数。

2. 强一般等价类测试

强一般等价类测试基于多缺陷假设，它需要等价类笛卡儿积的每个元素对应的测试用例（如图 2-5 所示）。笛卡儿积可保证两种意义上的“完备性”，一是覆盖所有的等价类，二是覆盖所有可能的输入组合。

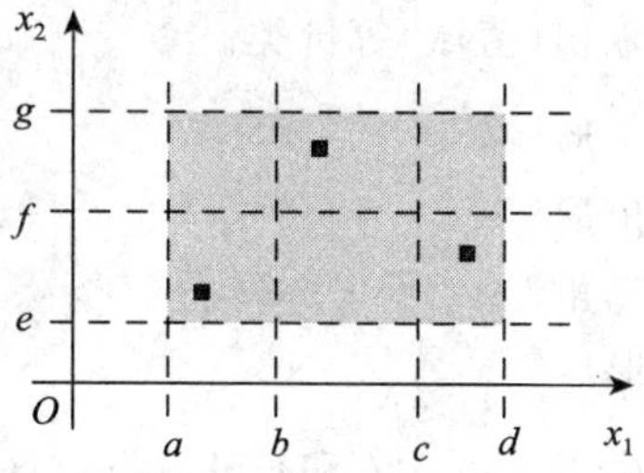

图 2-4 弱一般等价类测试用例

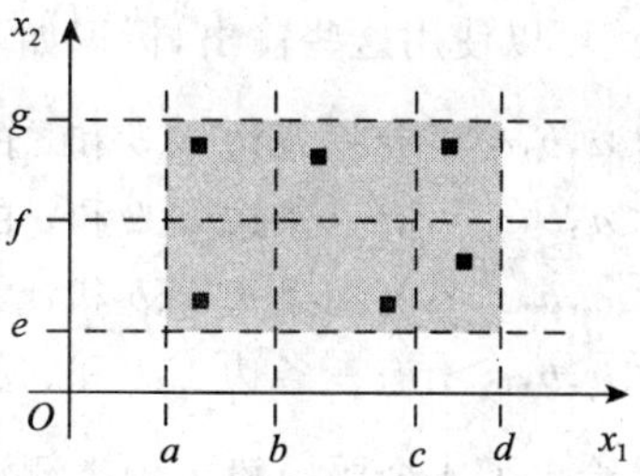

图 2-5 强一般等价类测试用例

“好的”等价类测试的关键是等价关系的选择，要注意被“相同处理”的输入。在大多数情况下，等价类测试定义输入定义域的等价类。也可根据被测程序函数的输出值域定义等价关系，这对于三角形问题是最简单的方法。

3. 弱健壮等价类测试

这种测试的名称显然与直觉矛盾，怎么能够既弱又健壮呢？其实这是因为它是基于两个不同的角度而命名的，说它弱是因为它基于单缺陷假设，说它健壮是因为这种测试考虑了无效值。测试用例如图 2-6 所示。

① 对于有效输入，弱健壮等价类测试使用每个有效类的一个值，就像在弱一般等价类测试中所做的一样。请注意，这些测试用例中的所有输入都是有效的。

② 对于无效输入，弱健壮等价类测试的测试用例将拥有一个无效值，并保持其余的值都是有效的。此时，“单缺陷”会造成测试用例失败。

对于健壮等价类测试通常有两个问题。第一，规格说明常常并没有定义无效测试用例所预期的输出是什么，因此，测试人员需要花大量时间定义这些测试用例的输出。第二，强类型语言没有必要考虑无效输入。

4. 强健壮等价类测试

强健壮等价类测试，“强”是指该类测试用例的获得是基于多缺陷假设，“健壮”则和前面的定义一样，是指考虑了无效值。如图 2-7 所示，强健壮等价类测试从所有等价类笛卡儿积的每个元素中获得测试用例。

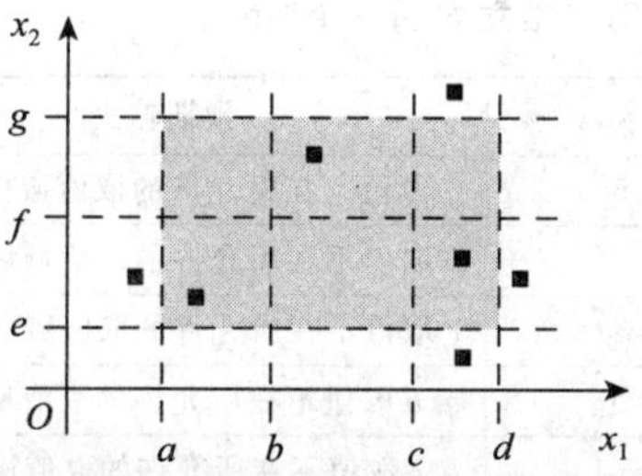

图 2-6 弱健壮等价类测试用例

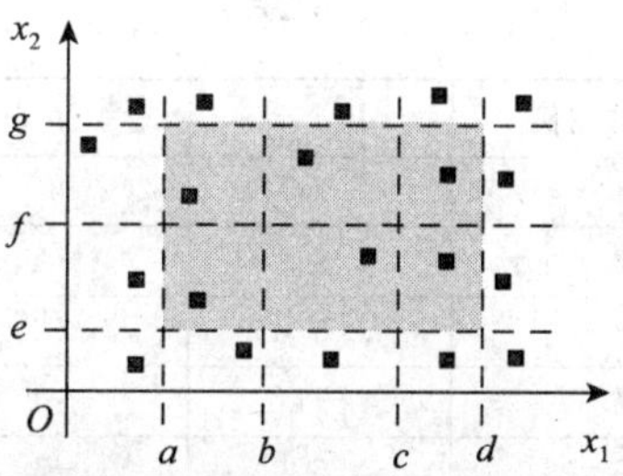

图 2-7 强健壮等价类测试用例

2.3.2 等价类测试实例

【三角形问题】

在描述问题时，曾经提到有4种可能出现的输出：非三角形、不等边三角形、等腰三角形和等边三角形。可以使用这些输出，标识如下所示的输出(值域)等价类。

$R1=\{<a,b,c>$：有三条边 a、b 和 c 的等边三角形}

$R2=\{<a,b,c>$：有三条边 a、b 和 c 的等腰三角形}

$R3=\{<a,b,c>$：有三条边 a、b 和 c 的不等边三角形}

$R4=\{<a,b,c>$：有三条边 a、b 和 c 的非三角形}

表2-3给出了4个弱一般等价类测试用例。由于变量 a、b 和 c 没有有效区间划分，则强一般等价类测试用例与弱一般等价类测试用例相同。考虑 a、b 和 c 的无效值，产生表2-4给出的弱健壮等价类测试用例。

表2-3 三角形问题的弱一般等价类测试用例

测试用例	a	b	c	预期输出
WN1	5	5	5	等边三角形
WN2	2	2	3	等腰三角形
WN3	3	4	5	不等边三角形
WN4	4	1	2	非三角形

表2-4 三角形问题的弱健壮等价类测试用例

测试用例	a	b	c	预期输出
WR1	−1	5	5	a 取值不在所允许的取值域内
WR2	5	−1	5	b 取值不在所允许的取值域内
WR3	5	5	−1	c 取值不在所允许的取值域内
WR4	101	5	5	a 取值不在所允许的取值域内
WR5	5	101	5	b 取值不在所允许的取值域内
WR6	5	5	101	c 取值不在所允许的取值域内

表2-5列出了额外强健壮等价类用例三维立方的一个“角”。

表2-5 额外强健壮等价类用例三维立方的一个“角”

测试用例	a	b	c	预期输出
SR1	−1	5	5	a 取值不在所允许的取值域内
SR2	5	−1	5	b 取值不在所允许的取值域内
SR3	5	5	−1	c 取值不在所允许的取值域内
SR4	−1	−1	5	a、b 取值不在所允许的取值域内
SR5	5	−1	−1	b、c 取值不在所允许的取值域内
SR6	−1	5	−1	a、c 取值不在所允许的取值域内
SR7	−1	−1	−1	a、b、c 取值不在所允许的取值域内

注意：预期输出如何完备地描述无效输入值。

等价类测试显然对于用来定义的等价关系很敏感。如果在输入定义域上定义等价类，则可以得到更丰富的测试用例集合。整体 a、b 和 c 可能取什么值呢？这些整数相等（有 3 种相等方式），或都不相等。

$D1=\{<a,b,c>:a=b=c\}$

$D2=\{<a,b,c>:a=b,a\neq c\}$

$D3=\{<a,b,c>:a=c,a\neq b\}$

$D4=\{<a,b,c>:b=c,a\neq b\}$

$D5=\{<a,b,c>:a\neq b,a\neq c,b=c\}$

作为一个单独的问题，可以通过三角形的性质来判断三条边是否构成一个三角形（例如，三元组<1,4,1>有一对相等的边，但是这些边不构成一个三角形）

$D6=\{<a,b,c>:a\geqslant b+c\}$

$D7=\{<a,b,c>:b\geqslant a+c\}$

$D8=\{<a,b,c>:c\geqslant a+b\}$

如果要彻底一些，可以将“小于或等于”分解为两种不同的情况，这样 $D6$ 就变为：

$D6'=\{<a,b,c>:a=b+c\}$

$D6''=\{<a,b,c>:a>b+c\}$

同样对于 $D7$ 和 $D8$ 也有类似的情况。

2.3.3 指导原则

下面列出一些关于等价类测试的一些观察和等价类测试的指导原则。

- 等价类测试的弱形式（一般或健壮）不如对应的强形式的测试全面。
- 如果实现语言的强类型（无效值会引起运行时错误），则没有必要使用健壮形式的测试。
- 如果错误条件非常重要，则进行健壮形式的测试是合适的。
- 如果输入数据以离散值区间和集合定义，则等价类测试是合适的。当然也适用于如果变量值越界就会出现故障的系统。
- 通过结合边界值测试，等价类测试可得到加强（可以“重用”定义等价类的工作成果）。
- 如果程序函数很复杂，则等价类测试是被指示的。在这种情况下，函数的复杂性可以帮助标识有用的等价类。
- 强等价类测试假设变量是独立的，相应的测试用例相乘会引起冗余问题。而如果存在依赖关系，则常常会生成“错误”测试用例（此时最好采用决策表技术解决）。
- 在发现“合适”的等价关系之前，可能需要进行多次尝试。如果不能肯定存在“明显”或“自然”等价关系，最好对任何合理的实现进行再次预测。

2.4 基于决策表的测试

在所有的功能性测试方法中，基于决策表的测试方法是最严格的，因为决策表具有逻辑严格性。

自从20世纪60年代初以来，决策表一直被用来表示和分析复杂逻辑关系。决策表很适合描述不同条件集合下采取行动的若干组合的情况。表2-6给出了基本决策表术语。

表2-6 决策表的各个部分

桩	规则1	规则2	规则3、4	规则5	规则6	规则7、8
c1	T	T	T	F	F	F
c2	T	T	F	T	T	F
c3	T	F	—	T	F	—
a1	X	X		X		
a2	X				X	
a3		X		X		
a4			X			X

决策表有4个部分:粗竖线左侧是桩部分;右侧是条目部分。粗横线的上面是条件部分;下面是行动部分。可以引用条件桩、条件条目、行动桩和行动条目。条目部分中的一列是一条规则。规则只是在规则的条件部分中指示在条件环境下要采取什么行动。在表2-6给出的决策表中,如果c1、c2和c3都为真,则采取行动a1和a2。如果c1和c2都为真而c3为假,则采取行动a1和a3。在c1为真c2为假的条件下采取行动a4,此时规则中的c3条目叫做“不关心”条目。不关心条目有两种主要解释:条件无关或条件不适用。

如果有二叉条件(真/假,是/否,0/1),则决策表的条件部分是旋转了90°的(命题逻辑)真值表。这种结构能够保证考虑了所有可能的条件的组合。如果使用决策表标识测试用例,那么决策表的这种完备性质能够保证一种完备的测试。所有条件都是二叉条件的决策表叫做有限条目决策表。如果条件可以有多个值,则对应的决策表叫做扩展条目决策表。

决策表被设计为说明性的,给出的条件没有特别的顺序,而且所选择的行动发生时也没有任何特定顺序。

1. 表示方法

为了使用决策表标识测试用例,可把条件解释为输入,把行动解释为输出。有时条件最终引用输入的等价类,行动引用被测软件的主要功能处理部分,这时规则就解释为测试用例。由于决策表可以机械地强制为完备的,因此可以有测试用例的完整集合。

产生决策表的方法可以有多种。

在表2-7所列的决策表中,给出了不关心条目和不可能规则使用的例子。正如第一条规则所指示,如果整数a、b和c不构成三角形,则不关心可能的相等关系。在规则3、4和6中,如果两对整数相等,则根据传递性,第三对整数也一定相等,因此这些规则不可能满足。

表2-7 三角形问题决策表

c1:a、b、c构成三角形?	N	Y	Y	Y	Y	Y	Y	Y	Y
c2:$a=b$?	—	Y	Y	Y	Y	N	N	N	N
c3:$a=c$?	—	Y	Y	N	N	Y	Y	N	N

续表 2－7

c4：$b=c$？	—	Y	N	Y	N	Y	N	Y	N
a1：非三角形	X								
a2：不等边三角形									X
a3：等腰三角形					X		X	X	
a4：等边三角形		X							
a5：不可能			X	X		X			

表 2－8 所列的决策表给出了有关表示方法的另一种考虑：条件的选择可以大大地扩展决策表的规模。这里将老条件（c1：a、b、c 构成三角形？）扩展为三角形特性的 3 个不等式的详细表示。如果有一个不等式不成立，则 3 个整数就不能构成三角形。还可以进一步扩展，因为不等式不成立有两种方式，一条边等于另外两条边的和或严格大于另外两条边的和。

表 2－8　经过修改的三角形问题决策表

c1：$a<b+c$？	F	T	T	T	T	T	T	T	T	T	T
c2：$b<a+c$？	—	F	T	T	T	T	T	T	T	T	T
c3：$c<a+b$？	—	—	F	T	T	T	T	T	T	T	
c4：$a=b$？	—	—	—	T	T	T	T	F	F	F	F
c5：$a=c$？	—	—	—	T	T	F	F	T	T	F	F
c6：$b=c$？	—	—	—	T	F	T	F	T	T	T	F
a1：非三角形	X	X	X								
a2：不等边三角形											X
a3：等腰三角形							X		X	X	
a4：等边三角形				X							
a5：不可能					X	X		X			

如果条件引用了等价类，则决策表会有一种典型的外观。如表 2－9 所列的决策表来自 NextDate 问题，引用了可能的月份变量相互排斥的可能性。由于一个月份就是一个等价类，因此不可能有两个条目同时为真的规则。不关心条目“—”的实际含义是“必须失败”。有些决策表使用者用 F 表示这一点。

表 2－9　带有相互排斥条件的决策表

条　件	规则 1	规则 2	规则 3
c1：月份在 M1 中？	T	—	—
c2：月份在 M2 中？	—	T	—
c3：月份在 M3 中？	—	—	T
a1			
a2			
a3			

不关心条目的使用，对完整决策表的识别方式有微妙的影响。对于有限的条目决策表，如果有 n 个条件，则必须有 2^n 条规则。不关心条目实际上表明条件是不相关的，则可以按以下方法统计规则数：没有不关心条目的规则统计为 1 条规则；规则中每出现一个不关心条目，该规则数乘以一次 2。表 2－8 所列决策表的规则条目数统计如表 2－10 所列。

注意：规则总数是 64（正好是应该得到的规则条数）。

表 2－10　表 2－8 所列规则条数统计的决策表

c1：$a<b+c$?	F	T	T	T	T	T	T	T	T	T	T
c2：$b<a+c$?	—	F	T	T	T	T	T	T	T	T	T
c3：$c<a+b$?	—	—	F	T	T	T	T	T	T	T	
c4：$a=b$?	—	—	—	T	T	T	T	F	F	F	F
c5：$a=c$?	—	—	—	T	T	F	F	T	T	F	F
c6：$b=c$?	—	—	—	T	F	T	F	T	F	T	F
规则条数统计	32	16	8	1	1	1	1	1	1	1	1
a1：非三角形	X	X	X								
a2：不等边三角形											X
a3：等腰三角形							X		X	X	
a4：等边三角形				X							
a5：不可能					X	X		X			

如果将这种简化算法应用于表 2－9 所列的决策表，可得到表 2－11 所列的规则条数统计。

表 2－11　带有相互排斥条件的决策表规则条数统计

条　件	规则 1	规则 2	规则 3
c1：月份在 M1 中？	T	—	—
c2：月份在 M2 中？	—	T	—
c3：月份在 M3 中？	—	—	T
规则条数统计	4	4	4

应该只有 8 条规则，所以显然有问题。为了找出问题所在，应扩展所有 3 条规则，用可能的 T 或 F 替代"—"，如表 2－12 所列。

表 2－12　表 2－11 的扩展

条　件	1.1	1.2	1.3	1.4	2.1	2.2	2.3	2.4	3.1	3.2	3.3	3.4
c1：月份在 M1 中？	T	T	T	T	T	T	F	F	T	T	F	F
c2：月份在 M2 中？	T	T	F	F	T	T	T	T	T	F	T	F
c3：月份在 M3 中？	T	F	T	F	T	F	T	F	T	T	T	T
规则条数统计	1	1	1	1	1	1	1	1	1	1	1	1

从表 2－12 中可以看到，所有条目都是 T 的规则有 3 条：规则 1.1、2.1 和 3.1。条目是

T、T、F 的规则有两条：规则 1.2 和 2.2。类似地，规则 1.3 和 3.2、2.3 和 3.3 也是一样的。如果去掉这种重复，最后可以得到 7 条规则，缺少的规则是所有条件都是假的规则。这种处理的结果如表 2－13 所列，表中还列出了不可能出现的规则。

表 2－13　包含不可能出现的规则的相互排斥条件

条　件	1.1	1.2	1.3	1.4	2.3	2.4	3.4
c1：月份在 M1 中？	T	T	T	T	F	F	F
c2：月份在 M2 中？	T	T	F	F	T	T	F
c3：月份在 M3 中？	T	F	T	F	T	F	T
规则条数统计	1	1	1	1	1	1	1
a1：不可能	X	X	X		X		

这种识别完备决策表的能力，使解决冗余性和不一致性方面处于很有利的地位，表 2－14 给出的决策表是冗余的，因为有 3 个条件则应该是 $2^3=8$ 条规则，此处却有 9 条规则（规则 9 和规则 1～4 中某一条相同，是冗余规则）。

表 2－14　一个冗余决策表

条　件	1～4	5	6	7	8	9
c1	T	F	F	F	F	T
c2	—	T	T	F	F	F
c3	—	T	F	T	F	F
a1	X	X	X	—	—	X
a2	—	X	X	X	—	—
a3	X	—	X	X	X	X

注意：规则 9 的行为条目与规则 1～4 中的某一个条目相同。只要冗余规则中的行为与决策表相同的部分相同，就不会有太大问题。如果行为条目不同，如表 2－15 所列的情况，则会有较大问题。

表 2－15　一个不一致的决策表

条　件	1～4	5	6	7	8	9
c1	T	F	F	F	F	T
c2	—	T	T	F	F	F
c3	—	T	F	T	F	F
a1	X	X	X	—	—	—
a2	—	X	X	X	—	X
a3	X	—	X	X	X	—

表 2－15 所列的决策表被用来处理事务，其中 c1 是真，c2 和 c3 都是假，则规则 1～4 和规则 9 都适用。可以观察到以下两点：

① 规则 1～4 和规则 9 是不一致的，因为它们的行为集合是不同的。

② 决策表是非确定的。因为此时不能确定是应该应用规则 1～4 还是规则 9。因此测试

人员在应用决策表技术时要小心使用不关心条目。

2. 决策表的应用

决策表最为突出的优点是，能够将复杂的问题按照各种可能的情况全部列举出来，简明并避免遗漏，因此，利用决策表能够设计出完整的测试用例集合。运用决策表设计测试用例，可以将条件理解为输入，将动作理解为输出。

【三角形问题的测试用例】

使用表 2-8 所列的决策表，可得到 11 个功能性测试用例：3 个不可能测试用例、3 个测试用例违反三角形性质、1 个测试用例可得到等边三角形、1 个测试用例可得到不等边三角形、3 个测试用例可得到等腰三角形(如表 2-16 所列)。如果扩展决策表以显示两种违反三角形性质的方式，可以再选 3 个测试用例(一条边正好等于另外两条边的和)。做到这一点需要做一定的判断，否则规则会呈指数级增长。在这种情况下，最终会再得到很多不关心条目和不可能的规则。

表 2-16　根据表 2-8 得到的测试用例

用例 ID	*a*	*b*	*c*	预期输出
DT1	4	1	2	非三角形
DT 2	1	4	2	非三角形
DT 3	1	2	4	非三角形
DT 4	5	5	5	等边三角形
DT 5	?	?	?	不可能
DT 6	?	?	?	不可能
DT 7	2	2	3	等腰三角形
DT 8	?	?	?	不可能
DT9	2	3	2	等腰三角形
DT10	3	2	2	等腰三角形
DT11	3	4	5	不等边三角形

3. 决策表测试适用范围

每种测试方法都有适用的范围。基于决策表的测试可能对于某些应用程序有效，但是对于另一些应用程序就不是很有效。基于决策表测试通常适用于要产生大量决策的情况，如三角形问题，或在输入变量之间存在重要的逻辑关系的情况，如 NextDate 函数。

决策表测试法适用于具有以下特征的应用程序。

- if-then-else 逻辑突出；
- 输入变量之间存在逻辑关系；
- 涉及输入变量子集的计算；
- 输入与输出之间存在因果关系。

在建立决策表的过程中不容易一步到位，第一次标识的条件和行动往往不那么令人满意，与其他技术一样，这时采用迭代会有所帮助。把第一次得到的结果作为铺路石，逐渐改进，直到得到满意的决策表。

2.5　错误推测法

错误猜测大多基于经验，需要从边界值分析等其他技术获得帮助。这种技术猜测特定软件类型可能发生的错误类型，并且设计测试用例查出这些错误。对有经验的工程师来说，错误猜测有时是最有效的发现 bug 的测试设计方法。为了更好地利用现成的经验，可以列出一个错误类型的检查表，帮助猜测错误在程序中可能发生的位置，提高错误猜测的有效性。

习　题

1. 分析黑盒测试方法的特点。

2. 健壮等价类测试与标准等价类测试的主要区别是什么？

3. 试用等价分类法测试学生成绩管理系统中学生出生年月的输入设计是否符合要求，假设出生年月格式为 yyyymmdd。

4. 找零钱最佳组合：假设商店货品价格(R)皆不大于 100 元(且为整数)，若顾客付款在 100 元内(P)，求找给顾客的最少货币个(张)数？货币面值 50 元(N50)，10 元(N10)，5 元(N5)，1 元(N1)共 4 种。试根据边界值法设计测试用例。

5. 试为三角形问题中的直角三角形开发一个决策表和相应的测试用例。

第3章 白盒测试方法

本章要点

- 白盒测试的基本概念
- 程序插桩
- 逻辑覆盖
- 独立路径测试
- 循环测试
- 面向对象的白盒测试

学习要求

- 掌握流图、环形复杂度和图矩阵等基本概念
- 理解并掌握程序插桩方法
- 理解并掌握逻辑覆盖方法
- 掌握白盒测试用例的设计方法

3.1 白盒测试的基本概念

白盒测试相当于把程序看成装在一个透明的白盒子里，程序的结构和处理过程完全可见，按照程序的内部逻辑测试程序，以检查程序中的每条通路是否都能按照预先的要求正确工作。因此，白盒测试也称为结构测试或逻辑驱动测试，它是一种针对被测单元内部是如何进行工作的测试。其突出特点是基于被测程序的源代码，而不是软件的规格说明。

在软件测试中，白盒测试一般是由程序员完成，当然也有专门做白盒测试的测试工程师。白盒测试人员必须对测试中的软件有深入的认识，包括其结构、各组成部分及之间的关联，以及其内部的运行原理、逻辑等。白盒测试人员实际上是程序员和测试员的结合体。

白盒测试的主要方法有程序结构分析、逻辑覆盖和基本路径测试等，它根据程序的控制结构设计导出测试用例，主要用于软件程序的验证。白盒测试法全面了解程序内部的逻辑结构，对所有的逻辑路径进行测试，是一种穷举路径的测试方法。在使用这种方法时，测试者必须检查程序的内部结构，从检查程序的逻辑着手，得出测试数据。

白盒测试法可以分为静态测试和动态测试。静态测试是一种不通过执行程序而进行测试的技术，其关键功能是检查软件的表示和描述是否一致，没有冲突或者没有歧义。它瞄准的是纠正软件系统在描述、表示和规格上的错误，是任何进一步测试的前提。而动态测试需要软件

的执行，当软件系统在模拟的或真实的环境中执行之前、之中和之后，对软件系统行为的分析是动态测试的主要特点。它显示了一个系统在检查状态下是否正确。

白盒测试的动态测试要根据程序的控制结构设计测试用例，其原则是：

① 保证一个模块中的所有独立路径至少被使用一次。

② 对所有逻辑值均需测试 true 和 false。

③ 在上下边界及可操作范围内运行所有循环。

④ 检查内部数据结构以确保其有效性。

为了更好地理解白盒测试方法，首先要对有关白盒测试的几个基本概念进行说明，即流图、环形复杂度和图矩阵。

3.1.1 流　图

在程序设计时，为了更加突出控制流的结构，可对程序流程图进行简化，简化后的图称为控制流图。

简化后产生的控制流图中所涉及的图形符号只有两种，即结点和控制流线。

① 结点用带有标号的圆圈表示，可以代表一个或多个语句、一个处理框程序和一个条件判断框(假设不包含复合条件)。

② 控制流线由带箭头的弧线或线表示，可称为边，它代表程序中的控制流。

常见语句的控制流图如图 3-1 所示。

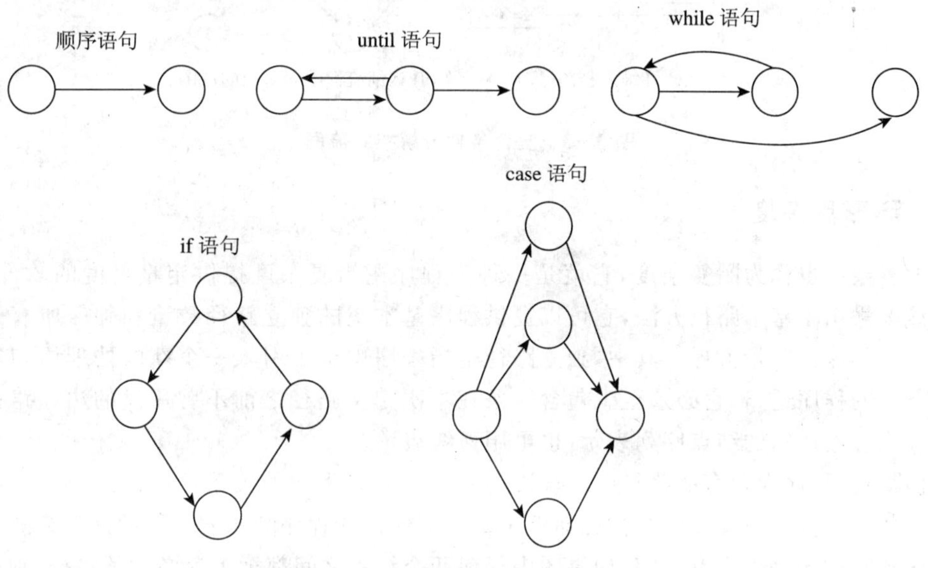

图 3-1　常见语句的控制流图

包含条件的结点被称为判定结点(也叫谓词结点)，由判定结点发出的边必须终止于某一个相同结点，由边和结点所限定的范围被称为区域。

如果将一个典型的程序流程图转换为控制流图，转换结果如图 3-2 所示。

对于复合条件，则可将其分解为多个单个条件，并映射成控制流图，如图 3-3 所示。

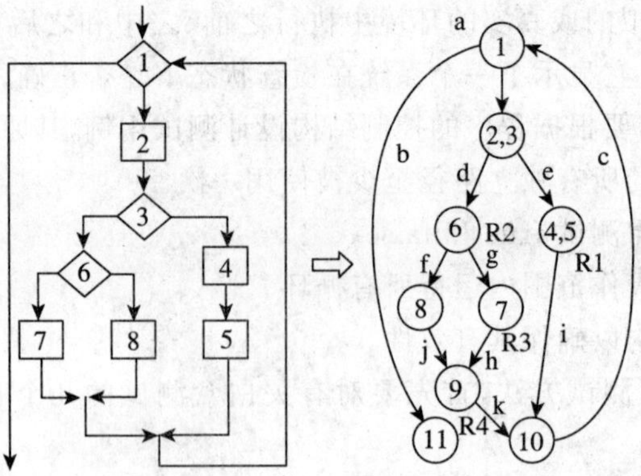

图 3-2　程序流程图转化为控制流图

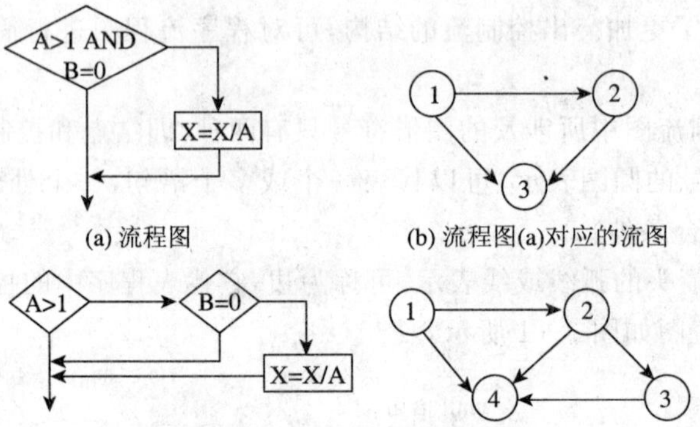

(a) 流程图　　(b) 流程图(a)对应的流图

(c) 详细流程图　　(d) 详细流程图(c)对应的流图

图 3-3　复合条件分解控制流图

3.1.2　环形复杂度

环形复杂度也称为圈复杂度，它就是一种为程序逻辑复杂度提供定量尺度的软件度量。可以将该度量用于基本路径方法，它可以提供程序基本集的独立路径数量和确保所有语句至少执行一次的测试数量上界。其中，独立路径是指程序中至少引入一个新的处理语句集合或一个新条件的程序通路，它必须至少包含一条在本次定义路径之前不曾用过的边。路径可用流图中表示程序通路的结点序列表示，也可用弧线表示。

显而易见，程序中含有的路径数和程序的复杂性有着密切的关系，也就是说程序越复杂，它的路径数就越多。但程序复杂性如何度量呢？下面讲述程序结构复杂性的计算公式。

程序控制流图是一个有向图，如果图中任何两个结点之间都至少存在一条路径，则这样的图称为强连通图。如果程序控制流图是一个强连通图，其复杂度 $V(\mathrm{G})$ 可按以下公式来计算：

$$V(\mathrm{G})=e-n+1$$

其中，e 为图 G 中的边数，n 为图 G 中的结点数，强连通图的复杂度 $V(\mathrm{G})$ 就是图中线性独立环路的数量。

通过从汇结点到源结点添加一条边，便可创建控制流图的强连接有向图。图 3-4 所示是一个经过了这种处理后的强连接有向图。其复杂度是：

$$V(\mathrm{G})=e-n+1=11-7+1=5$$

图 3－4 所示的强连接图的复杂度是 5，因此图 3－4 中有 5 个线性独立环路。如果现在删除从结点 G 到结点 A 所添加的边，则这 5 个环路就成为从结点 A 到结点 G 的线性独立路径。

以下给出用结点序列表示的 5 条线性独立路径。

p1：A→B→C→G

p2：A→B→C→B→C→G

p3：A→B→E→F→G

p4：A→D→E→F→G

p5：A→D→F→G

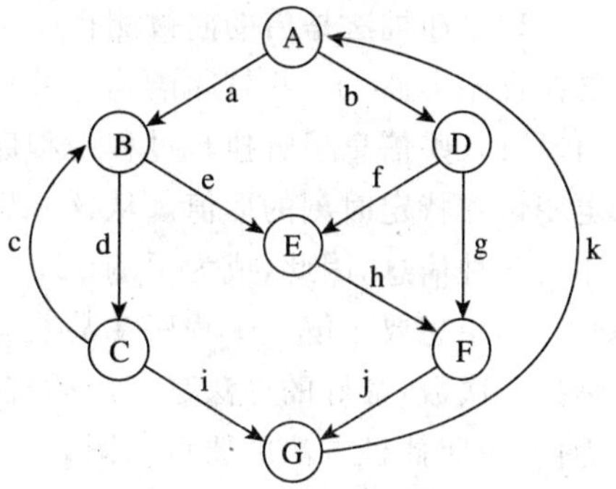

图 3－4　控制流图导出的强连通图

独立路径是指从程序入口到出口的多次执行中，每次至少有一个语句（包括运算、赋值、输入、输出或判断）是新的，未被重复的。如果用前面提到的控制流图来描述，独立路径就是在从入口进入控制流图后，至少要经历一条从未走过的弧。

因此，路径 p6(A→B→C→B→E→F→G) 和 p7(A→B→C→B→C→B→C→G) 不是独立路径。因为 p6 可以由路径 pl、p2 和 p3 组合而成，p7 可由路径 p1 和 p2 组合而成。

很明显，从测试角度来看，如果某一程序的每一条独立路径都测试过了，那么可以认为程序中的每个语句都已检验过了。但在实际测试中，要真正构造出程序的每条独立路径，并不是一件轻松的事。

测试可被设计为基本路径集的执行过程。基本路径集通常并不唯一。

3.1.3　图矩阵

图矩阵即流图的邻接矩阵表示形式，其阶数等于流图的结点数。矩阵中的每列和每行都对应于标识的某一结点，矩阵元素对应于结点之间的边。图 3－5 和图 3－6 描述了一个简单的流图及其对应的矩阵。

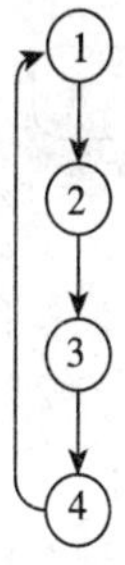

图 3－5　一个简单的流图

结点	1	2	3	4
1		a		
2			b	
3				c
4	d			

图 3－6　图 3－5 对应的邻接矩阵图

通常，流图中的结点用数字标识，边用字母标识。在图 3－6 所示的例子当中，若矩阵记为 M，则 M(4,1)＝d，表示边 d 连接结点 4 和结点 1。需要注意的是，边 d 是有方向的，它从结点 4 到结点 1。

3.2　程序插桩

在软件动态测试中，程序插桩是一种基本的测试手段，有着广泛的应用。

3.2.1 方法简介

程序插桩法是借助向被测程序中插入操作来实现测试目的的方法。在调试程序时，常常要在程序中插入一些打印语句。其目的在于，执行程序时，打印出测试人员最关心的信息，进而通过这些信息了解执行过程中程序的一些动态特性。例如，程序的实际执行路径，或者是特定变量在特定时刻的取值。从这一思想发展出的程序插桩技术能够按照用户的要求，获取程序的各种信息，因此，成为了测试工作的有效手段。

如果想要了解一个程序在某次运行中所有可执行语句被覆盖的情况，或是每个语句的实际执行次数，最好的办法是利用插桩技术。这里仅以计算整数 X 和整数 Y 的最大公约数程序为例，说明插桩方法的要点。图 3-7 给出了这一程序的流程图。图中虚线框并不是源程序的内容，而是为了记录语句执行次数而插入的。

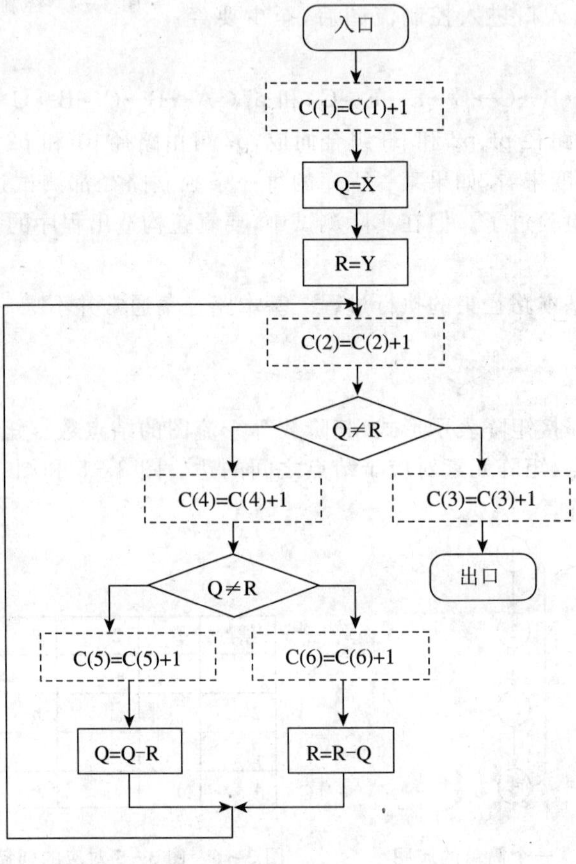

图 3-7　插桩后求最大公约数程序的流程图

这些虚线框要完成的操作都是计数语句，其形式为：

C(i)＝C(i)＋1　i－1,2,…,6

程序从入口开始执行，到出口结束。凡经历的计数语句都能够记录下该程序的执行次数。如果在程序的入口处还插入了对计数器 C(i)初始化的语句，在出口处插入了打印这些计数器的语句，它便能记录并输出在各程序点上语句的执行次数。图 3-8 表示了插桩后的程序，图中箭头所指均为插入的语句(源程序语句略去)。

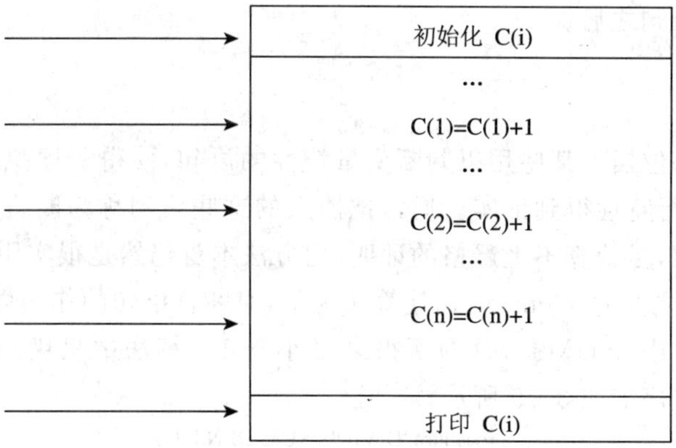

图 3－8　插桩程序中插入的语句

通过插入的语句获取程序执行中的动态信息，这一做法如同在刚研制成的机器特定部位安装记录仪表一样。安装好以后开动机器试运行，除了可以从机器加工的成品检验得知机器的运行特性外，还可通过记录仪表了解其动态特性。这就相当于在运行程序以后，一方面可检测测试的结果数据；另一方面还可借助插入语句给出的信息了解程序的执行特性。正是这个原因，有时把插入的语句称为“探测器”，借以实现“探查”或“监控”的功能。

在程序的特定部位插入记录动态特性的语句，最终是为了把程序执行过程中发生的一些重要历史事件记录下来。例如，记录在程序执行过程中某些变量值的变化情况，变化的范围等。又如程序逻辑覆盖情况，也只有通过程序的插桩才能取得覆盖信息。实践表明，程序插桩方法是应用很广的技术，它在完成程序的测试和调试时非常有效。

设计插桩程序时需要考虑的问题包括：

- 探测哪些信息；
- 在程序的什么部位设置探测点；
- 需要设置多少个探测点。

其中前两个问题需要结合具体情况解决，并不能给出笼统的回答。至于第 3 个问题，需要考虑如何设置最少探测点的方案。例如，在图 3－7 所示的程序入口处，若要记录语句 Q＝X 和 R＝Y 的执行次数，只需插入 C(1)＝C(1)＋1 这样一个计数语句就够了，没有必要在每个语句之后都插入一个计数语句。在一般的情况下可以认为，在没有分支的程序段中只需一个计数语句。但程序中如果出现了多种控制结构，使得整个结构十分复杂，为了在程序中设计最少的计数语句，则需要针对程序的控制结构进行具体的分析。这里以 FORTRAN 程序为例，列举至少应在哪些部位设置计数语句。

① 程序块的第一个可执行语句之前。

② entry 语句的前后。

③ do、do while、do until 及 do 终端语句之后。

④ block－if、else if、else 及 endif 语句之后。

⑤ logical if 语句处。

⑥ 输入/输出语句之后。

⑦ call 语句之后。

⑧ 计算 go to 语句之后。

3.2.2 断言语句

在程序中特定部位插入某些用以判断变量特性的语句，使得程序执行中这些语句得以证实，从而使程序的运行特性得到证实。通常把插入的这些语句称为断言。这一做法是程序正确性证明的基本步骤，尽管算不上严格的证明，但方法本身仍然是很实用的。下面以求两个非负数 NUM 和 DEN 之商的 Wensley 迭代算法为例，对断言语句的作用做一简要说明。

假定两个非负数中，NUM＜M(即所得之商小于 1)，算法中只用到加、减及除以 2 的运算。该迭代算法的程序如图 3－9 所示。

```
procedure  DIVIDE(NUM,DEN,E,Q)
*E is the accuracy required.E≥0.Q is both*
*the result at exit and at any interim stage.*
*A.B and W are the other elements of the program vector.*
Q:=0
A:=0
B:=DEN/2
W:=1
until W<E loop
   if(NUM-A-B)≥0
   then
      Q:=Q+W/2
      A:=A+B
   endif
   B:=B/2
   W:=W/2
endloop
end
```

图 3－9 计算机非负数之商的迭代程序

从程序中可以看出，在每次迭代中由分母得到的变量 B 以及权增量 W 都要缩小一半，而且变量 A 随着迭代次数的增加将接近分子。这些粗略的观察和分析可以用以下 4 个断言语句表达，在每次迭代开始时 4 个断言必定为真：

① $W=2^{-K}$(K 是迭代次数，并且 K≥0)。

② A＝DEN ∗ Q。

③ B＝DEN ∗ W/2。

④ NUM/DEN－W＜Q≤NUM/DEN。

此外，还可以看出，在循环外 W＜E，而且结果 Q 总是从下面逼近真正的商。这就得到了输出断言：

$$NUM/DEN-W<Q\leqslant NUM/DEN$$

它和上面的第④断言很相似。

假定所用的编译系统能够处理表达式形式的断言语句，插入断言以后的程序如图 3－10 所示。

其中带有@标记的语句是断言语句。新增加的变量 K 只是在计算第①断言时用到。首先，来检验在初始化以后循环后的断言。

```
procedure   DIVIDE(NUM,DEN,E,Q)
*E is the accuracy required.E≥0.Q is both*
*the result at exit and at any interim stage.*
*A.B and W are the other elements of the program vector.*
    Q:=0
    A:=0
    B:=DEN/2
    W:=1
@   K:=0
    until W<E loop
@   assert W=1/2*K
@   assert A=DEN*Q
@   assert B=DEN*W/2
@   assert NUM/DEN-W<Q and Q≤NUM/DEN
      if(NUM-A-B)≥0
      then
        Q:=Q+W/2
        A:=A+B
      endif
      B:=B/2
      W:=W/2
@   K:=K+1
    endloop
@   assert NUM/DEN-W<Q and Q≤NUM/DEN
    end
```

图 3-10 插入断言后的迭代程序

① 由于 K=0，所以是初值，$W=2^{-K}=1$。

② 由于 Q=0，A 的初值 A=DEN * Q=0。

③ 将 W 的值代入 DEN * W/2，则得 B 的初值 B=DEN/2。

④ 曾假定 0≤NUM＜DEN，NUM/DEN－1(W 的值)必定小于零，因而也就小于 Q(Q=0)。而且，NUM/DEN 必定大于 Q，因为 NUM 和 DEN 均为正，Q 为零。

以上说明了这些断言在初始状态下为真。如果继续迭代，要证明断言为真，就必须证明无论 if-then 结构中什么路径，这些断言都为真。首先考虑在初始测试中 NUM－A－B≥0 为假，即检验失败，然后给出程序向量的新值(A',B',W' 和 K')，有：

A'=A

B'=B/2

W'=W/2

Q'=Q

K'=K+1

再来检验 4 个断言：

① W'=W/2=1/2 * K。

② A'=A=DEN * Q=DEN * Q。

③ B'=B/2=DEN * W/4=DEN * W'/2。

④ 把 A 和 B 代入 NUM－A－B＜0，得到 NUM－DEN * Q－DEN * W/2＜0，在关系式两端除以 DEN，并加 Q，得到 NUM/DEN－W/2＜Q，由于 Q'=Q，W'=W/2，则有 NUM/

$DEN-W'<Q'$，且 $Q'\leqslant NUM/DEN$。

如果 if - then 检验成立，再来 4 个断言。使用 A''，B''，W''，Q'' 和 K'' 作为新的程序向量，有：

① $W''=W/2=1/2*K''$。

② $A''=DEN*Q+DEN*W/2=DEN*(Q+W/2)=DEN*Q$。

③ $B''=B/2=DEN*W/4=DEN*W''/2$。

④ 代入 $NUM-A-B\geqslant 0$，并做同前的变换，得到 $NUM/DEN-W''/2<Q''+W''/2$ 或 $NUM/DEN-W''<Q''$，并且 $Q''<NUM/DEN$。

总之，无论执行哪一路径，在每一迭代的开始，4 个断言均为真。尽管并未考虑输出断言，但可以知道，第④断言成立，由于 $W<E$，$NUM/DEN-E<Q$ 和 $Q\leqslant NUM/DEN$ 必定为真，也就必定满足输出断言。

3.3 逻辑覆盖

3.3.1 逻辑覆盖标准

有选择地执行程序中某些最有代表性的通路是对穷尽测试的唯一可行的替代办法。所谓逻辑覆盖是对一系列测试过程的总称，这组测试过程逐渐进行越来越完整的通路测试。测试数据执行(或叫覆盖)程序逻辑的程度可以划分成哪些不同的等级呢？从覆盖源程序语句的详尽程度分析，大致有以下一些不同的覆盖标准。

1. 语句覆盖

为了暴露程序中的错误，至少每个语句应该执行一次。语句覆盖的含义是，选择足够多的测试数据，使被测程序中每个语句至少执行一次。例如，图 3-11 所示的程序流程图描绘了一个被测试模块的处理算法。

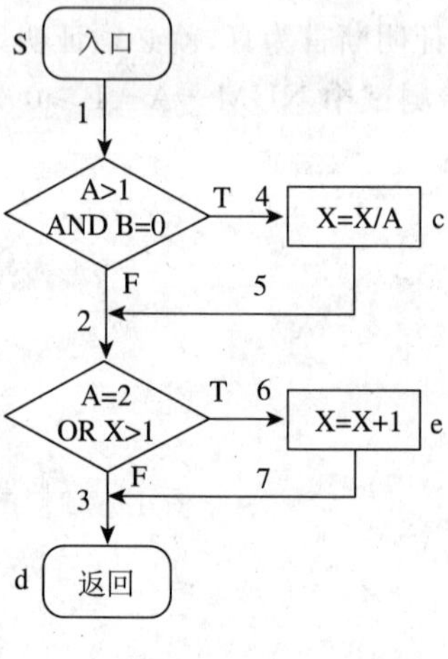

图 3-11 被测试模块的流程图

为了使每个语句都执行一次，程序的执行路径应该是 sacbed，因此需要输入下面的测试数据(实际上 X 可以是任意实数)：

$$A=2, B=0, X=4$$

语句覆盖对程序的逻辑覆盖很少，在上面例子中两个判定条件都只测试了条件为真的情况，如果条件为假时处理有错误，显然不能发现。此外，语句覆盖只关心整个判定表达式的值，而没有分别测试判定表达式中每个条件取值不同时的情况。在上面的例子中，为了执行 sacbed 路径，以测试每个语句，只需两个判定表达式(A>1)AND(b=0)和(A=2)OR(X>1)都取真值，因此使用上述一组测试数据就够了。但是，如果程序中把第一个判定表达式中的逻辑运算符“AND”错写成“OR”，或者把第二个判定表达式中的条件“X>1”误写成“X<1”，使用上面的测试数据并不能查出这些错误。

综上所述，可以看出语句覆盖是很弱的逻辑覆盖标准，为了更充分地测试程序，可以采用以下所述的逻辑覆盖标准。

2. 判定覆盖

判定覆盖又叫分支覆盖，它的含义是不仅每个语句必须至少执行一次，而且每个判定表达式的每种可能的结果都应该至少执行一次，也就是每个判定的每个分支都至少执行一次。

对于上述例子来说，能够分别覆盖路径 sacbed 和 sabd 的两组测试数据，或者可以分别覆盖路径 sacbd 和 sabed 的两组测试数据，都满足判定覆盖标准。例如，用下面两组测试数据就可做到判定覆盖。

A=3,B=0,X=3(覆盖 sacbd)

A=2,B=1,X=1(覆盖 sabed)

判定条件覆盖比语句覆盖强，但是对程序逻辑的覆盖程度仍然不高，例如，上面的测试数据只覆盖了程序全部路径的一半。

3. 条件覆盖

条件覆盖的含义是，不仅每个语句至少执行一次，而且使判定表达式中的每个条件都取到各种可能的结果。

如图 3-11 所示的例子，总共有两个判定表达式，每个表达式中有两个条件，为了做到条件覆盖，应该选取测试数据使得在 a 点有下述各种结果出现：

$A>1, A\leqslant 1, B=0, B\neq 0$

在 b 点有下述各种结果出现：

$A=2, A\neq 2, X>1, X\leqslant 1$

只需要使用下面两组测试数据就可以达到上述覆盖标准。

Ⅰ. A=2,B=0,X=4。(满足 $A>1, B=0, A=2$ 和 $X>1$ 的条件，执行路径 sacbed)

Ⅱ. A=1,B=1,X=1。(满足 $A<1, B\neq 0, A\neq 2$ 和 $X\leqslant 1$ 的条件，执行路径 sabd)

条件覆盖通常比判定覆盖强，因为它使判定表达式中每个条件都取到了两个不同的结果，判定覆盖却只关心整个判定表达式的值。例如，上面两组测试数据也同时满足判定覆盖标准。但是，也可能有相反的情况，虽然每个条件都取到了两个不同的结果，判定表达式却始终只取一个值。例如，如果使用下面两组测试数据，则只满足条件覆盖标准并不满足判定覆盖标准(第二个判定表达式的值总为真)。

Ⅰ. A=2,B=0,x=1。(满足 $A>1, B=0, A=2$ 和 $X\leqslant 1$ 的条件，执行路径 sacbed)

Ⅱ. A=1,B=1,X=2。(满足 $A<1, B\neq 0, A\neq 2$ 和 $X>1$ 的条件，执行路径 sabed)

4. 判定/条件覆盖

既然判定覆盖不一定包含条件覆盖，条件覆盖也不一定包含判定覆盖，自然会提出一种能同时满足这两种覆盖标准的逻辑覆盖，这就是判定/条件覆盖。它的含义是，选取足够多的测试数据，使得判定表达式中的每个条件都取到各种可能的值，而且每个判定表达式也都取到各种可能的结果。

对于如图 3-11 所示的例子而言，下述两组测试数据满足判定/条件覆盖标准。

Ⅰ. A=2,B=0,X=4。

Ⅱ. A=1,B=1,X=1。

但是，这两组测试数据也就是为了满足条件覆盖标准最初选取的两组数据，因此，有时判定/条件覆盖也并不比条件覆盖更强。

5. 条件组合覆盖

条件组合覆盖是更强的逻辑覆盖标准，它要求选取足够的测试数据，使得每个判定表达式中条件的各种可能组合都至少出现一次。

对于如图 3-11 所示的例子，共有以下 8 种可能的条件组合。

① $A>1, B=0$

② $A>1, B\neq 0$

③ $A<1, B=0$

④ $A<1, B\neq 0$

⑤ $A=2, X>1$

⑥ $A=2, X\leqslant 1$

⑦ $A\neq 2, X>1$

⑧ $A\neq 2, X\leqslant 1$

和其他逻辑覆盖标准中的测试数据一样，条件组合⑤～⑧中的 X 值是指在程序流程图第二个判定框(b 点)的 X 值。

下面的 4 个测试数据可以使上面列出的 8 种条件组合每种至少出现一次。

Ⅰ. $A=2, B=0, X=4$。(针对①，⑤两种组合，执行路径 sacbed)

Ⅱ. $A=2, B=1, X=1$。(针对②，⑥两种组合，执行路径 sabed)

Ⅲ. $A=1, B=0, X=2$。(针对③，⑦两种组合，执行路径 sabed)

Ⅳ. $A=1, B=1, X=1$。(针对④，⑧两种组合，执行路径 sabd)

显然，满足条件组合覆盖标准的测试数据，也一定满足判定覆盖、条件覆盖和判定/条件覆盖标准。因此，条件组合覆盖是前述几种覆盖标准中最强的。但是，满足条件组合覆盖标准的测试数据并不一定能使程序中的每一条路径都执行到。例如，上述 4 组测试数据都没有测试到路径 sacbd。

以上根据测试数据对源程序语句检测的详尽程度，简单讨论了几种逻辑覆盖标准。在上面的分析过程中常常谈到测试数据执行的程序路径，显然，测试数据可以检测的程序路径的多少，也反映了对程序测试的详尽程度。从对程序路径的覆盖程度分析，又能够提出下述一些主要的逻辑覆盖标准。

6. 点覆盖

图论中点覆盖的概念定义如下：如果连通图 G 的子图 G' 是连通的，而且包含 G 的所有结点，则称 G' 是 G 的点覆盖。

在正常情况下，流图是连通图的有向图。满足点覆盖标准要求选取足够多的测试数据，使程序执行路径至少经过流图的每个结点一次，而且流图的每个结点与一条或多条语句相对应，所以，显然点覆盖标准和语句覆盖标准是相同的。

7. 边覆盖

图论中边覆盖的定义是：如果连通图 G 的子图 G'' 是连通的，而且包含 G 的所有边，则称 G' 即是 G 的边覆盖。为了满足边覆盖的测试标准，要求选取足够多的测试数据，使得程序执行路径至少经过流图中每条边一次。通常边覆盖和判定覆盖是一致的。

8. 路径覆盖

路径覆盖的定义是，选取足够多的测试数据，使程序的每一条可能路径都至少执行一次。

对于图 3－11 所示的例子，请读者考虑满足路径覆盖的测试数据。

这里所用的程序段非常简短，只有 4 条路径。但在实际问题中，一个不太复杂的程序，其路径数都可能是一个庞大的数字，以致要在测试中覆盖所有的路径是不可能实现的。为解决这一难题，只得把覆盖的路径数压缩到一定限度内，例如，对程序中的循环体只执行一次。

即使对于路径数有限的程序做到了路径覆盖，也不能保证被测程序的正确性。因为通过分析测试数据，可以发现路径覆盖不能保证满足条件组合覆盖。而且在前面已经介绍过穷举路径测试法无法检查出程序本身是否违反了设计规范，即程序是否是一个错误的程序，不可能查出程序因为遗漏路径而出现的错误，同时也发现不了一些与数据相关的错误。

由此看出，各种结构测试方法都不能保证程序的正确性。但是，测试的目的并不是要证明程序的正确性，而是要尽可能找出程序中隐藏的故障。事实上，并不存在一种十全十美的测试方法能够发现所有的软件故障。

3.3.2 最少测试用例数字计算

为实现测试的逻辑覆盖，必须设计足够多的测试用例，并使用这些测试用例执行被测程序，实施测试。对某个具体程序来说，至少要设计多少测试用例，这里提供一种估算最少测试用例数的方法。

结构化程序是由 3 种基本控制结构组成。这 3 种基本控制结构是：顺序型（构成串行操作）、选择型（构成分支操作）和重复型（构成循环操作）。

为了把问题化简，避免出现测试用例极多的组合爆炸，把构成循环操作的重复型结构用选择结构代替。也就是说，并不指望测试循环体所有的重复执行，而是只对循环体检验一次。这样，任一循环便改造成进入循环体或不进入循环体的分支操作了。

如图 3－12 所示，给出了类似于流程图的 N－S 图表示的基本控制结构，图中 A、B、C、D、S 均表示要执行的操作，P 是可取真假值的谓词，Y 表真值，N 表假值。图 3－12(c)和图 3－12(d)两种重复型结构代表了两种循环。在简化如上循环的假设以后，对于一般的程序控制流，只考虑选择型结构。事实上它已能体现顺序型和重复型结构了。

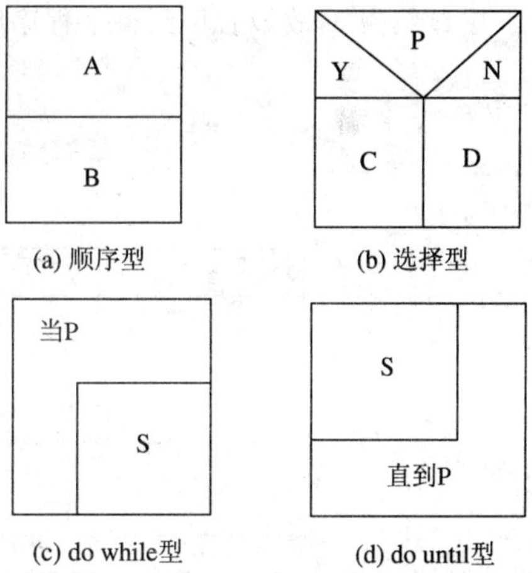

图 3－12　N－S 图表示的基本控制结构

如图 3－13 所示，表达了两个顺序执行的分支结构。两个分支谓词 P1 和 P2 取不同值时，将分别执行 a 或 b 及 c 或 d 操作。显然，要测试这个小程序，需要至少提供 4 个测试用例才能做到逻辑覆盖，使得 ac、ad、bc 及 bd 操作均得到检验。其实，这里的 4 是由图 3－13 中第 1 个分支谓词引出的两个操作及第 2 个分支谓词引出的两个操作组合起来得到的。

对于一般的、更为复杂的问题，估算最少测试用例数的原则也是同样的。现以图 3－14 表示的程序为例。

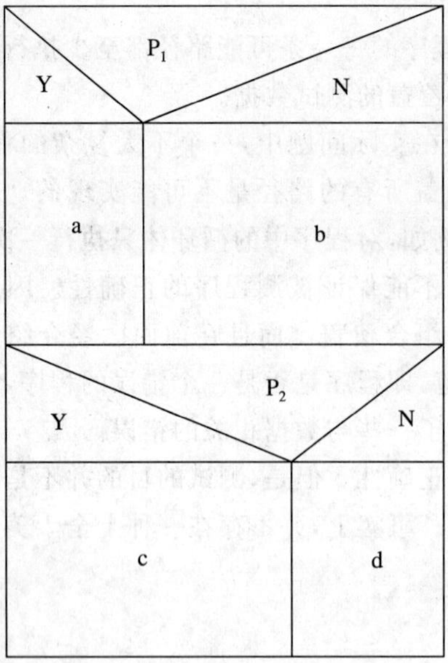

图 3-13 两个串行分支结构的 N-S 图

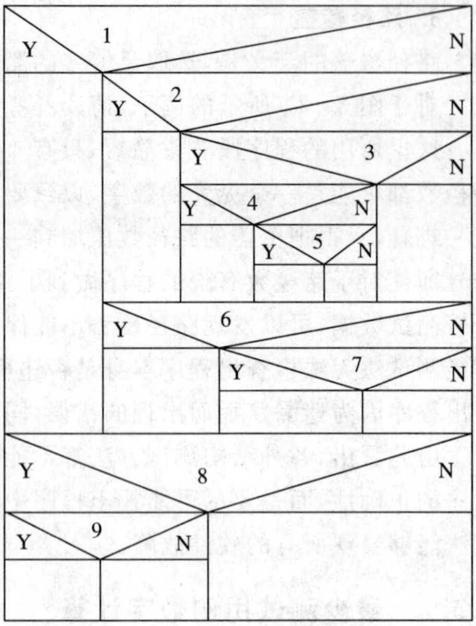

图 3-14 计算最少测试用例数实例

该程序中共有 9 个分支谓词，尽管这些分支结构交错起来似乎十分复杂，很难一眼看出应至少需要多少个测试用例，但如果仍用上面的方法，也很容易解决。注意该图可分上下两层：分支谓词 1 的操作域是上层，分支谓词 8 的操作域是下层。这两层正像前面简单例子中的 P1 和 P2 的关系一样。只要分别得到两层的测试用例个数，再将其相乘即得总的测试用例数。这里需要首先考虑较为复杂的上层结构。谓词 1 不满足时要做的操作又可进一步分解为两层，这就是图 3-15(a)和(b)。它们所需测试用例的个数分别为 1+1+1+1+1=5 和 1+1+1=3，因而两层组合得到 5×3=15。于是整个程序结构上层所需测试用例数为 1+15=16，而下层显然为 3，故最后得到整个程序所需测试用例数至少为 16×3=48。

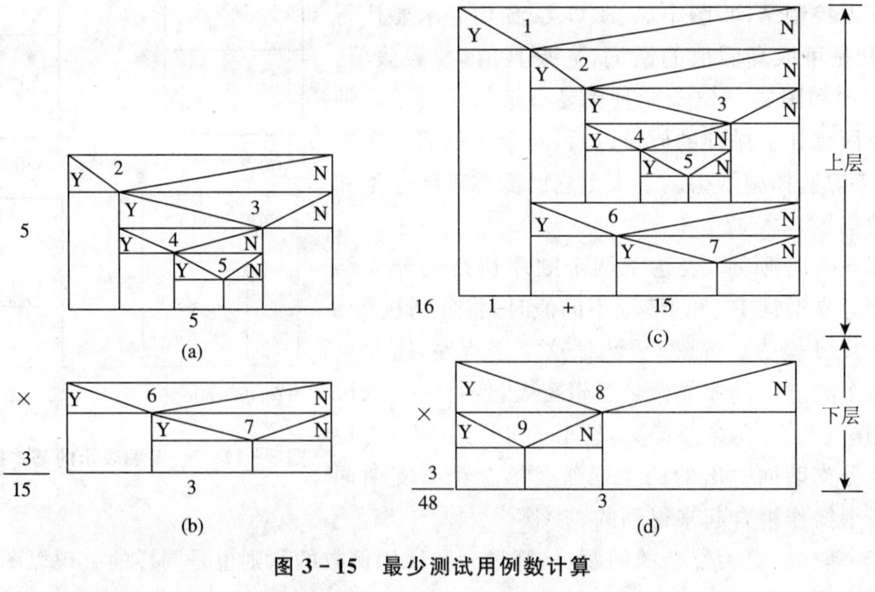

图 3-15 最少测试用例数计算

3.4 独立路径测试

独立路径测试是在程序控制流图的基础上，通过分析控制结构的环路复杂性，导出可执行的独立路径集合，从而设计出相应的测试用例。设计出的侧试用例要保证被测程序的每条可执行的独立路径至少被执行一次。路径测试考虑以下几个方面：

- 程序控制流图。
- 程序环路复杂性。借助 McCabe 复杂性度量，可以从程序的环路复杂性导出程序路径集合中的独立路径条数。
- 设计测试用例。确保独立路径集合中的每一条路径被执行。

由于测试用例要完成某条程序路径的执行，因此测试用例与其所执行的程序路径之间有着非常明确的关系。

在路径测试中，最关键的问题是如何设计测试用例，使之能够避免测试的盲目性，又能有较高的测试效率。获得测试用例一般有以下 3 种途径。

(1)通过非路径分析得到测试用例

测试人员凭经验设计测试用例或由应用系统本身提供测试用例。在使用这些测试用例执行被测程序后，一些路径就被检测过了。

(2)对未测试的路径生成相应的测试用例

枚举被测程序所有可能的独立路径，并与前面已测试过的路径相比，便可得知哪些路径还没有被测试过，针对这些路径生成测试用例，进而完成对它们的测试。

(3)生成指定路径的测试用例

根据指定的路径，生成相应的测试用例。

按以上方法实施测试，原则上是可以做到路径覆盖的，原因如下：

- 对程序中的循环做了如上限制以后，程序路径的数量是有限的。
- 程序的路径可经枚举全部得到。
- 完成若干个测试用例后，对所测路径、未测路径是知道的。
- 在指出要测试的路径以后，可以自动生成相应的测试用例。

3.5 循环测试

循环是绝大多数软件算法的基础，但是，在测试软件时却往往未对循环结构进行足够的测试。循环测试是一种白盒测试技术，它专注于测试循环结构的有效性。在结构化的程序中通常只有 3 种循环，即简单循环、串接循环和嵌套循环，如图 3－16 所示。下面讨论这 3 种循环的测试方法。

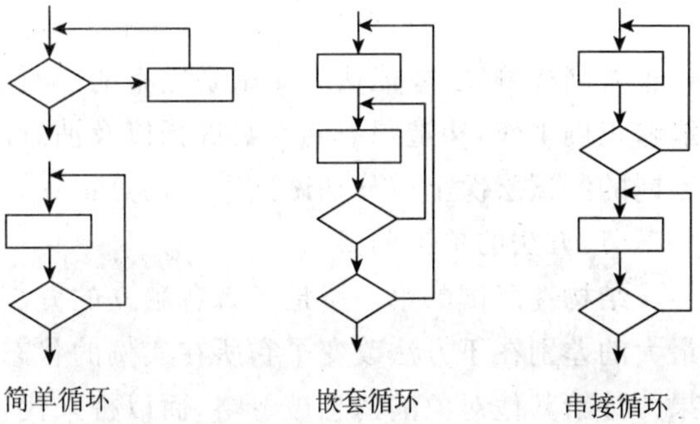

图 3－16　三种循环

1. 简单循环

应该使用下列测试集来测试简单循环，

其中,n 是允许通过循环的最大次数。

- 跳过循环;
- 只通过循环一次;
- 通过循环两次;
- 通过循环 m 次,其中 $m<n-1$;
- 通过循环 $n-1,n,n+1$ 次。

2. 嵌套循环

如果把简单循环的测试方法直接应用到嵌套循环,可能的测试数就会随嵌套层数的增加,按几何级数增长,这会导致不切实际的测试数目。B. Beizer 提出了一种能减少测试数的方法:从最内层循环开始测试,把所有其他循环都设置为最小值;对最内层循环使用简单循环测试方法,而使外层循环的迭代参数(例如,循环计数器)取最小值,并为越界值或非法值增加一些额外的测试;由内向外,对下一个循环进行测试,但保持所有其他外层循环为最小值,其他嵌套循环为"典型"值;继续进行下去,直到测试完所有循环。

3. 串接循环

如果串接循环的各个循环都彼此独立,则可以使用前述的测试简单循环的方法来测试串接循环。但是,如果两个循环串接,而且第一个循环的循环计数器值是第二个循环的初始值,这两个循环并不是独立的,当循环不独立时,建议使用测试嵌套循环方法来测试串接循环。

3.6 面向对象的白盒测试

对面向对象软件的类测试相当于传统软件的单元测试。但与传统软件的单元测试不同的是,它往往关注模块的算法细节和模块接口间流动的恶数据,面向对象软件的类测试是由封装在类中的操作和类的状态行为所驱动的。

类测试一般有两种主要的方式:功能性测试和结构性测试,即对应于传统结构化软件的黑盒测试和白盒测试。

功能性测试以类的规格说明为基础,它主要检查类是否符合其规格说明的要求。例如,对于 Stack 类,即检查它的操作是否满足 LIFO 规则。结构性测试则从程序出发,它需要考虑其中的代码是否正确,同样是 Stack 类,就要检查其中代码是否正确且至少执行过一次。

结构性测试是对类中的方法进行测试,它把类作为一个单元来进行测试。测试分为两层:第一层考虑类中各独立方法的代码;第二层考虑方法之间的相互作用。

每个方法的测试要求能针对其所有的输入情况,但这样还不够,只有对这些方法之间的接口也做同样测试,才能认为测试是完整的。对于一个类的测试要保证类在其状态的代表集上能够正确工作,构造函数的参数选择以及消息序列的选择都要满足这一准则。因此,在这两个不同的测试层次上应分别做到以下两点:

(1)方法的单独测试

结构性测试的第一层是考虑各独立的方法,可以与过程的测试采用同样的方法,两者之间最大的差别在于方法改变了它所在实例的状态,它需要取得隐藏的状态信息来估算测试的结果。传给其他对象的消息被忽略,而以桩来代替,并根据所传的消息返回相应的值,测试数据要求能完全覆盖类中代码,可以用传统的测试技术来获取。

(2)方法的综合测试

第二层要考虑一个方法调用本对象类中的其他方法和从一个类向其他类发送信息的情况。单独测试一个方法时，只考虑其本身执行的情况，而没有考虑动作的顺序问题，测试用例中加入了激发这些调用的信息，以检查它们是否正确运行了。对于同一类中方法之间的调用，一般只需要极少甚至不用附加数据，因为方法都是对类进行存取，故这一类测试的准则是要求遍历类的所有主要状态。

3.7　其他白盒测试方法

1. 域测试

域测试(domain testing)是一种基于程序结构的测试方法。通常把程序中出现的错误分为域错误、计算型错误和丢失路径错误 3 种。这是相对于执行程序的路径来说的。每条执行路径对应于输入域的一类情况，是程序的一个子计算。如果程序的控制流有错误，对于某一特定的输入可能执行的是一条错误路径，这种错误称为路径错误，也叫做域错误。如果对于特定输入执行的是正确路径，但由于赋值语句的错误致使输出结果不正确，则称此为计算型错误。另外一类错误是丢失路径错误，它是由于程序中某处少了一个判定谓词而引起的。域测试是主要针对域错误进行的程序测试。

域测试的"域"是指程序的输入空间。域测试方法基于对输入空间的分析。自然，任何一个被测程序都有一个输入空间。测试的理想结果就是检验输入空间中的每一个输入元素是否都产生正确的结果。而输入空间又可分为不同的子空间，每一子空间对应一种不同的计算。在考察被测试程序的结构以后，会发现子空间的划分是由程序中分支语句中的谓词决定的。输入空间的一个元素，经过程序中某些特定语句的执行而结束(当然也可能出现无限循环而无出口)，那都是满足了这些特定语句被执行所要求的条件。

域测试正是在分析输入域的基础上，选择适当的测试点以后进行测试的。域测试有两个致命的弱点：一是为进行域测试对程序提出的限制过多；二是当程序存在很多路径时，所需的测试点也很多。

2. 符号测试

符号测试的基本思想是允许程序的输入不仅仅是具体的数值数据，而且包括符号值。这里所说的符号值可以是基本符号变量值，也可以是这些符号变量值的一个表达式。这样，在执行程序过程中以符号的计算代替了普通测试执行中对测试用例的数值计算，所得到的结果自然是符号公式或是符号谓词。更明确地说，普通测试执行的是算术运算，符号测试则是执行代数运算。因此符号测试可以认为是普通测试的扩充。

符号测试可以看作是程序测试和程序验证的一个折中方法。一方面，它沿用了传统的程序测试方法，通过运行被测程序来验证它的可靠性；另一方面，由于一次符号测试的结果代表了一大类普通测试的运行结果，实际上是证明了程序接受此类输入，所得输出是正确的还是错误的。最为理想的情况是，程序中仅有有限的几条执行路径。如果对这有限的几条路径都完成了符号测试，就能较有把握地确认程序的正确性。

从符号测试方法使用来看，问题的关键在于开发出功能更强，能够处理符号运算的编译器和解释器。

目前符号测试存在以下一些未得到圆满解决的问题。

(1)分支问题

当采用符号执行方法进行到某一分支点处，分支谓词是符号表达式，这种情况下通常无法决定谓词的取值，也就不能决定分支的走向，需要测试人员做人工干预，或是执行树的方法进行下去。如果程序中有循环，而循环次数又决定于输入变量，那就无法确定循环的次数。

(2)二义性问题

数据项的符号值可能是有二义性的。这种情况通常出现在带有数组的程序中，看以下的程序段：

```
…
X(I)= 2+A
X(J)= 3
C= X(I)
…
```

如果 I＝J，则 C＝3；否则 C＝2＋A。但由于使用符号值运算，这时无法知道 I 是否等于 J。

(3)大程序问题

符号测试中总是要处理符号表达式，随着符号执行的继续，一些变量的符号表达式会越来越庞大。特别是当符号执行树如果很大，分支点很多，路径条件本身变成一个非常长的合取式。如果能够有办法将其化简，自然会带来很大好处。但如果找不到化简的办法，那么符号测试的时间和运行空间将大幅度地增长，甚至使整个问题难以解决。

3. Z 路径覆盖

分析程序中的路径是指：检验程序从入口开始，执行过程中经历的各个语句，直到出口。这是白盒测试最为典型的问题。着眼于路径分析的测试可称为路径测试。完成路径测试的理想情况是做到路径覆盖。对于比较简单的小程序实现路径覆盖是可能做到的，但是如果程序中出现多个判断和多个循环，可能的路径数目将会急剧增长，达到天文数字，以致不可能实现路径覆盖。

为了解决这一问题，必须舍掉一些次要因素，对循环机制进行简化，从而极大地减少路径的数量，使得覆盖这些有限的路径成为可能，称简化循环意义下的路径覆盖为 Z 路径覆盖。

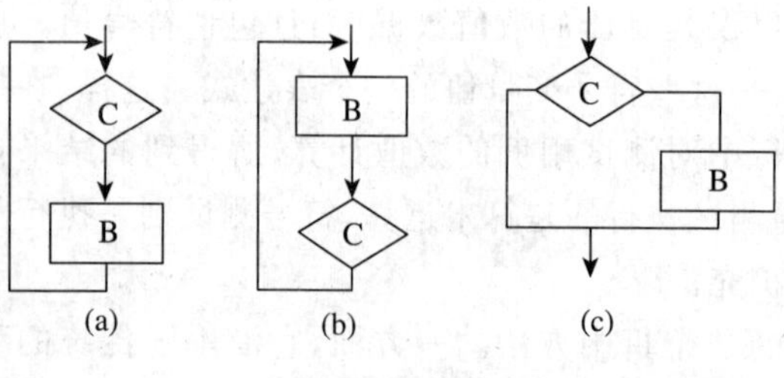

图 3－17　循环结构简化成选择结构

这里所说的对循环化简是指限制循环的次数。无论循环的形式和实际执行循环体的次数多少，只考虑循环一次和零次两种情况，即只考虑执行时进入循环体一次和跳过循环体这两种情况。图 3－17(a)和(b)表示了两种最典型的循环控制结构。前者先做判断，循环体 B 可能执行(假定只执行一次)，也可能不执行，这就如同图 3－17(c)所表示的条件选择结构一样；后者先执行循环体 B(假定也执行一次)，再经判断转出，其效果与图 3－17(c)中给出的条件选择结构只执行右支的效果一样。

对于程序中的所有路径可以用路径树来表示。当得到某一程序的路径树后，从其根结点开始，一次遍历，再回到根结点时，把所经历的叶结点名排列起来，就得到一个路径。如果设法遍历了所有的叶结点，那就得到了所有的路径。当得到所有的路径后，生成每个路径的测试用例，就可以做到 Z 路径覆盖测试。

习　题

1. 简述白盒测试用例的设计方法，并进行分析总结。

2. 分析归纳逻辑覆盖的各种策略，并比较每种覆盖的特点，分析在怎样的情况下采用何种覆盖方式。

3. 请将下述语句按照各种覆盖方法设计测试用例。

```
if(a>2 && b<3 &&(C>4 || d<5))
{
  statement;
}
else
{
statement;
}
```

第 4 章　软件测试过程

本章要点

- 单元测试
- 集成测试
- 系统测试
- 验收测试
- 回归测试
- 系统排错

学习要求

- 掌握单元测试的主要任务、执行过程、测试技术及测试数据
- 掌握集成测试的主要任务、执行过程、测试技术及测试数据
- 掌握系统测试的主要任务、执行过程、测试技术及测试数据
- 掌握验收测试的主要任务、执行过程、测试技术及测试数据
- 掌握回归测试的主要任务、执行过程、测试技术及测试数据

4.1　软件测试过程概述

软件测试过程与软件工程的开发过程是相对的。软件测试与软件开发的对应关系，可以采用图 4－1 所示的螺旋形图来表示。

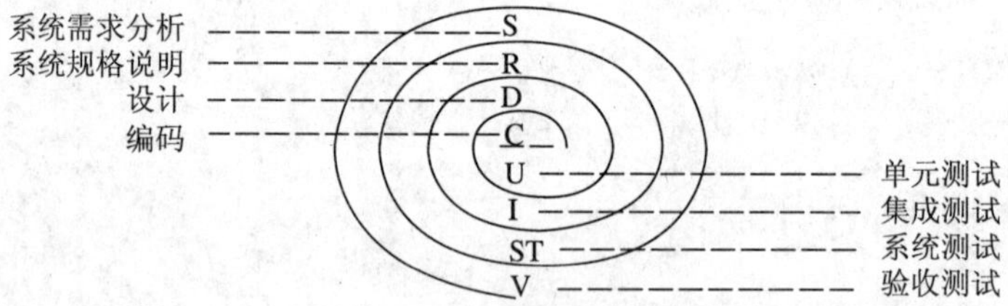

图 4－1　测试过程

最初的软件需求分析定义出软件的作用范围、信息域、功能、行为、性能、约束和验收标准，再往里一步是总体设计、详细设计，然后是编码。为开发软件，沿此螺旋线由外向里旋转，每旋转一圈，软件的抽象级别降低一次；为测试软件，沿同一螺旋线由里向外运动，每旋转一圈，测试范围加大一次。螺旋中心对应单元测试，它测试源程序的每一个模块，以确保每个模块功能

正常工作；下一步是集成测试，它测试与软件相关的程序结构问题，因测试建立在模块间的接口上，所以多为黑盒测试；再下一步是系统测试，是检查所开发软件是否满足所有功能和性能的要求，以及检验它能否与系统其他部分，如硬件数据库等协调工作；最后一步是验收测试，主要根据需求分析对确定的验收标准来检验软件是否达到合同要求。

单元测试的目的是保证每个模块单独运行正确，多采用白盒技术，检查模块控制结构的某些特殊路径，期望覆盖尽可能多的出错点。经单元测试后的模块，组装为软件包，对软件包进行集成测试，主要测试软件结构问题，因测试建立在模块间的接口上，所以多为黑盒测试，适当辅以白盒测试技术，以便能对主要控制路径进行测试。系统测试主要是检验软件是否满足功能、行为和性能方面的要求，这一步完全采用黑盒测试技术。验收测试是检验软件产品的最后一道工序，与前面各种测试过程的不同之处主要在于它突出了客户的作用，同时软件开发人员也要参与。

目前，不同的团体和公司所采用的测试过程的名称是千差万别的。如构件测试、代码测试、开发人员测试、线程测试、系统集成测试、验证测试、互操作测试、用户验收测试、客户验收测试等。从总体来看，各个团体和公司根据各自的特点和习惯对测试过程做何称谓并不重要，真正重要的是，要定义一个测试过程的范围和这个测试过程打算完成的任务，然后，制订一个标准和计划，确保任务的实现。

4.2　单元测试

单元测试是对软件设计的最小单元——模块，进行正确性检验的测试工作，主要测试模块在语法、格式和逻辑上的错误。“单元”与软件开发设计过程中采用的实际技术有关，如以下几种情况：

① 在使用过程化编程语言开发设计的软件中，单元可以用一个函数或过程表示，也可以用紧密相关的一组函数或过程表示。

② 在使用面向对象编程开发工具设计的软件中，单元可以用一个类或类的一个实例表示，也可以用方法实现的一个功能表示。

③ 在可视化编程环境下或图形用户界面(GUI)环境下，单元可以是一个窗口或者是这个窗口中相关元素的集合，如一个组合框等。

④ 在基于组件的开发环境中单元可以是一个预先定义的可重用的组件。在这种情况下，开发者测试组件应该考虑组件的初始状态成熟度和以前的测试历史，以确定当前应该执行什么测试。

单元测试应对模块内所有重要的控制路径进行测试，以便发现模块内部的错误。单元测试是检查软件源程序的第一次机会，通过孤立地测试每个单元，确保每个单元工作正常，这样比单元作为一个更大系统中的一个部分更容易发现问题。在单元测试中，每个程序模块可以并行、独立地进行测试工作。

4.2.1　单元测试的主要任务

单元测试是针对每个程序模块进行测试，单元测试的主要任务是解决以下 5 个方面的测试问题。

1. 模块接口测试

对模块接口的测试是检查进出模块单元的数据流是否正确，模块接口测试是单元测试的基础。对模块接口数据流的测试必须在任何其他测试之前进行，因为如果不能确保数据正确地输入和输出，所有的测试都没有意义。

针对模块接口测试应进行的检查，主要涉及以下几方面的内容：

① 模块接受输入的实际参数个数与模块的形式参数个数是否一致。

② 输入的实际参数与模块的形式参数的类型是否匹配。

③ 输入的实际参数与模块的形式参数所使用的单位是否一致。

④ 调用其他模块时，所传送的实际参数的个数与被调用模块的形式参数的个数是否相同。

⑤ 调用其他模块时，所传送的实际参数与被调用模块的形式参数的类型是否匹配。

⑥ 调用其他模块时，所传送的实际参数与被调用模块的形式参数的单位一致。

⑦ 调用内部函数时，参数的个数、属性和次序是否正确。

⑧ 在模块有多个入口的情况下，是否有引用与当前入口无关的参数。

⑨ 是否会修改只读型参数。

⑩ 出现全局变量时，这些变量是否在所有引用它们的模块中都有相同的定义。

⑪ 有没有把某些约束当做参数来传送。

如果模块内包括外部输入/输出，还应考虑以下问题：

① 文件属性是否正确。

② 文件打开语句的格式是否正确。

③ 格式说明与输入、输出语句给出的信息是否一致。

④ 缓冲区的大小是否与记录的大小匹配。

⑤ 是否所有的文件在使用前已打开。

⑥ 是否处理了文件尾。

⑦ 对文件结束条件的判断和处理是否正确。

⑧ 有没有输出信息的文字性错误。

2. 模块局部数据结构测试

在单元测试工作过程中，必须测试模块内部的数据能否保持完整性、正确性，包括内部数据的内容、形式及相互关系不发生错误。模块的局部数据结构经常发生错误是错误的根源，对于局部数据结构应该在单元测试中注意发现以下几类错误：

① 不正确的或不一致的类型说明。

② 错误的初始化或默认值。

③ 错误的变量名，如拼写错误或缩写错误。

④ 不相容的数据类型。

⑤ 下溢、上溢或者地址错误。

除了局部数据结构外，在单元测试中还应弄清楚全程数据对模块的影响。

3. 模块中所有独立执行路径测试

在单元测试中，最主要的测试是针对路径的测试，在测试中应对模块中每一条独立执行路径进行测试。此时设计的测试用例必须能够发现由于计算错误、不正确的判定或不正常的控制流而产生的错误。常见的错误如下：

① 误解使用算术优先级。

② 混合类型的运算。

③ 错误的初始化。

④ 精确度不够精确。

⑤ 表达式的不正确符号表示。

针对判定和条件覆盖，测试用例还要能够发现如下错误：

① 不同数据类型的比较。

② 不正确的逻辑操作或优先级。

③ 应当相等的地方由于精确度的错误而不能相等。

④ 不正确的判定或不正确的变量。

⑤ 不正常的或不存在的循环终止。

⑥ 当遇到分支循环时不能退出。

⑦ 不适当地修改循环变量。

4. 各种错误处理测试

软件在运行中出现异常现象并不奇怪，良好的设计应该预先估计到投入运行后可能发生的错误，并给出相应的处理措施，使得用户不至于束手无策。

检验软件中出错处理应主要检查下面的情况：

① 对运行发生的错误描述得不准确或难以理解。

② 报告的错误与实际遇到的错误不一致。

③ 出错后，在错误处理之前就引起了系统干预。

④ 例外条件的处理不正确。

⑤ 提供的错误信息不足，以致无法找到出错的原因。

用户对这5个方面的错误会非常敏感，因此，如何设计测试用例，使得模块测试能够高效率地发现其中的错误，就成为软件测试过程中非常重要的问题。

5. 模块边界条件测试

实际表明，软件常常在边界地区发生问题。例如，处理 n 维数组的第 n 个元素时很容易出错，循环执行到最后一次执行循环体时也可能出错。边界条件测试是单元测试的最后一步，是非常重要的，必须采用边界值分析方法来设计测试用例，仔细地测试为限制数据处理而设置的边界处，看模块是否能够正常工作。

4.2.2 单元测试的执行过程

一般情况下，在完成了程序编写、复查和语法正确性验证后，就应进行单元测试。测试用例设计应与复审工作相结合，根据设计信息选取数据，可增大发现上述各类错误的可能性。

在对每个模块进行单元测试时，不能完全忽视它们和周围模块的相互关系。为模拟这一联系，在进行单元测试时，需设置若干辅助测试模块。辅助模块有两种，一种是驱动模块(Driver)，用以模拟被测试模块的上级模块。驱动模块在单元测试中接受测试数据，把相关的数据传送给被测模块，启动被测模块，并打印出相应的结果。另一种是被调用模拟子模块(Sub)，用以模拟被测模块工作过程中所调用的模块。被调用模拟子模块由被测模块调用，它们一般只进行很少的数据处理，例如打印入口和返回，以便于检验被测模块与其下级模块的接口。图 4-2 为一般的单元测试环境。

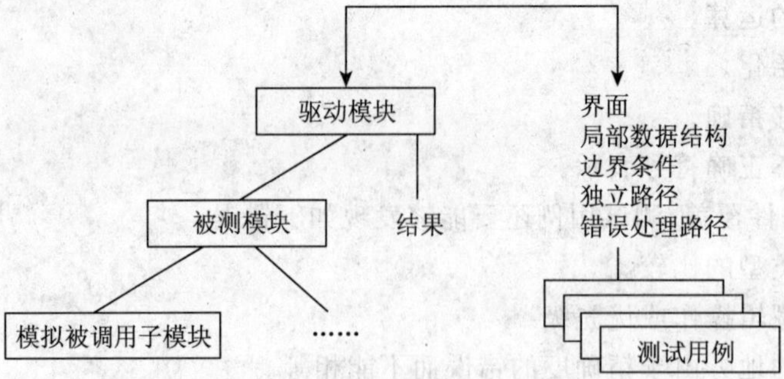

图 4-2　一般单元测试环境

驱动模块和被调用模拟子模块都是额外的开销，这两种模块虽然在单元测试中必须编写，但却不作为最终的软件产品提供给用户。如果驱动模块和被调用模拟子模块很简单，那么开销相对较低，然而，使用“简单”的模块是不可能进行足够的单元测试的，模块间接口的全面检验要推迟到集成测试时进行。

4.2.3　单元测试技术和测试数据

用于单元测试的主要技术如下：

1. 静态测试

静态测试就是不运行单元，只是单独地检查单元代码，对代码进行评审和检查等。

2. 白盒测试

因为单元模块开发设计者非常熟悉和了解单元的控制结构，因此单元测试采用白盒测试，其测试的原则如下：

① 保证单元中的每一个独立路径至少执行一次。

② 保证所有判断的每一分支至少执行一次。

③ 保证每一个循环在边界条件和一般条件下至少执行一次。

④ 验证所有单元内部数据结构的有效性。

3. 状态转换测试

当单元可能处于不同状态转换时，应根据单元可能进入的状态、这些状态之间的转换，以及引起转换可能导致的状态进行测试。

4. 功能测试和非功能测试

功能测试主要针对在设计中对单元需求功能进行测试。

非功能测试是在必要时，对单元的性能如系统响应时间、外部接口响应时间、CPU 的使用、内存的使用及相容性等方面进行测试。

单元测试中使用的数据，通常不使用真实数据。当被测试单元的功能不涉及操纵或使用大量数据时，测试中可以使用有代表性的一小部分手工制作的测试数据。在创建测试数据时，应确保数据能充分地测试单元的边界条件。当被测试单元要操纵大量数据，并且有很多单元都有这种需求时，可以考虑使用真实数据的一个较小的有代表性的样本。测试时还要考虑在样本数据中引入一些手工制作的数据，以便测试单元的某个具体特性，如对错误条件的响应等。

当测试一个单元要从远程数据源接收数据时（例如，从一个客户端/服务器系统中接收数据），有必要在单元测试中使用测试辅助程序，来模拟对这些数据的访问。但在考虑这种选择时，必须首先对开发的测试辅助程序进行测试，以保证模拟的真实性。

如果为了执行单元测试而手工制作了一些数据，应考虑这些数据的重用，如在后面的测试阶段使用这些数据。

4.2.4　单元测试人员

单元测试一般由开发设计人员本身完成，一般由开发组在组长的监督下进行，由编写该单元的开发设计者设计所需的测试用例和测试数据，来测试该单元并修改缺陷。开发组组长负责保证使用合适的测试技术，在合理的质量控制和监督下执行充分的测试。

实验表明，单元测试尤其是对代码的评审和检查，可充分发挥开发组团队的作用，这样可以非常有效地找出单元的缺陷，因为有些代码错误，有时设计者自身很难发现和查找。因此，单元测试阶段评审和检查技术对难于发现的缺陷方面是十分有效的。

在单元测试中，开发组组长有时可以根据实际情况考虑邀请一个用户代表观察单元测试，尤其是当涉及到处理系统的业务逻辑，或者用户接口操作方面。这样，在单元测试阶段可以得到用户一些非正式反馈意见，并且在正式验收测试之前，根据用户的期望完善系统。

4.3　集成测试

将经过单元测试的模块按设计要求连接起来，组成所规定的软件系统的过程称为“集成”。在实际工作中，时常有这样的情况发生，每个模块都能单独工作，但这些模块集成在一起之后都不能正常工作，主要原因是模块相互调用时，接口会引入许多新问题。例如，数据经过接口可能丢失；一个模块对另一个模块可能造成不应有的影响；几个子功能组合起来不能实现主功能；单个模块可以接受的误差，组装以后不断积累误差，则达到不可接受的程度；全局数据结构出现错误等。集成测试是一个由单元测试到系统测试的过渡测试，由于其位置特殊，往往容易被忽视。因此，单元测试后，必须进行集成测试，发现并排除软件集成后可能发生的问题，最终构成用户要求的软件系统。

4.3.1　集成测试的主要任务

集成测试是组装软件的系统测试技术之一。它按设计要求把通过单元测试的各个模块组装在一起之后，进行集成测试，它的主要任务是要求软件系统符合实际软件结构，发现与接口有关的各种错误。单元测试的主要任务是解决以下 5 个方面的测试问题：

① 将各模块连接起来，检查模块相互调用时，数据经过接口是否丢失。

② 将各个子功能组合起来，检查能否达到预期要求的各项功能。

③ 一个模块的功能是否会对另一个模块的功能产生不利的影响。

④ 全局数据结构是否有问题，会不会被异常修改。

⑤ 单个模块的误差积累起来，是否被放大，从而达到不可接受的程度。

4.3.2 集成测试方法

集成测试包括两种不同方法:非增量式集成和增量式集成。一些开发设计人员习惯于把所有模块按设计要求一次全部组装起来,然后进行整体测试,这称为非增量式集成。这种方法容易出现混乱。因为测试时可能发现一大堆错误,为每个错误定位和纠正非常困难,并且在改正一个错误的同时,又可能引入新的错误,新旧错误混杂,很难断定出错的原因和位置。与之相反的是增量式集成方法,程序一段一段地扩展,测试范围一步一步地增大,错误易于定位和纠正,界面测试亦可做到完全彻底。

1. 非增量式测试方法

概括来说,非增量式测试方法是采用一步到位的方法来进行测试,即对所有模块进行个别的单元测试后,按程序结构图将各模块连接起来,把连接后的程序当做一个整体进行测试。图4-3所示为采用这种非增量式的集成测试方法的一个经典例子。被测程序的结构由图4-3(a)表示,它由6个模块构成。在进行单元测试时,根据它们在结构图中的地位,对模块B和D配备了驱动模块和被调用模拟子模块,对模块C、E和F只配备了驱动模块。主模块A由于处在结构图的顶端,无其他模块调用它,因此仅为它配备了3个被调用模拟子模块,以模拟被它调用的3个模块B,C和D,如图4-3(b)、(c)、(d)、(e)、(f)、(g)所示。分别进行单元测试以后,再按图4-3(a)的结构图的形式连接起来,进行集成测试。

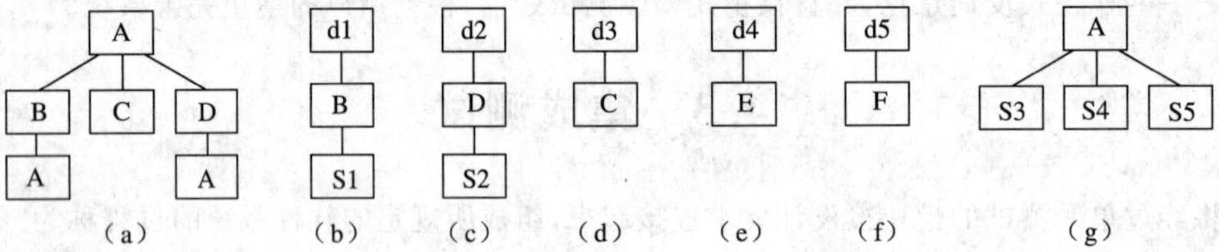

图4-3 非增量式集成测试案例示意图

2. 增量式测试方法

增量式测试方法与非增量式测试有所不同,它的集成是逐步实现的,集成测试也是逐步完成的。也可以说它把单元测试与集成测试结合起来进行。增量式集成测试可按不同的次序实施,因而可以有两种方法,即自顶向下增量式测试和自底向上增量式测试。

(1)自顶向下增量式测试

自顶向下增量式测试表示逐步集成和逐步测试是按结构图自上而下进行的。即模块集成的顺序是首先集成主控模块(主程序),然后按照软件控制层次结构向下进行集成。从属于主控模块的模块按深度优先策略(纵向),或者广度优先策略(横向)逐步集成到结构中去。深度优先策略的集成方式是首先集成在结构中的一个主控路径下的所有模块,主控路径的选择是任意的,一般根据问题的特性来确定。例如,先选择最左边的,然后是中间的,直到最右边。如图4-4所示,若选择了最左一条路径,首先将模块M1、M2、M5和M8集成在一起,再将M6集成起来,然后考虑集成中间的M3和M7,最后集成右边的M4。

广度优先策略的集成方式是首先沿着水平方向,把每一层中所有直接隶属于上一层的模块集成起来,直至最底层。仍以图4-4为例,它首先把M2、M3和M4与主模块集成在一起,再将M5、M6和M7集成起来,最后集成最底层的M8。集成测试的整个过程由下列3个步骤完成:

① 主控模块作为测试驱动器，把对主控模块进行单元测试时引入的被调用模拟子模块用实际模块替代。

② 依照所选用的模块集成策略(深度优先和广度优先)，下层的被调用模拟子模块一次一个地被替换为真正的模块。

③ 在每个模块被集成时，都必须立即进行一遍测试。

回到第②步重复进行，直到整个系统结构被集成完成。

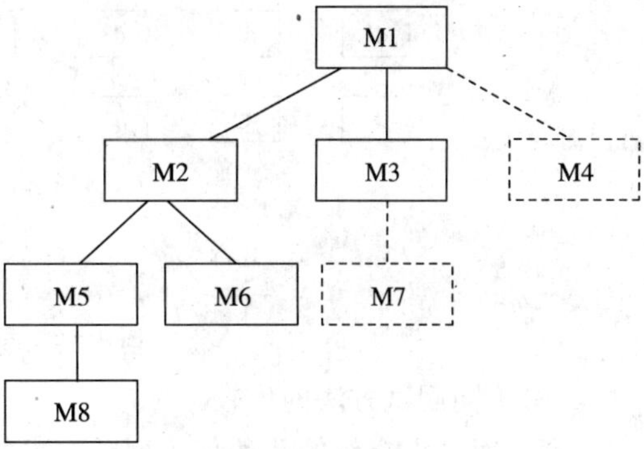

图4-4　自顶向下集成

图4-5给出了一个按广度优先策略进行集成测试的典型例子。首先，对顶层的主模块A进行单元测试，这时需配以被调用模拟子模块S1、S2和S3，见图4-5(a)，以模拟被它调用的模块B、C和D。其后，把模块B、C和D与顶层模块A连接起来，再对模块B和D配以被调用模拟子模块S4和S5，以模拟对模块E和F的调用。这样，按图4-5(b)的形式进行测试。最后，去掉被调用模拟子模块S4和S5，把模块E和F连上即对软件完整的结构进行测试，见图4-5(c)。

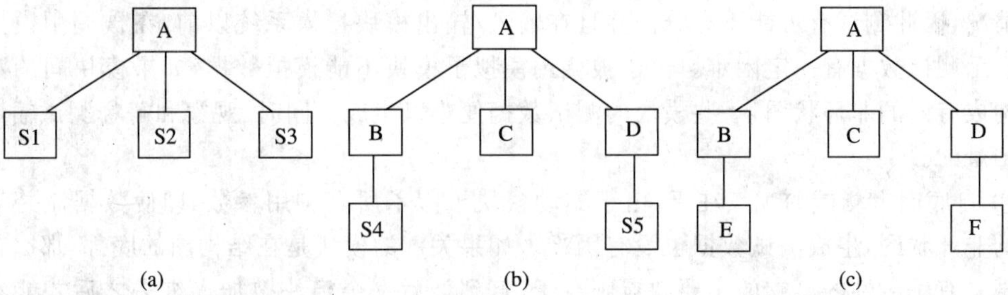

图4-5　自顶向下增量式测试(广度优先策略)

(2)自底向上增量式测试

自底向上增量式测试是从最底层的模块开始，按结构图自下而上逐步进行集成和测试。由于是从最底层开始集成，测试到较高层模块时，所需的下层模块功能已具备，所以也就不再需要使用被调用模拟子模块来辅助测试。图4-6表示了采用自底向上增量式测试实现同一实例的过程。图4-6(a)、(b)和(c)表示树状结构图中处在最下层的叶结点模块E、C和F，由于它们不再调用其他模块，对它们进行单元测试时，只需配以驱动模块d1、d2和d3，用来模拟B、A和D对它们的调用。完成这3个单元测试以后，再按图4-6(d)和(e)的形式，分别将模块B和E及模块D和F连接起来，在配以驱动模块d4和d5的条件下实施部分集成测试，最后再按图4-6(f)的形式完成整体的集成测试。

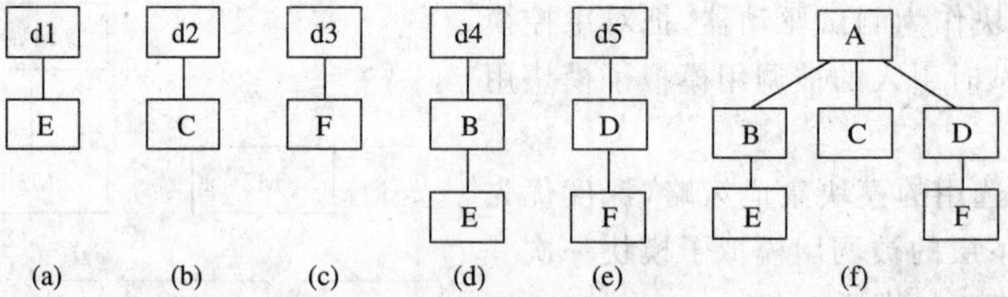

图 4-6 自底向上增量式测试

(3)不同测试方法的比较

通过对以上介绍的几种集成测试方式的分析和对比,可以得出以下的结论。

① 非增量式测试是先分散测试,然后集中起来再一次完成集成测试。如果在模块的接口处存在错误,只会在最后的集成测试时一下暴露出来。与此相反,增量式测试的逐步集成和逐步测试的方法,把可能出现的差错分散暴露出来,便于找出问题和修改。而且,一些模块在逐步集成的测试中,得到了较为频繁的考验,因而可能取得较好的测试效果。总的来说,增量式测试比非增量式测试具有一定的优越性。

② 自顶向下测试的主要优点在于它可以自然地做到逐步求精,一开始便能让测试者看到系统的框架。它的主要缺点是需要提供被调用模拟子模块,被调用模拟子模块可能不能反应真实情况,因此测试有可能不充分。并且在输入/输出模块接入系统以前,在被调用模拟子模块中表示测试数据有一定困难。由于被调用模拟子模块不能模拟数据,如果模块间的数据流不能构成有向的非环状图,一些模块的测试数据便难以生成。同时,观察和解释测试输出往往也是困难的。

③ 自底向上测试的优点在于,由于驱动模块模拟了所有调用参数,即使数据流并未构成有向的非环状图,生成测试数据也没有困难。如果关键的模块是在结构图的底部,那么自底向上测试是有优越性的。它的主要缺点则在于,直到最后一个模块被加入进去之后才能看到整个程序(系统)的框架。

4.3.3 集成测试技术和测试数据

集成测试主要测试软件的结构问题,因为测试建立在模块的接口上,所以多为黑盒测试,适当辅以白盒测试。集成测试通常根据系统设计以及总体设计文档中表述的功能和数据需求进行。集成测试一般覆盖的区域包括以下几个:

① 从其他关联模块调用一个模块。

② 在关联模块间正确传输数据。

③ 关联模块之间的相互影响,即检查引入一个模块会不会对其他模块的功能及性能产生不利的影响。

④ 模块间接口的可靠性。

执行集成测试应遵循下面的方法:

① 确认组成一个完整系统的模块之间的关系。

② 评审模块之间的交互和通信需求,确认出模块间的接口。

③ 使用上述信息产生一套测试用例。

④ 采用增量式测试,依次将模块加入到(扩充)系统,并测试新合并后的系统,这个过程以

一个逻辑/功能顺序重复进行，直至所有模块被功能集成进来形成完整的系统为止。

此外，在测试过程中尤其要注意关键模块。关键模块一般都具有下述一个或多个特征：

① 对应几条需求。

② 具有高层控制功能。

③ 复杂，易出错。

④ 有特殊的性能要求。

因为集成测试的主要目的是验证组成软件系统的各模块的接口和交互作用，因此集成测试对数据的要求无论从难度和内容来说一般不是很高。集成测试一般也不使用真实数据，测试人员可以使用手工制作一部分代表性的测试数据。在创建测试数据时，应保证数据充分测试软件系统的边界条件。

在单元测试时，根据需要生成了一些测试数据，在集成测试时可适当地重用这些数据，这样可节省时间和人力。

4.3.4　集成测试遵循的原则

集成测试很不好把握，应针对总体设计尽早开始筹划。为了做好集成测试，需要遵循以下原则：

① 所有公共接口都要被测试到。

② 关键模块必须进行充分的测试。

③ 集成测试应当按一定的层次进行。

④ 集成测试的策略选择应当综合考虑质量、成本和进度之间的关系。

⑤ 集成测试应当尽早开始，并以总体设计为基础。

⑥ 在模块与接口的划分上，测试人员应当和开发人员进行充分的沟通。

⑦ 当接口发生修改时，涉及的相关接口必须进行再测试。

⑧ 测试执行结果应当如实记录。

4.3.5　集成测试人员

由于集成测试不是在真实环境下进行，而是在开发环境，或是一个独立的测试环境下进行的，所以集成测试所需人员一般从开发组中选出，在开发组长的监督下进行。开发组长负责保证在合理的质量控制和监督下使用合适的测试技术执行充分的集成测试。

在集成测试过程中，测试过程由一个独立测试观察员来监控测试工作。独立测试观察员可以从部门的质量保证小组的成员中选出，或者从其他开发小组或项目的成员中选出。

集成测试过程中应考虑邀请一个用户代表非正式地观看集成测试，集成测试提供了一个非常有价值的机会向用户代表展现系统的面貌和运行状况，同时得到用户的反馈意见，并在正式验收测试之前尽量满足用户的要求。

4.4　系统测试

集成测试通过以后，软件已经组装成一个完整的软件包，这时就要进行系统测试。系统测试通常是消耗测试资源最多的时候，一般可能会在一个相当长时间段内，由独立的测试小组进行。计算机软件是整个计算机系统的一个组成部分,软件设计完成后应与硬件、外设等其他元素结合在一起,对软件系统进行整体测试和有效性测试。此时,较大的工作量集中在软件系统的某些模块与计算机系统中有关设备的配合方面。例如,当软件系统中调用打印机这种常见输出外设时,软件系统如何通过计算机系统平台的控制去合理驱动、选择、设置、使用打印机。又如,新的软件系统中的一些文件名和计算机系统中别的软件系统中的一些文件完全同名时,两种软件系统之间如何实现互不干扰、协调操作。再如,新的软件系统和别的软件系统对系统配置和系统操作环境有矛盾时如何相互协调等。由于已经集成为一个完整的计算机系统,测试人员还要根据原始项目需求对软件产品进行确认,测试软件是否满足需求规格说明的要求,即验证软件功能与用户要求的一致性。在软件需求说明书的有效性标准中,详细定义了用户对软件的合理要求,其中包含的信息是有效性测试的基础和根据。此外,还必须对文件资料是否完整正确,软件的易移植性、兼容性、出错自动恢复功能和易维护性进行确认。这些问题都是系统测试要解决的问题。在使用测试用例完成有效性测试以后,如果发现软件的功能和性能与软件需求说明有差距时,需要列出缺陷表。在软件工程的这个阶段若发现需求不一致,修改的工作量往往是很大的,不大可能在预定进度完成期限之前得到改正,往往要与用户协商解决。

4.4.1 系统测试的任务

系统测试一般要完成以下几种测试:

1. 功能测试

功能测试主要测试系统的输入、处理、输出等各方面是否满足需求。

2. 性能测试

性能测试是检验安装在系统内的软件运行性能。虽然从单元测试起,每一个测试过程都包含性能测试,但是只有当系统真正集成之后,在真实环境中才能全面、可靠地测试软件的运行性能。这种测试有时需要与强度测试结合起来进行,测试系统的数据精确度、时间特性(如响应时间、更新处理时间、数据转换及传输时间等)、适应性(在操作方式、运行环境与其他软件的接口发生变化时,应具备的适应能力)是否满足设计要求。

3. 恢复测试

恢复测试是要采取各种人工方法使软件出错,而不是能正常工作,进而检验系统的恢复能力。如果系统本身能够自动进行恢复,则应重新初始化,检验点设置机构、数据以及重新启动是否正确。如果这一恢复需要人工干预,则应考虑平均修复时间是否在限定的范围内。

4. 安全测试

安全测试是检查系统对非法侵入的防范能力,就是设置一些企图突破系统安全保密措施的测试用例,检验系统是否有安全保密的漏洞。对某些与人身、机器和环境的安全有关的软件,还需特别测试其保护措施和防护手段的有效性和可靠性。安全测试期间,测试人员假扮非法入侵者,采用各种方法试图突破防线。例如,想方设法截取或破译口令;专门定做软件来破坏系统的保护机制;故意导致系统失败,企图趁恢复之机非法进入;试图通过浏览非保密数据,推导所需信息等。

5. 强度测试

强度测试检验系统的能力最高能达到什么实际限度。在强度测试中程序被强制在它的设计能力极限状态下运行，进而超出极限，以验证在超出临界状态下性能降低不是灾难性的。例如，运行每秒产生10个中断的测试用例；定量地增加数据输入率，检查输入子功能的反应能力；运行需要最大存储空间（或其他资源）的测试用例；运行可能导致虚存操作系统或磁盘数据剧烈抖动的测试用例等。

6. 其他限制条件的测试

其他限制条件的测试包括可使用性、可维护性、可移植性、故障处理能力等。

4.4.2　系统测试技术和测试数据

系统测试完全采用黑盒测试技术，因为这时已不需要考虑组件模块的实现细节，而主要是根据需求分析时确定的标准检验软件是否满足功能、行为、性能和系统协调性等要求。

系统测试所用的数据必须尽可能地像真实数据一样精确和有代表性，也必须与真实数据的大小和复杂性相当。满足上述测试数据需求的一个方法是使用真实数据。这种方法的最主要好处是系统测试使用的数据与验收测试使用的数据相同，这将不必考虑保持系统测试和验收测试间的一致性问题，从而增强对测试结果的信心。在不使用真实数据的情况下（可能是因为对真实系统和其他使用真实数据的应用有风险，或者数据涉及到机密，或者出于保密性）应该考虑使用真实数据的一个复制。复制数据的质量、精度和数据量必须尽可能地代表真实的数据。当真实数据包含机密数据或与保密性问题有关的信息时，就不能使用这些原始数据进行系统测试。一种解决方法是使用复制的一份真实数据，在这份数据中已经去掉或修改了与机密数据或保密性问题有关的数据项。但是，此时必须足够谨慎，以确保替代的数据能充分地支持系统测试的数据需求。当使用真实数据或复制的真实数据时，仍然有必要引入一些手工数据，例如，测试边界条件或错误条件时，可创建一些手工数据。在创建手工数据时，测试人员必须采用正规的设计技术，使得提供的数据真正有代表性，确保软件系统能充分的测试。

4.4.3　系统测试人员

系统测试由独立的测试小组在测试组长的监督下进行，测试组长负责保证在合理的质量控制和监督下使用合适的测试技术执行充分的系统测试。在系统测试过程中，测试过程由一个独立测试观察员来监控测试工作。系统测试过程也应考虑邀请一个用户代表非正式地观看测试，同时得到用户反馈意见并在正式验收测试之前尽量满足用户的要求。

4.5　验收测试

系统测试完成，并使系统试运行了预定的时间后，应进行验收测试。验收测试应在软件投入运行后，并在尽可能真实的环境下进行。确认已开发的软件能否达到验收标准，包括对测试有关的文档资料的审查验收和对程序的测试验收。对于一些关键性软件，还必须按照合同规定的条款进行特殊测试，如强化测试和性能降级执行方式测试等。

验收测试的目的是测试程序的操作与合同规定的要求是否一致。通常以用户代表为主体来进行，由用户设计测试用例，确定系统功能和性能的可接受性，按照合同中预定的验收原则进行测试。这是一种非常实用的测试，实质上就是用户用大量的真实数据试用软件系统。

4.5.1 验收测试的主要任务

软件验收测试应完成的主要测试工作包括以下几方面：

1. 文档资料的审查验收

所有与测试有关的文档资料是否编写齐全，并得到分类编写，这些文档资料主要包括各测试阶段的测试计划、测试申请及测试报告等。

2. 功能测试

必须根据需求规格说明书中规定的功能，对被验收的软件逐项进行测试，以确认软件是否具备规定的各项功能。

3. 性能测试

必须根据需求规格说明书中规定的性能，对被验收的软件进行测试，以确认该软件的性能是否得到满足，开发单位应提交开发阶段内各测试阶段所做的测试分析报告，包括测试中发现的错误类型，以及修正活动情况。开发单位必须设计性能测试用例，并预先征得用户的认可。

4. 强化测试

强化测试必须按照 GB 8566—88《计算机软件开发规范》中的强化测试条款进行。开发单位必须设计强化测试用例，其中应包括典型的运行环境、所有的运行方式，以及在系统运行期可能发生的其他情况。

5. 性能降级执行方式测试

在某些设备或程序发生故障时，对于允许降级运行的系统，必须确定经用户批准的能够安全完成的性能降级执行方式，开发单位必须按照用户指定的所有性能降级执行方式或性能降级的方式组合来设计测试用例，应设定典型的错误原因和所导致的性能降级执行方式。开发单位必须确保测试结果与需求规格说明中包括的所有运行性能需求一致。

6. 检查系统的余量要求

必须实际考察计算机存储空间，输入、输出通道和批处理间接使用情况，要保持至少有20%的余量。

7. 安装测试

安装测试的目的不是检查程序的错误，而是检查软件安装时产生的问题，即程序和库、文件系统、配置管理系统的接口有什么问题。

8. 用户操作测试

启动、退出系统，检查用户操作界面是否友好、实用等。

4.5.2 验收测试技术和测试数据

验收测试完全采用黑盒测试技术，主要是用户代表通过执行其在平常使用系统时的典型任务来测试软件系统，根据业务需求分析，检验软件是否满足功能、行为、性能和系统协调性等方面的要求。验收测试也应该由用户代表进行软件系统文档的测试，例如用户操作指南、用户帮助机制(包括文本和在线帮助)。只要有可能，在验收测试中就应该使用真实数据。当真实数据中包含机密性或安全性信息，并且这些数据在局部或整个验收测试中可见时，就必须采取以下措施来保证。

① 用户代表被允许使用这些数据，或者合理地组织测试使测试组长不必看到这些数据也

可进行测试。

② 测试观察员被允许使用这些数据，或者能够在看不到这些数据的情况下确认并记录测试用例的成功或失败。

在不使用真实数据的情况下（可能是因为对真实系统和其他使用真实数据的应用有风险，或者数据涉及到机密，或者出于保密性），应该考虑使用真实数据的一个复制。复制数据的质量、精度和数据量必须尽可能地代表真实的数据。当真实数据包含机密数据或与保密性问题有关的信息时，此时就不能使用这些原始数据进行验收测试。一种解决方法是使用复制的一份真实数据，在这份数据中已经去掉或修改了与机密数据或保密性问题有关的数据项。但是，此时必须足够谨慎，以确保替代的数据能充分地支持验收测试的数据需求，使经过处理的数据不会对验收测试的准确性产生影响。当使用真实数据或复制的真实数据时，仍然有必要引入一些手工数据，例如，测试边界条件或错误条件时，可创建一些手工数据。在创建手工数据时，测试人员必须采用正规的设计技术，使得提供的数据真正有代表性，确保软件系统能充分的测试。

4.5.3　验收测试人员

验收测试一般在测试组的协助下，由用户代表执行。测试组长负责保证在合理的质量控制和监督下使用合适的测试技术执行充分测试。测试人员在验收测试工作中将协助用户代表执行测试，并和测试观察员一起向用户解释测试用例的结果。

4.5.4　α、β 测试

软件开发设计人员在软件开发设计时，不可能完全预见用户实际使用软件系统的情况。例如，用户可能错误地理解操作命令，或提供一些奇怪的数据组合，亦可能对设计者自认为非常明了的输出信息迷惑不解等。因此，软件是否真正满足最终用户的要求，应由用户进行一系列“验收测试”。验收测试既可以是非正式的测试，也可以是有计划、有系统的测试。有时，验收测试长达数周甚至数月，不断暴露错误，导致开发期延长。另外，一个软件产品可能拥有众多用户，不可能由每个用户验收，此时多采用称为 α、β 测试的过程，以发现那些似乎只有最终用户才能发现的问题。

α 测试是在软件开发公司内模拟软件系统的运行环境下的一种验收测试，即软件开发公司组织内部人员，模拟各类用户行为对即将面市的软件产品（称为 a 版本）进行测试，试图发现并修改错误。当然，α 测试仍然需要用户的参与。α 测试的关键在于尽可能逼真地模拟实际运行环境和用户对软件产品的操作，并尽最大努力涵盖所有可能的用户操作方式。经过 α 测试调整的软件产品称为 β 版本。紧随其后的 β 测试是指软件开发公司组织各方面的典型用户在日常工作中实际使用 β 版本，并要求用户报告异常情况，提出批评意见。然后软件开发公司再对 β 版本进行改错和完善。

所以，一些软件开发公司把 α 测试看成是对一个早期的、不稳定的软件版本所进行的验收测试，而把 β 测试看成是对一个晚期的、更加稳定的软件版本所进行的验收测试。

4.6　回归测试

回归测试是指软件系统被修改或扩充（如系统功能增强或升级）后重新进行的测试，是为了保证对软件所做的修改没有引入新的错误而重复进行的测试。每当软件增加了新的功能，或者软件中的缺陷被修正,这些变更都有可能影响软件原有的功能和结构。为了防止软件的变更产生无法预料的副作用,不仅要对内容进行测试,还要重复进行过去已经进行过的测试,以证明修改没有引起未曾预料的后果,或证明修改后的软件仍能满足具体的需求。

严格地说,回归测试不是一个测试阶段,只是一种可以用于单元测试、集成测试、系统测试和验收测试各个测试过程的测试技术。在理想的测试环境中,程序每改变一次,测试人员都重新执行回归测试,一方面来验证新增加或修改功能的正确性;另一方面测试人员还要从以前的测试中选取大量的测试以确定是否在实现新功能的过程中引入了缺陷。

在软件系统运行环境改变后,如操作系统安装了新版本、硬件平台的改变(如增加了内存、外存容量),或者发生了一个特殊的外部事件,也可以采用测试。例如,千年测试(2000 年日期的变化就可以视为测试的一个特殊情况,在典型的千年测试中,软件系统没有变化,但是需要保证当 2000 年日期发生变化时,软件系统仍然能正确运行)。

如前面所介绍的,回归测试可以在所有的测试过程中采用,图 4 - 7 说明了回归测试和 V 模型之间的关系。

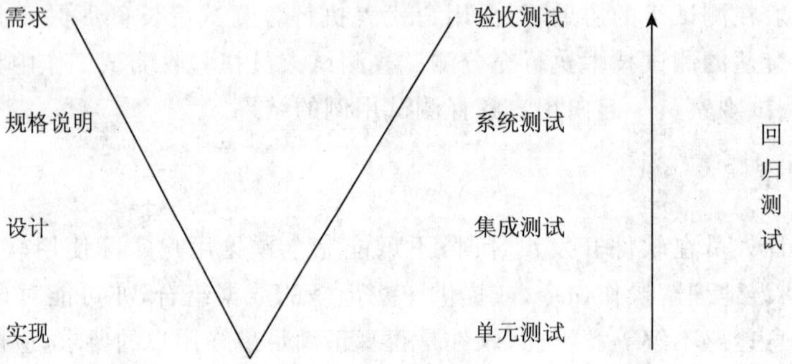

图 4 - 7　回归测试和 V 模型

回归测试特别适用于较高阶段的测试过程,回归测试一般多在系统测试和验收测试环境下进行,以确保整个软件系统新的构造或新的版本仍能正确运行,或者确保软件系统的现有业务功能完好无损。

4.6.1　回归测试技术和测试数据

回归测试一般采用黑盒测试技术来测试软件的高级需求,而无须考虑软件的实现细节,也可能采用一些非功能测试来检查系统的增强或扩展是否影响了系统的性能特性,以及与其他系统间的互操作性和兼容性问题。由于测试的目的是确保被测试软件所做的修改和扩充不会对软件系统的功能和可靠性产生影响,所以在回归测试中,还要认真分析针对修改和扩充对软件可能产生的影响进行黑盒测试。

测试者凭借这些技术和经验,可以有效地确定测试所达到的范围和程度,从而确保修改后和扩充后的系统满足用户需求。错误猜测在回归测试中是很重要的。错误看起来像是通过直觉发现软件中的错误或缺陷,实际上错误猜测主要来自于经验,测试者是使用了一系列技术来确定测试所要达到的范围和程度,这些技术主要有:

- 有关软件设计方法和实现技术;

- 有关前期测试阶段结果的知识；
- 测试类似或相关系统的经验，了解在以前的这些系统中曾在哪些地方出现缺陷；
- 典型的产生错误的知识，如被零除的错误；
- 通用的测试经验规则。

设计和引入回归测试数据的重要原则是，应保证数据中可能影响测试的因素与未经修改扩充的原软件上进行测试时的相应因素尽可能一致，否则要想确定观测到的测试结果是否由于数据变化引起，将是很困难的。例如，如果在回归测试中使用真实数据，理想的方法是首先使用以前软件测试中归档的测试数据集来进行回归测试，以便把观测到的与数据无关的软件缺陷分离出来。如果此次测试令人满意的话，可以使用新的真实数据，再重新执行回归测试，以便进一步确定软件的正确性。

当需要在回归测试中使用新的手工数据时，测试人员必须采用正规的设计技术，如前面介绍的边界分析或等价类划分方法等。

4.6.2　回归测试的范围

在回归测试范围的选择上，一个最简单的方法是每次回归执行所有在前期测试阶段建立的测试，来确认问题修改的正确性，以及没有造成对其他功能的不利影响。很显然，这种回归的成本是高昂的。另外一种方法是有选择地执行以前的测试用例。这时，回归的时候仅执行先前测试用例的一个子集。此子集选取是否合理，是否具有代表性将直接影响回归测试的效果和效率。常用的测试用例选择方法可以分为以下 3 种：

(1)局限在修改范围内的测试

这类回归测试仅根据修改的内容来选择测试用例，这部分测试用例仅保证修改的缺陷或新增的功能被实现了。这种方法的效率是最高的，然而风险也是最大的，因为它无法保证这个修改是否影响了别的功能，该方法在进度压力很大，或者系统结构设计耦合性很小的状态下可以被使用。

(2)在受影响功能范围内回归

这类回归测试需要分析当前的修改可能影响到哪部分代码或功能，对于所有受影响的功能和代码，其对应的所有测试用例都将被回归。如何判断哪些功能或代码受影响，依赖于开发过程的规范性和测试人员(或开发人员)的经验，有经验的开发人员和测试人员能够有效地找出受影响的功能或代码。对于单元测试而言，代码修改的影响范围需要充分考虑到一些对公共接口的影响，例如全局变量、输入/输出接口变动、配置文件等。该方法是目前推荐的方法，适合于一般项目使用。

(3)根据一定的覆盖率指标选择回归测试

该方法一般是在相关功能影响范围难以界定的时候使用。最简单的策略是规定修改范围内的测试是 1000/0。其他范围内的测试规定一个用例覆盖阈值，例如 60%。

4.6.3　回归测试人员

由于回归测试一般与系统测试和验收测试相关，所以要由测试组长负责，确保选择使用合适的技术和在合理的质量控制中执行充分的回归测试。测试人员在回归测试工作中将设计并实现测试新的扩展或增强部分所需的新测试用例，并使用正规的设计技术创建或修改已有的测试数据。在回归测试过程中，测试过程由一个测试观察员来监控测试工作。在回归测试完成时测试组组长负责整理并归档大量的回归测试结果，包括测试结果记录、回归测试日志和简短的回归测试总结报告。

4.7 系统排错

系统测试的目的是为了发现尽可能多的错误，系统排错的任务就是根据测试时所发现的错误，找出原因和具体的位置，并进行改正。排错工作主要由程序开发人员进行，也就是说，谁开发的程序由谁来排错。

1. 排错过程

排错过程开始于一个测试用例的执行，若测试结果与期望结果有出入，即出现了错误征兆，排错过程首先要找出错误原因，然后对错误进行修正。因此排错过程有两种可能，一是能确定错误原因并进行了纠正，为了保证错误已排除，需要重新执行暴露该错误的原测试用例以及某些回归测试；另一种是未找出错误原因，那么只能对错误原因进行假设，根据假设设计新的测试用例证实这种推测，若推测失败，需进行新的推测，直至找到错误并纠正。

排错是一个相当艰苦的过程，究其原因除了开发人员心理方面的障碍外，还因为隐藏在程序中的错误具有下列特殊的性质：

① 错误的外部征兆远离引起错误的内部原因，对于高度耦合的程序结构，此类现象更为严重。

② 纠正一个错误造成了另一错误现象（暂时）的消失。

③ 某些错误征兆只是假象。

④ 因操作人员一时疏忽造成的某些错误征兆不易追踪。

⑤ 错误是由于分时而不是程序引起的。

⑥ 输入条件难以精确地再构造（例如，某些实时应用的输入次序不确定）。

⑦ 错误征兆时有时无，此现象对嵌入式系统尤其普遍。

⑧ 错误是由于把任务分布在若干台不同处理机上运行而造成的。

在软件排错过程中，可能遇到大大小小、形形色色的问题，随着问题的增多，排错人员的压力也随之增大，过分地紧张致使开发人员在排除一个问题的同时又引入更多的新问题。

2. 排错方法

虽然排错是一个相当艰苦的过程，需要排错人员具有较丰富的经验，但还是有若干行之有效的方法和策略，下面介绍几种排错方法。常用的系统排错方法主要有原始类排错法、试探法、回溯法、对分查找法、归纳法和演绎法等。无论采用哪种排错方法，目标只有一个，即发现并排除引起错误的原因，这要求排错人员能把直观想象与系统评估很好地结合起来。

下面简要介绍常用的 3 种排错方法。

① 原始类排错方法是最常用也是最低效的方法，只有在万般无奈的情况下才使用它，主要思想是“通过计算机找错”。例如输出存储器、寄存器的内容，在程序安排若干输出语句等，凭借大量的现场信息，从中找到出错的线索，虽然最终也能成功，但难免要耗费大量的时间和精力。

② 回溯法能成功地用于程序的排错。方法是从出现错误征兆处开始，人工地沿控制流程

往回追踪，直至发现出错的根源。但是程序变大后，可能的回溯路线显著增加，以致人工进行完全回溯可望而不可及。

③ 归纳和演绎法采用“分治”的概念，首先基于错误出现有关的所有数据，假想一个错误原因，用这些数据证明或反驳它；或者一次列出所有可能的原因，通过测试逐一排除。只要某次测试结果说明某种假设已呈现端倪，则立即精化数据，进一步进行深入的测试。

上述每一类方法均可辅以排错工具。目前，测试编译器、动态调试器（“追踪器”）、测试用例自动生成器、存储器映象及交叉访问示图等一系列工具已使用。然而，无论什么工具也替代不了一个开发人员在对完整的设计文档和清晰的源代码进行认真审阅和推敲之后所起的作用。此外，不应荒废排错过程中最有价值的一个资源，即开发小组中其他成员的评价和忠告。

前面多次提到，修改一处老问题可能引入几处新问题，有时程序越改越乱，但若能做到每次纠错前都细心注意以下 3 个问题，情况将大为改观。

① 导致这个错误的原因在程序其他部分还可能存在吗？

② 本次修改可能对程序中相关的逻辑和数据造成什么影响？引起什么问题？

③ 上次遇到的类似问题是如何排除的？

习　题

1. 简述软件开发——软件测试的对应关系。
2. 单元测试主要是解决哪 5 个方面的测试问题？
3. 单元测试主要采用什么测试技术？
4. 简述单元测试的执行过程。
5. 什么是集成测试？集成测试包括哪两种不同方法？
6. 简述增量式集成测试的自顶向下和自底向上两种测试方法。
7. 集成测试主要采用什么测试技术？
8. 集成测试主要由哪些人员参加测试工作？
9. 系统测试一般通过几种测试来完成？
10. 系统测试主要采用什么测试技术？
11. 系统测试主要由哪些人员参加测试工作？
12. 什么是验收测试？
13. 验收测试主要采用什么测试技术？
14. 验收测试主要由哪些人员参加测试工作？
15. 软件验收测试应完成哪些主要测试工作？
16. 什么是回归测试？
17. 回归测试采用哪些测试技术？
18. 在进行回归测试时，常用的测试用例选择方法有哪些？
19. 隐藏在程序中的错误具有什么特殊的性质？

第 5 章　系统测试技术与应用

本章要点

- 系统测试技术
- 常用的测试技巧
- Web 应用程序测试要点

学习要求

- 理解常用的系统测试技术
- 掌握常用的测试技巧
- 熟悉 Web 应用程序的测试要点

5.1　系统测试技术

系统测试是针对整个产品系统所进行的测试,目的是验证系统是否满足了需求规格的定义,找出与需求规格不相符或矛盾的地方。系统测试的对象不仅包括需要测试的产品系统的软件,还包含软件所依赖的硬件、外设甚至包括某些数据、某些支持软件及其接口等。因此,必须将系统中的软件与各种依赖的资源结合起来,在系统实际运行环境中进行测试。

在进行系统测试时,功能测试和性能测试是其中最为重要的内容。

在进行功能测试时,并不需要了解软件内部的设计细节。测试者根据产品的《需求规格说明书》,验证系统实现正确的功能。

软件的性能包括多个方面。典型的性能测试包括:压力测试、强度测试及并发性能测试等。其中压力测试是为了发现在什么条件下应用程序的性能会变得不可接受;强度测试是指在系统资源特别低的情况下软件系统运行情况;并发性能测试是用来确定系统可同时处理在线的最大用户数。

除了功能测试和性能测试之外,在系统测试过程中,还有可能进行一些其他的测试工作,例如:

① 兼容性测试。兼容性测试主要验证软件产品在不同版本之间的兼容性。

② 可用性测试。可用性测试主要从使用的合理性和方便性等角度对软件系统进行检查,发现人为因素或使用上的问题。

③ 安全测试。安全测试是要检验在系统中已经存在的系统安全性、保密性措施是否发挥作用,有无漏洞。

④ 安装测试。安装测试的目的不是找软件的错误，而是找安装错误，确保系统在各种条件下都可以被正确地安装。

对于不同的产品和不同的应用需求，人们会选择不同的测试。

5.1.1 功能测试

功能测试的目的是保证软件的功能符合软件需求。基于不同的测试目的，测试人员需要进行一系列的测试，而功能测试则是这些测试的基础和起点。很显然，如果一个被测试软件还没有完成其应该完成的功能，那么进行其他的测试并没有意义(或者根本不能进行)。

功能测试就是检查软件的功能是否正确，其依据是需求文档，如《需求规格说明书》。由于正确性是软件最重要的质量因素，所以功能测试必不可少。

功能测试的基本方法是构造一些合理输入(在需求范围之内)，检查输出是否与期望的相同。如果两者不一致，即表明功能有误。也有例外的情况，如《需求规格说明书》中的某个功能写错了，而实际上软件的功能却是正确的，这时要更改的是《需求规格说明书》。

功能测试看起来比较简单，只要看得懂《需求规格说明书》谁都会做。难点在于如何构造有效的输入。由于输入空间通常是无限的，穷举测试显然行不通。在进行功能测试的时候，需要重点考虑的问题是：如何构造尽可能简洁的测试用例，来对软件功能进行验证。

功能测试一般是以黑盒测试的方式来进行的，在本书第 2 章中，已经介绍了黑盒测试用例的设计方法。在进行功能测试时，往往更多采用等价类划分和边界值分析方法。

在使用等价类划分法时，读者需要理解：等价区间不是数学概念，无法证明，也并不绝对正确，但大多数程序的确存在这种现象；等价划分法来源于人们的直觉与经验，可使测试事半功倍。这就有可能导致这样的结果：在测试过程中，测试人员认为某一组输入是一个等价类(看上去，也确实像一个等价类)，因此选择了其中某一个输入进行测试，在这种输入情况下，程序能够通过测试，但也有可能在测试人员认为是等价类的输入中，存在某个(或者某些输入)不能通过测试。

另外，对于某些复杂程序，如果实在难以找到等价区间和边界值，这时功能测试就非常有难度。一般只能先凭经验或者感觉，多构造几个用例来测试，之后，再慢慢摸索、总结。

表 5-1 所列为功能测试用例的参考模板。

表 5-1 功能测试用例的参考模板

功能 A 描述		
用例目的		
前提条件		
输入/动作	期望的输出/响应	实际结果
示例：典型值……		
示例：边界值……		
示例：异常值……		
功能 B 描述		
……		

从模板中可以看出，在进行功能测试时，需要把输入分为典型值、边界值和异常值来进行处理。

在很多软件发布时，需要跟随着一些初始的数据，很多时候这些数据以初始的数据文件或者数据库的形式出现，这些数据往往必须遵循一些规范和标准。例如，目前国内使用的财务管理软件，就需要遵照我国的会计科目分类标准。

在进行功能测试时，往往要先检查这些数据的正确性，这就使得测试人员往往需要了解该软件的行业背景。

5.1.2 错误处理测试

健壮性是软件质量的一个重要因素。每个软件都是在某种特定的环境下运行的，在运行的过程中，将接受一系列特定的输入。当软件不是在特定的环境下运行，或者软件接受到了一系列不期望的输入的时候，软件的表现会是怎么样呢？一个健壮的软件，应该有足够的能力去处理诸如运行环境不符合要求、输入不符合要求这样的错误。而错误处理测试，则是检查软件在面对错误时，是否进行了正确的处理。

在进行错误处理测试时，需要测试人员跳出正向思考的限制，考虑有多少种方法让软件出错或者中断执行。大多数形式的测试是在验证软件的表现和需求一致(例如，功能测试是验证软件完成了应有的功能)，而错误测试则完全相反，错误测试的目的是要发现软件是否做了用户不期望的事情，发现软件在发生异常的时候是否有能力进行处理。

下面是一些典型的异常情况：

- 用户输入非法数据。
- 在系统不支持的平台上运行。例如，把专门为 Windows XP 设计的软件放到了 Windows 2000 上面运行。
- 网络连接异常。例如，在软件通过网络收发数据的过程中，网络连接被断开。
- 外部设备未连接或者中间过程停止工作。例如，在打印机未开机的时候选择了打印；在能够从数字摄像机捕获视频的软件中，当软件正在执行视频捕获时，数字摄像机断电。
- 数据文件(或者数据库)被破坏，数据文件(数据库)中有混乱的数据。例如，Windows 下的很多软件都会以生成配置文件或者写系统注册表的方式来记录一些配置信息，而这些文件和配置表中的信息有可能被破坏(例如，用户无意中删除了配置文件，无意中修改了配置表)。
- 计算机断电后启动。在进行软件安装、数据库操作、写数据文件的时候，要特别留意这种情况的发生。
- 在用户界面上违反操作步骤的操作。

错误处理测试在开发的各个阶段都需要进行，测试人员需要以否定的态度来思考问题，猜测在哪些异常情形下，软件可能出错，然后编写相应的测试用例。在很多公司，由于其开发的产品、实施的项目之间有很多共同的地方，在公司内部，往往开发出了一套公共的用于错误测试的测试用例。而且，在类似的软件中，这些测试用例是可以共用的。

在很多系统中，用于处理错误条件的代码会超过 50%，这可以帮助人们理解错误处理的重要性。不过，在不同的情况下，如果软件不能处理个别异常情况是可以接受的。例如对软件安装过程断电问题的处理，如果某个软件是要发售给数以万计的零售客户时，必须要处理软件安装过程断电的问题，哪怕处理这个问题的代价很大，也必须处理，因为在面对大量用户时，总会有客户碰到这样的情况。但如果是为某个客户开发的特定的系统，安装过程由开发商来完成时，这种异常情况就不是必须处理了。

在前面提到的一些异常情况中，用户输入非法数据是在几乎所有软件测试中都需要被考虑的。测试人员需要根据软件需求对于各种输入的要求，设计一些不符合输入要求的数据。例如：

- 不输入数据，观察应用程序是否提供默认值或产生一个错误消息。
- 输入无效数字数据，例如负数和字母数字串。
- 输入任何被认为是非法的数据类型格式。
- 尝试不常用的数据组合。
- 确保使用零值。
- 输入超过或者短于要求长度的数据。

当建立非法数据的测试用例时，预期结果通常为一个错误消息。一般情况下，软件将提示用户输入有错，并要求用户重新输入。而在现实的软件开发中，程序员常常不能完善地处理错误输入的情况。

在进行错误处理测试的时候，当测试人员向程序员报告一个缺陷的时候，有时候会在双方之间产生争执。程序员可能认为：没有真实的用户会这样干。在这个时候，测试人员需要明白，在进行错误处理测试的时候，测试人员的职责就是构造各种环境，使软件出错。当然，对于软件的健壮性要求也是有一个限度的，因此，在错误处理测试中发现的部分问题可能不会被修复，这些问题一般是发生概率很小、发生后影响有限的问题。

有些应用程序必须从错误的状态中恢复过来。即测试人员重新启动系统，一旦启动，所有的功能必须运行正常。破坏环境的测试包括：

- 异常中断应用程序。
- 断开电缆连接。
- 软件运行过程中，关闭计算机电源。

5.1.3 内存泄漏测试

内存泄漏是一种典型的程序缺陷，它导致应用程序不断消耗系统内存(或虚拟存储器)，使程序运行出现响应变慢，某些功能无法实现，甚至整个系统瘫痪等问题。在使用某些语言(特别是C/C++语言)编写的程序中，内存泄漏是一个极其普遍的问题。另外，在某些类型的应用程序，如嵌入式应用软件中，内存泄漏将很快导致系统瘫痪。

某些语言(如Java)具有自动的内存回收机制，但某些语言(如C/C++)则没有。当程序员使用C/C++语言编写程序时，某块内存不再需要使用，可程序员却忘记释放这块内存，这是导致内存泄漏的一种主要原因。

当内存泄漏发生时，用户几乎没有方法去解决这个问题，所以从技术支持人员那里所得到的答案一般是“关闭应用程序，重新启动”或者“重新启动机器”。内存泄漏的问题，对于程序员和用户来说都是一个噩梦。

在进行代码审查时(这属于静态测试技术)，可以检查一下是否存在可能导致内存泄漏的问题。例如，以 C++语言编写的代码，当出现以 new 语句分配内存时，应该在某个地方出现以 delete 语句释放内存。但是，当面对数以万计的代码行时，几乎很难保证在静态检查过程中不产生遗漏。另外，在程序中的 new 和 delete 并不是成对地出现（例如，在程序中，根据不同的情况，两个地方可以分配内存，但只在一个地方释放内存），这也增加了检查的难度。所以人们一般依赖一些工具，在程序的运行过程中进行内存泄漏测试。

还有一种情况，就是“内存越界”。当程序员建立了一个 100 字节的数组，试图向第 101 字节的位置写入内容时，就产生了“内存越界”。“内存越界”的操作结果是难以预料的。在 Windows 操作系统中，有可能导致操作系统提示“写地址：xxxx：xxxx 非法”，从而终止程序；也有可能只是破坏了另外一个变量的值，当这个变量被使用时，软件产生一些奇怪的表现。内存泄漏测试工具，一般都可以进行“内存越界”测试。

Compuware 公司的 BoundChecker，Rational 的 Purify 就是两种典型的内存泄漏检查工具。

5.1.4　用户界面测试

在很多场合，用户界面测试（UI Testing）也被称为人机界面测试（HCI Testing）。

绝大多数软件拥有图形用户界面，图形用户界面测试和评估的重点是正确性、易用性和视觉效果。界面是软件与用户交互的最直接的层面，界面的好坏决定用户对软件的第一印象，当用户兴冲冲地买回一个软件后，发现界面看上去很难看，或者看上去很复杂而感觉无从开始，那么用户可能就没有兴趣继续使用下去。而当用户拿到该软件的试用版本时，这个用户恐怕就没有兴趣去掏钱购买正式版本了——尽管这个软件功能无比强大，但是用户已经不会继续使用了。

设计优良的界面可以引导用户自己完成相应的操作，起到向导的作用。同时界面如同人的面孔，具有吸引用户的直接优势。设计合理的界面能给用户带来轻松愉悦的感受和成功的感觉；相反由于界面设计的失败，让用户有厌倦的感觉，再实用强大的功能都可能在用户的畏惧与放弃中付诸东流。

作为测试人员，需要测试用户界面的风格是否满足用户要求，例如：界面是否美观，界面是否直观，操作是否友好、是否人性化，易操作性是否较好。

用户界面应该做成什么样子，并没有一个固定的标准，因此在测试的过程中，要依赖于测试人员的主观判断。在评价易用性和视觉效果时，主观性非常强，应当考虑多个人的观点。

但用户界面一般来说，是需要遵循一些基本原则的。

目前流行的界面风格有多种方式：B/S 结构的软件所使用的浏览器风格、多窗体、单窗体以及资源管理器风格，无论选用哪种风格，以下原则都应该得到重视或参考。

(1) 易用性原则

屏幕上的按钮、菜单项名称应该易懂，用词准确，没有模糊的、容易导致歧义的用语；另外，要与同一界面上的其他按钮、菜单项易于区分，能望文知意最好。理想的情况是用户不用查阅帮助就能知道该界面的功能并进行相关的正确操作。下面列举了一些具体的易用性细节：

- 完成相同或相近功能的按钮用 Frame 框起来，常用按钮要支持快捷方式。
- 完成同一功能或任务的元素放在集中位置，减少光标移动的距离。
- 按功能将界面划分局域块，用 Frame 框起来，并要有功能说明或标题。
- 界面要支持键盘自动浏览按钮功能，即按 Tab 键的自动切换功能。

- 界面上首先应输入的信息及重要信息的控件在Tab顺序中应当靠前，位置也应放在窗口较醒目的位置。
- 同一界面上的控件数最好不要超过10个，多于10个时可以考虑使用分页界面显示。
- 分页界面要支持在页面间的快捷切换，常用组合键Ctrl+Tab。
- 默认按钮要支持Enter操作，即按Enter键后自动执行默认按钮对应的操作。
- 可输入控件检测到非法输入后应给出说明信息并能自动获得焦点。
- Tab键的顺序与控件排列顺序要一致，目前流行总体从上到下，同时行间从左到右的方式。
- 复选框和选项框按选择几率的高低先后排列。
- 复选框和选项框要有默认选项，并支持Tab键选择。
- 选项数相同时多用选项框而不用下拉列表框。
- 界面空间较小时使用下拉列表框而不用选项框。
- 选项数较少时使用选项框，相反则使用下拉列表框。
- 专业性强的软件要使用相关的专业术语，通用性界面则提倡使用通用性词。
- 对于界面输入重复性高的情况，该界面应全面支持键盘操作，即在不使用鼠标的情况下采用键盘进行操作。

(2) 规范性原则

通常界面设计都按Windows界面的规范来设计，即包含菜单栏、工具栏、工具箱、状态栏、滚动条、右键快捷菜单的标准格式。可以说，界面遵循规范化的程度越高，则易用性相应的就越好。小型软件一般不提供工具箱。下面列举了一些规范性细则：

- 常用菜单要有命令快捷方式。
- 完成相同或相近功能的菜单用横线隔开放在同一位置。
- 菜单前的图标能直观地代表要完成的操作。
- 菜单深度一般要求最多控制在三层以内。
- 工具栏要求可以根据用户的要求自己选择定制。
- 相同或相近功能的工具栏放在一起。
- 工具栏中的每一个按钮要有及时提示信息。
- 一条工具栏的长度最长不能超出屏幕宽度。
- 工具栏的图标能直观地代表要完成的操作。
- 系统常用的工具栏要设置默认放置位置。
- 工具栏太多时可以考虑使用工具箱。
- 工具箱要具有可增减性，由用户自己根据需求定制。
- 工具箱的默认总宽度不要超过屏幕宽度的1/5。
- 状态栏要能显示用户切实需要的信息，常用的有：目前的操作、系统状态、用户位置、用户信息、提示信息、错误信息、使用单位信息及软件开发商信息等，如果某一操作需要的时间较长，还应该显示进度条和进程提示。
- 滚动条的长度要根据显示信息的长度或宽度及时变换，以利于用户了解显示信息的位置和百分比。
- 滚动条的宽度比状态条的宽度略窄。

- 菜单和工具条要有清楚的界限，菜单要求凸出显示，这样在移走工具条时仍有立体感。
- 对于中文软件来说，菜单和状态栏中通常使用5号字体。工具条一般比菜单要宽，但不要宽得太多，否则看起来很不协调。
- 右键快捷菜单采用与菜单相同的准则。

（3）帮助设置原则

系统应该提供详尽而可靠的帮助文档，当用户产生迷惑时可以自己寻求解决方法。下面是一些细则：

- 帮助文档中的性能介绍与说明要与系统性能配套一致。
- 打包新系统时，对做了修改的地方在帮助文档中要做相应的修改，做到版本统一。
- 运行时要提供及时调用系统帮助的功能，常用的快捷键F1键。
- 在界面上调用帮助时应该能够及时定位到与该操作相对的帮助位置。也就是说帮助要有即时针对性。
- 最好提供目前流行的联机帮助格式或HTML帮助格式。
- 用户可以用关键词在帮助索引中搜索所要的帮助，当然也应该提供帮助主题词。
- 如果没有提供书面的帮助文档，最好有打印帮助的功能。
- 在帮助中应该提供技术支持方式，一旦用户难以自己解决可以方便地寻求新的帮助方式。

（4）合理性原则

屏幕对角线相交的位置是用户直视的地方，正上方1/4处为易吸引用户注意力的位置，在放置窗体时要注意利用这两个位置。下面列举了一些细则：

- 父窗体或主窗体的中心位置应该在对角线焦点附近。
- 子窗体位置应该在主窗体的左上角或正中。
- 多个子窗体弹出时应该依次向右下方偏移，以显示出窗体标题为宜。
- 重要的命令按钮与使用较频繁的按钮要放在界面注目的位置。
- 错误使用容易引起界面退出或关闭的按钮不应该放在最容易被用户选择的位置。横排开头、最后与竖排最后为用户最容易选择的位置。
- 与正在进行的操作无关的按钮应该加以屏蔽。
- 对可能造成数据无法恢复的操作必须提供确认信息。
- 非法的输入或操作应有足够的提示说明。
- 对运行过程中出现问题而引起错误的地方要有提示，让用户明白错误出处，避免形成无限期的等待。
- 提示、警告或错误说明应该清楚、明了、恰当并且应避免英文提示的出现。

（5）美观与协调性原则

界面应该大小适合美学观点，感觉协调舒适，能在有效的范围内吸引用户的注意力。这个原则里面包含了更多主观性的判断，下面列举了一些可以参考的细则：

- 长宽接近黄金点比例，切忌长宽比例失调、或宽度超过长度。
- 布局要合理，不宜过于密集，也不能过于空旷，要合理地利用空间。
- 按钮大小基本相近，忌用太长的名称，免得占用过多的界面位置。
- 按钮的大小要与界面的大小和空间协调。
- 避免空旷的界面上放置很大的按钮。

- 放置完控件后界面不应有很大的空缺位置。
- 对于中文软件而言，字体的大小要与界面的大小比例协调，通常使用的字体中宋体9～12号较为美观，很少使用超过12号的字体。
- 前景与背景色搭配合理协调，反差不宜太大，最好少用深色，如大红、大绿等。常用色考虑使用Windows界面色调。
- 如果使用其他颜色，主色要柔和，具有亲和力与磁力，坚决杜绝刺目的颜色。
- 大型系统常用的主色有"E1ElEl"、"EFEFEF"、"COC0C0"等。
- 界面风格要保持一致，字的大小、颜色、字体要相同，除非是需要艺术处理或有特殊要求的地方。
- 如果窗体支持最小化和最大化或放大时，窗体上的控件也要随着窗体而缩放，切忌只放大窗体而忽略控件的缩放。
- 对于含有按钮的界面一般不应该支持缩放，即右上角只有关闭功能。
- 通常父窗体支持缩放时，子窗体没有必要缩放。
- 如果能给用户提供自定义界面风格则更好，由用户自己选择颜色、字体等。

(6) 菜单位置原则

菜单是界面上最重要的元素，菜单位置按照按功能来组织。

- 菜单通常采用"常用—主要—次要—工具—帮助"的位置排列，符合流行的Windows风格。
- 常用的有"文件"、"编辑"，"查看"等，几乎每个系统都有这些选项，当然要根据不同的系统有所取舍。
- 下拉菜单要根据菜单选项的含义进行分组，并按照一定的规则进行排列，用横线隔开。
- 一组菜单的使用有先后要求或有向导作用时，应该按先后次序排列。
- 没有顺序要求的菜单项按使用频率和重要性排列，常用的放在开头，不常用的靠后放置；重要的放在开头，次要的放在后边。
- 如果菜单选项较多，应该采用加长菜单的长度而减少深度的原则排列。
- 菜单深度一般要求最多控制在三层以内。
- 对常用的菜单要有快捷命令方式。
- 与进行操作无关的菜单要用屏蔽的方式加以处理，如果采用动态加载方式，即只有需要的菜单才显示最好。
- 菜单前的图标不宜太大，与字高保持一致最好。
- 主菜单的宽度要接近，字数不应多于4个，每个菜单的字数能相同最好。
- 主菜单数目不应太多，最好为单排布置。

(7) 独特性原则

如果一味地遵循业界的界面标准，则会丧失自己的个性。在框架符合以上规范的情况下，很多公司都会在所开发的软件中，体现自身的一些特色。做得成功的软件公司，能够让人一看就知道这个软件是哪个公司开发的。下面一些细则可以供参考：

- 安装界面上应有单位介绍或产品介绍，并有自己的图标或徽标。
- 主界面，最好大多数界面上都要有公司图标或徽标。
- 登录界面上要有本产品的标志，同时包含公司图标或徽标。
- 帮助菜单的"关于"中应有版权和产品信息。

- 公司的系列产品要保持一直的界面风格，如背景色、字体、菜单排列方式、图标、安装过程、按钮用语等应该大体一致。
- 应为产品制作特有的图标并区别于公司图标或徽标。

(8) 快捷方式的组合原则

在菜单及按钮中使用快捷键可以让喜欢使用键盘的用户操作得更快一些。在西文 Windows 及其应用软件中快捷键的使用大多是一致的。

菜单中：

- 面向事务的组合有：Ctrl＋D(删除)、Ctrl＋F(寻找)、Ctrl＋H(替换)、Ctrl＋I(插入)、Ctrl＋N(新记录)、Ctrl＋S(保存)和 Ctrl＋O(打开)。
- 列表：Ctrl＋G(定位)和 Ctrl＋Tab(下一分页窗口或反序浏览同一页面控件)。
- 编辑：Ctrl＋A(全选)、Ctrl＋C(复制)、Ctrl＋V(粘贴)、Ctrl＋X(剪切)、Ctrl＋Z(撤消操作)和 Ctrl＋Y(恢复操作)。
- 文件操作：Ctrl＋P(打印)和 Ctrl＋W(关闭)。
- 系统菜单：Alt＋A(文件)、AlI＋E(编辑)、AlI＋T(工具)、Alt＋W(窗口)和 Alt＋H(帮助)。
- MS Windows 保留键：Ctrl＋Esc(任务列表)、Ctrl＋F4(关闭窗口)、Alt＋F4(结束应用)、All＋Tab(下一应用)、Enter(默认按钮/确认操作)、Esc(取消按钮/取消操作)和 Shift＋F1(上下文相关帮助)。

按钮中可以根据系统需要而调节，常用的组合有：

Alt＋Y(确定"是")、Alt＋C(取消)、Alt＋N(否)、Alt＋D(删除)Alt＋Q(退出)、Alt＋A(添加)、Alt＋E(编辑)、Alt＋B(浏览)、Alt＋R(读)和 Alt＋W(写)。

这些快捷键也可以作为开发中文应用软件的标准，但也可使用汉语拼音的开头字母。

(9) 排错性考虑原则

在界面上通过下列方式来控制出错几率，会大大减少系统因用户人为的错误引起的破坏。开发者应当尽量周全地考虑到各种可能发生的问题，使出错的可能降至最小。如应用出现保护性错误而退出系统，这种错误最容易使用户对软件失去信心。因为这意味着用户要中断思路，并费时费力地重新登录，而且已进行的操作也会因没有存盘而全部丢失。

排错性细则：

- 最重要的是排除可能会使应用非正常中止的错误。
- 应当注意尽可能避免用户无意录入无效的数据。
- 采用相关控件限制用户输入值的种类。
- 当用户做出选择的可能性只有两个时，可以采用单选框。
- 当选择的可能再多一些时，可以采用复选框，每一种选择都是有效的，用户不可能输入任何一种无效的选择。
- 当选项特别多时，可以采用列表框，下拉式列表框。
- 在一个应用系统中，开发者应当避免用户做出未经授权或没有意义的操作。
- 对可能引起致命错误或系统出错的输入字符或动作要加限制或屏蔽。
- 对可能发生严重后果的操作要有补救措施。通过补救措施用户可以回到原来的正确状态。
- 对一些特殊符号的输入与系统使用的符号相冲突的字符等进行判断并阻止用户输入该字符。

- 对错误操作最好支持可逆性处理,如取消系列操作。
- 在输入有效性字符之前应该阻止用户进行只有输入之后才可进行的操作。
- 对可能造成等待时间较长的操作应该提供取消功能。
- 特殊字符常有

  ;’”＞＜`‘:“[” {。\|}]＋＝)－(_ * &^%$@! ～,。? / 空格

- 与系统采用的保留字符冲突的要加以限制。
- 在读入用户所输入的信息时,根据需要选择是否去掉前后空格。
- 有些读入数据库的字段不支持中间有空格,但用户确实需要输入中间空格,这时要在程序中加以处理。

(10) 多窗口的应用与系统资源原则

设计良好的软件不仅要有完备的功能,而且要尽可能地占用最低限度的资源。

- 在多窗口系统中,有些界面要求必须保持在最顶层,避免用户在打开多个窗口时,不停地切换甚至最小化其他窗口来显示该窗口。
- 在主界面载入完毕后自动卸载内存,让出所占用的 Windows 系统资源。
- 关闭所有窗体,系统退出后要释放所有占用的系统资源,除非是需要后台运行的系统。
- 尽量防止对系统的独占使用。

用户界面测试用例的参考模板见表 5-2。

表 5-2 用户界面测试用例的参考模板

指　标	检查项	测试人员评价
合理性和正确性	用户界面是否与软件的功能相融洽; 是否所有界面元素的文字和状态都正确无误	
容易理解	对于常用的功能,用户能否不必阅读手册就能使用; 对于所有界面元素(例如图标等)都不会让人误解; 是否所有界面元素都提供了充分而必要的提示; 界面结构能否清晰地反映工作流程; 用户是否容易知道自己在界面中的位置,且不会迷失方向; 是否有联机帮助	
风格一致	同类的界面元素是否有相同的视感和相同的操作方式; 字体是否一致; 是否符合大多数用户使用同类软件的习惯	
及时反馈信息	是否提供进度条、动画等反映正在进行的比较耗时间的过程; 是否为重要的操作返回必要的结果信息	
出错处理	是否对重要的输入数据进行校验; 执行有风险的操作时,有“确认”、“放弃”等提示吗? 是否根据用户的权限自动屏蔽某些功能; 是否提供 undo 功能用于撤消不期望的操作	
适应各种水平的用户	所有界面元素都具备充分必要的键盘操作和鼠标操作吗? 初学者和专家都有适合的方式操作这个界面吗? 色盲或者色弱的用户能正常使用该界面吗	
国际化	是否使用国际通行的图标和语言; 度量单位、日期格式、人的名字等是否符合国际惯例	

续表 5-2

指标	检查项	测试人员评价
个性化	是否具有与众不同的、让用户记忆深刻的界面； 是否在具备必要的“一致性”的前提下突出“个性化”设计	
合理布局和谐色彩	界面的布局符合软件的功能逻辑吗？ 界面元素是否在水平或者垂直方向对齐； 界面元素的尺寸是否合理？行、列的间距是否保持一致； 是否恰当地利用了窗体和控件的空白，以及分割线条； 窗口切换、移动、改变大小时，界面正常吗？ 界面的色调是否让人感到和谐、满意； 重要的对象是否用醒目的色彩表示； 色彩使用是否符合行业的习惯	

前面谈了很多界面设计和测试的原则，目的是让测试人员对于界面设计的一般规则有所了解。在实际的软件开发中，测试人员可能会面对的情况有：

- 软件有详细的界面设计文件，而程序员也按照设计文件完成了界面，但在界面实际被完成后，发现并不像人们期望的那么美观和易用。
- 软件只有比较概要的界面设计文件，很多细节是程序员在代码编写过程中不断定义和完善的。

在前面一种情况中，是设计本身有问题(很多时候，人们也只有看到了实际可以运行的软件之后，才会觉察到设计中的问题)；后面一种情况，是缺少足够详细的设计。面对这些情况，作为测试人员，都需要建立起来自己的主观判断力，能够识别出来界面中哪些内容是难以使用的、哪些是不美观的。这是用户界面测试和其他测试的一个重要区别。

另外，界面中的文字检查和拼写检查也是看似容易，却常常出错的环节。有时候界面测试也会发现软件中存在的严重问题。在 Microsoft Word 中，从“帮助”菜单中选择“关于 Microsoft Word”，这时会出现 Microsoft 的版权声明。假设在版权声明中的文字出现了错误，把版权所有者写成了另外一家公司的名字，这将是一个严重的错误。在一些国内公司开发的英文版本软件中，出现拼写、语法错误，也并不少见。

5.1.5 性能测试

性能测试是在整个测试过程中实现难度比较大的一个环节。性能测试是针对整个系统的测试，影响系统性能的因素很多，有时候是因为软件设计的原因引起的(例如使用了未经优化的算法)，也有时候是因为硬件、网络的原因引起。

如果一个网络游戏软件，当有很多用户同时在线时，软件的响应速度变得很慢，人们会说“这个游戏性能太差，没法玩”，显然，这款游戏会失去用户，哪怕它的创意再好。

某公司基于 Lotus Notes 开发过自己的考勤管理软件。软件刚开始使用时，公司只有不到 30 个人，软件用起来很好。这个软件的一个主要功能是上班打卡，当时早上上班时间是 8:30，有趣的是，绝大多数的人都是在 8:27～8:30 的时间段到公司打卡。当公司发展到 300 余人的时候，大家发现这个软件已经令人难以忍受了，每次按下打卡按钮，大约要等至少 30 s 才会打卡成功。当越来越多的人抱怨的时候，该公司最后停用了这个软件，而改用了门禁记考勤。这个软件性能越来越差的原因有两个：在最初设计的时候，没有考虑到会有这么多的并发用户（当时没有想到公司规模会扩充得那么快，也没有想到绝大多数人居然能够把上班时间算得那么准确，集中在一个短时间段打卡），因此在设计时，完全没有考虑到性能问题；另外一个原因，数据库中积累了近两年的数据没有进行清理，导致系统性能下降。

针对整个系统的测试，包含并发性能测试、负载测试、压力测试、强度测试、破坏性测试。并发性能测试是评估系统交易或业务在渐增式并发情况下处理瓶颈以及能够接收业务的性能过程；强度测试是在资源情况低的情况下，找出因资源不足或资源争用而导致的错误；破坏性测试重点关注超出系统正常负荷若干倍的情况下，错误出现状态和出现比率以及错误的恢复能力。

性能测试可以通过黑盒测试方法或者白盒测试方法来进行。如果使用白盒测试方法，则可以进行更加细致的分析，可以使用一些模拟器(Profiler)或者一些基于硬件的执行监视器来研究程序运行特定模块及按特定路径执行所需要的时间。一般来说，这需要设计员和程序员共同努力才能够完成。

在不同的软件中，需要进行性能测试的对象，在性能测试的方法上会有很大的差别。在下列情况下，需要重点考虑对其进行性能测试：

- 软件中某个模块涉及到复杂的计算，特别是一些基于人工智能的分析。
- 涉及到大量数据的读写、通信。
- 涉及到数据检索，而被检索的数据，具有很大的数据量。
- 具有多个并发用户。
- 软件在运行时，可用资源（特别是 CPU 和内存）可能在某些情况下很紧张，如在一些嵌入式系统软件中。

5.1.6 安全测试

现在计算机系统环境安全是所有组织都越来越关注的问题。系统环境安全包括了物理设备安全和软件安全。而软件安全则是一个相对比较薄弱的环节。系统的安全性是指防止系统被非法入侵的能力，安全测试的目的是为了发现软件中存在的安全漏洞。绝对安全的系统并不存在，安全性测试也非常复杂，费用要求也很高。

对于大多数软件产品而言，杜绝非法入侵既不可能也没有必要。因为开发商和客户愿意为提高安全性而投入的资金是有限的，他们要考虑值不值得。究竟什么样的安全性是令人满意的呢？一般地，如果黑客为非法入侵花费的代价（考虑时间、费用、危险等因素）高于得到的好处，那么这样的系统可以认为是安全的。

安全性测试有如下步骤：

① 分析系统的安全隐患，为非法入侵设立目标，例如盗窃某个文件、修改用户权限、更改数据库记录等。

② 邀请（或悬赏）一些人扮演黑客，让他们想尽办法入侵系统，实现“目标”。

③ 如果有人成功了，请他详述入侵的过程。

根据成功攻击的过程，开发人员找出系统的漏洞。如果修补漏洞很容易，那么马上就改正。如果修补的代价很高，那么就与“损失的代价”相比较，分析值不值得修改漏洞。

信息安全性测试用例的参考模板见表 5-3。

表 5-3　安全性测试用例的参考模板

假想目标 A		
前提条件		
非法入侵手段	是否实现目标	代价-利益分析
……		

安全性测试对于软件测试人员的技术能力来说，也是一个挑战。作为软件测试人员，如果经常要面对B/S结构应用软件的测试，就需要比较系统地学习一些网络应用体系的安全知识。在前面所描述的安全测试步骤中，就需要测试人员有足够的能力去分析系统的安全隐患，以提出入侵目标。

5.1.7　压力测试

压力测试用于检查软件在面对大数据量时是否可以正常运行。这里所指的大数据量，往往是发生概率比较小的情况。压力测试所涉及的方面主要包括：数据库大小、磁盘空间、可用内存空间、数据通信量。

压力测试也叫负荷测试，即获取系统能正常运行的极限状态。了解"极限"是很有价值的。例如，某种潜艇的正常下潜深度是 100 m，最大下潜深度是 200 m。那么平时潜艇会在 0～100 m 处行驶，在危机时候会下潜到 200 m，但是不敢再往下潜，否则可能要沉没。

压力测试的主要任务是：构造正确的输入，使劲折腾系统却让它刚好不瘫痪。

例如，对服务器进行压力测试时，可以增加并发操作的用户数量；或者连续不停地向服务器发请求；或者一次性向服务器发送特别大的数据等。看服务器能否吃得消，如果服务器忙得不能自拔，当前状况就是极限。

压力测试的一个变种是敏感测试。在某种情况下，微小的输入变动会导致系统的表现（如性能）发生急剧的变化。敏感测试目的是发现什么样的输入可能会引发不稳定现象。

压力测试用例的参考模板见表 5-4。

表 5-4　压力测试用例参考模板

极限名称 A	如"最大并发用户数量"	
前提条件		
输入/动作	输出/响应	是否能正常运行
如 10 个用户并发操作		
如 100 个用户并发操作		

5.1.8　安装与卸载测试

安装是软件产品实现其功能的第一步，没有正确的安装不可能有正确的执行，因此软件的安装测试就显得尤为重要。对于安装测试至少应该从以下几点来考虑。

- 自动安装还是手工配置安装，测试各种不同的安装组合，并验证各种不同组合的正确性，最终目标是所有组合都能安装成功。

- 安装退出之后，确认应用程序可以正确启动、运行。
- 在安装之前备份你的注册表，安装之后，查看注册表中是否有多余的垃圾信息。
- 至少要在一台笔记本计算机上进行安装测试，因为有很多产品在笔记本计算机中会出现问题，尤其是系统级的产品。
- 安装完成之后，可以在简单地使用之后再执行卸载操作，有的系统在使用之后会发生变化，变得不可卸载。
- 对于客户服务器模式的应用系统，可以先安装客户端，然后安装服务器端，测试是否会出现问题。
- 考察安装该系统是否对其他的应用程序造成影响，特别是 Windows 操作系统，经常会出现此类的问题。

以上这些测试中有些可以使用工具方便地实现，如检查注册表中是否有多余的信息。

在安装一个软件时，都会遇到一个画面，请用户选择要安装的路径，假设：如果要测试这个画面，会要测试哪些项目？

这个画面，通常只会有一个路径的 Text Box 和一个浏览的 Button（当然可能还有下一步、上一步、取消等 Button）。

所以要测试时可以考虑下列几项：

- 浏览：Button 是否功能正常，按下之后应该可以出现一个浏览档案目录的画面，先看看是否都正常，当选定之后按下确定，安装路径是否正常显式于 TextBox 中。
- 路径的 Text Box 是否能够自行输入，如果输入路径不存在时，会有什么反应？输入不合法的字符数据，会发生何事？
- 路径是否支持长文件名及中文名称。
- 路径的文字长度是否有限制。
- 离开此步骤，再回到此步骤时，路径（预设或自订）是否还会存在？
- 取消按钮按下是否能取消。

在考虑安装目标时，可以试着：安装于光驱；安装于移动存储设备；安装在网络上的其他计算机上；在不同语言下安装（路径输入不同的语言）；试着安装两次。

卸载测试和安装测试同样重要，如果系统提供自动卸载工具，那么卸载之后需检验系统是否把所有的文件全部删除，注册表中有关的注册信息是否也被删除。另外还有一点要注意：软件在卸载时，不能把不属于自己的文件误删掉。

5.1.9　升级测试

升级测试包括两个方面：软件本身的升级；软件运行环境升级。

软件如何应对运行环境升级，对于开发人员和测试人员来说，都是一个挑战。在软件发布的时候，无论是开发人员还是测试人员，都根本不知道未来的运行环境是怎么样的，因而也无从测试。例如，2006 年在 Windows XP 下编写了应用软件，显然在当时无法进行 Windows Vista 环境下的测试。当用户将自己的系统升级为 Windows Vista 时，软件还能正常工作吗？这个时候需要进行 Windows Vista 环境下的测试。如果发现这个软件在 Windows Vista 下运行没有问题，此时可以在公司的技术支持网页上宣布该产品被证实可以在 Windows Vista 下正常工作。如果发现了问题，只好把这个软件的补丁程序放到公司网站上供用户下载，甚至宣布:本软件不支持 Windows Vista,用户需要购买一个新的版本才能在 Windows Vista 下使用。

很多软件供应商都宣布自己的新版本软件向后兼容(向后兼容:如果一个系统能够处理比它的开发目标更老的事物,则称它是向后兼容的),可是很不幸,能够见到的不能完全向后兼容的例子太多了。这样,当软件的运行环境升级后,由于升级后的运行环境并不能够完全向后兼容以前的版本,使得软件不能完全良好运行。

5.1.10 兼容性测试

很多程序运行在范围很广的硬件配置和软件环境中。下面是一些典型的配置方面的问题:

- 哪些打印机与你测试的程序兼容?
- 哪些视频卡和显示芯片、什么样的显示模式(分辨率等)与你测试的程序兼容?
- 程序可以运行在哪些特定厂家的何种型号的计算机里?
- 程序与哪些版本的核心系统软件兼容(如操作系统等)?

所有这些产生了不同的配置,如果你改动了硬件或系统软件的任何方面,配置也就是全新的了。兼容性测试是为了检验程序与很多可能的硬件和系统软件配置之间的兼容情况。

在进行兼容性测试时,需要得到一份软件的兼容性列表。在列表中,会指出该软件需要支持的各种软硬件环境。

下面是一些需要重点考虑的兼容性问题。

(1) 操作系统兼容性

一般来说,需要测试 Windows、Mac OS、UNIX、VMS、Linux 等操作系统。

(2) 浏览器兼容性

现在,B/S结构的应用软件越来越多,用户所使用的是各种浏览器。Microsoft Internet Explorer 是最常用的浏览器,占据了绝大多数的市场份额。另外,Netscape Communicator、Mosaic Firefox 等常用浏览器也需要测试。不同的浏览器对于图像的处理、插件/控件的处理是不一样的,在 IE 中能够很好运行的系统,在 FireFox 中并不一定能很好地运行。

浏览器兼容性是 Web 应用系统里面一个比较常见的问题。笔者曾经遇到过这样的问题:笔者比较习惯使用 FireFox 浏览器,某一天,笔者在网上传输数码照片到某网上冲印店,但在选择取件的超市时,发现取件列表里面居然是空的,在无可奈何下,试着打开了 IE 浏览器,结果发现一切正常了。后来笔者尝试了 FireFox 的各种设置,发现仍旧在 FireFox 中无法看到取件超市列表,于是只好在每次网上冲印照片时,使用 IE 浏览器。看上去,这个网站的开发人员还没有测试,来发现这个问题。

(3) 其他的软件兼容

在 Web 应用中,有时候会需要用户安装一些浏览器插件才能完成软件功能。如果软件中涉及到了音频、视频等多媒体播放,将需要浏览器插件来完成这些功能。例如,在前面所讲的电子商务网站中,使用了 SWF 文件格式做了某个商品的一段动画介绍。为了播放 SWF 文件,在用户的计算机上,需要安装 Shockwave 的插件,但用户的计算机上可能并没有安装这个插件,在这种情况下,就应该在相应的页面上提示用户需要下载安装这个插件,并给出有下载该链接的网站以方便用户使用。

(4) 硬件兼容

当软件开发商发布一个桌面应用软件(如 Microsoft Office)时,可以明确指出对于软件运行环境的要求。但在发布 Web 应用系统的时候,设计和开发人员面对的是大量未知的用户,设计和开发人员不能简单地假设用户的计算机系统将具有什么样的配置。如果应用系统有较高的显示要求(如要求用户的显示分辨率为 1 024×768),某些用户所使用的系统可能达不到这样的要求。在进行软件测试的时候,就需要将显示分辨率调整到 800×600,观察此时系统的运行情况。另外,软件中也不应该假设用户所使用的计算机能够支持音频播放。

5.1.11　冒烟测试

冒烟测试(Smoke Testing)的目的是检查版本的基本功能。当软件的一个新版本送交测试人员进行测试时,首要任务是检查其基本功能是否稳定、重要功能有无遗漏。冒烟测试不是一种高强度的测试,如果软件的新版本没有通过冒烟测试,则可以认为这个新版本还不稳定,没有必要继续进行该版本的测试。

一般情况下,当测试小组收到软件的新版本时,会有少量的测试人员(甚至只有一、两名)先进行冒烟测试,而其他的测试人员则等到冒烟测试通过后才加入到新版本的测试中。如果新版本不能通过冒烟测试,则测试小组往往会拒绝接受这个新的版本。

冒烟测试所进行的是一系列对于该软件比较核心的测试,一般从测试用例中选择一部分核心的软件作为冒烟测试时所使用的测试用例。

有时候,冒烟测试也被称为版本确认检查。冒烟测试是为后续测试打下基础,就如买了一辆新的汽车之后,首先要做的事情是检查一下汽车是否可以被发动起来。如果汽车能够被发动起来,然后再来进行其他方面的检查。如果不能被发动,那么其他的检查就没有意义。

5.1.12　文档测试

对一个应用软件来说,技术文档、用户手册是必不可少的。

当需要对一个软件产品进行维护、升级时,按照技术文档的描述,总是无法完成工作,而在熬了几次夜后,发现原来自己所依据的技术文档是错误的;当买回一个软件后,按照用户手册的描述去使用某个功能,却发现怎么用都不对,在请教了其他人用会了之后,发现原来是用户手册写错了。

当这些情况发生时,就会想:为什么这些文档当初就没有好好测试呢?

文档测试的重要性是毋庸质疑的,很多人会认为文档测试是一项简单的工作。有时候,文档测试确实比较简单,需要的只是细致和耐心,但也有些时候,需要测试人员有很强的技术能力。例如,某公司开发路由器,其软件部门则负责为该路由器编写软件,测试人员需要对该路由器的用户手册进行完整的测试。在这个时候,要求测试人员对于各种网络协议、路由器的操作和配置有很好的了解。

在产品手册、用户手册、帮助文件中,有一些比较常见的错误如:

- 文字错误、语法错误、拼写错误。
- 所描述的操作步骤有遗漏。
- 所描述的功能或者操作步骤错误。

在软件的开发过程中,往往会对软件功能进行修改,但修改的时候,可能没有对所有相关文档进行更新,这个时候就很容易导致这样的问题。

5.2 测试技巧

5.2.1 植入缺陷

植入缺陷的目的和其他测试方法有所不同，其目的不是去找到缺陷，而是为了估计软件中还有多少剩余的缺陷。

在测试的过程中，人们需要关心软件中剩余的缺陷数量在一个什么样的数值范围。这个时候，可以使用植入缺陷的方法。所谓植入缺陷，就是在测试前向程序中植入一些缺陷(一般来说，都是通过故意地修改程序，使之产生某种缺陷)。植入缺陷后，再经过一段时间的测试，在这段时间的测试中，会发现一些软件错误，其中的一部分缺陷是人为植入的，而另外一部分是软件固有的。假设植入缺陷的数目是 N_s，通过测试，发现了 n_1 个植入的缺陷，发现了 n_2 个软件固有的缺陷，那么，软件中固有缺陷的估算值(N_0)为：

$$N_0 = n_2 \times N_s / n_1$$

软件中残余缺陷的估算值则为：$N_0 - n_2$。

假设人为植入的缺陷数量为 20 个，通过一段时间的测试后，发现了 5 个植入的缺陷，另外还发现了 14 个软件固有的缺陷，这个时候，软件中固有缺陷的估算值为：14×20/5＝56 个，而残留的固有缺陷估算值则是 56－14＝42 个。如果定义的测试终止条件是缺陷估算值小于 30 个，很显然，测试工作还需要继续进行。

在使用这种方法时，要求测试人员对于所植入的缺陷并不知道，另外，还要假设测试用例发现植入的缺陷和固有的缺陷的能力相同。

在使用这种方法时，要消耗时间在植入和发现人为设置的缺陷上，如何选择和制造这些缺陷也有一定的难度。另外，在植入缺陷后，要妥善处理好配置管理问题。

植入缺陷的目的是估算软件中还剩余多少缺陷。另外还有一些估算的方法，这些方法属于软件测试领域中比较高级的话题，这里就不进行一一介绍了。

5.2.2 回归测试

回归测试是指对某些已经被测试过的内容进行重新测试。当软件增加了新的功能后，可能影响了软件原有的结构，使得以往可以正常工作的功能出现问题，当程序员修复了软件中的缺陷后，由于考虑问题不全面，有可能导致在其他地方出现问题。

程序员在向软件中添加了新的功能、修复了软件错误后，可能会很有信心地告诉测试人员："我只是加了新的功能，其他地方一点都没有改动"或者"我只是修复了这几个缺陷，其他地方的代码我完全没有改动"。作为测试人员，除了验证这些新的功能是否被正确实现、缺陷是否被修复之外，还要怀疑：这些改动是否导致了其他的问题，使得软件中本来工作正常的部分出现了问题？出于这种怀疑，测试人员就要对软件中旧的内容重新进行测试。

这种测试就称为回归测试。回归测试是对于已经执行过的测试用例再次执行的过程。

回归测试的内容和方法并没有一定之规。在理想情况下，软件每进行一次改动，就认为出现了一个新的版本，对于这个新的版本，按照测试计划中所进行的规划，把测试工作从头开始进行一次。但在现实中，由于进度的要求、测试成本的压力，没有人会选择这样做。什么时候需要进行回归测试、进行什么样的回归测试，需要有经验的测试人员进行判断，而且，很多时候，要会同程序员、设计人员一起来进行判断。下面是某软件公司在选择回归测试时的做法实例。

- 每两周需要进行一次完整的回归测试。
- 当修复的缺陷数量累计到 50 个时，进行一次完整的回归测试。
- 在产品递交用户前 5 个工作日，进行完整的回归测试。

在上面的例子中，使用了“完整的回归测试”这样的词。在实际工作中，有时候会进行完整的回归测试，这个时候就需要将所有的测试用例全部执行。但在有的时候，会选择部分测试用例进行测试，例如，如果某个软件修改了其中用户界面的一些文字，那么性能测试就不需要进行，因为文字的修改影响到软件性能的可能性几乎不存在。在进行这样的判断时，需要从编码、设计人员那里得到足够的信息，以确信某些部分的回归测试可以不执行。要准确地判断出，哪些部分需要进行回归，需要足够的测试经验和测试技巧。

在测试过程中，所进行过的每一项测试都有可能要进行回归测试。任何测试文档都必须纳入配置管理系统，否则弄丢了就没办法进行“回归”测试。

回归测试没有新花样，其特点就是“重复”，让人厌烦。既然回归测试没有创新之处，最好设法使其自动化地执行，这样省时省力又免得遗漏。回归测试是自动化测试的一个重点研究对象，目前市场上有一些专用的回归测试工具。

对缺陷的改正不仅会失败，还会带来负面的影响。改正一个错误，可能会产生另一个错误。而且，一个缺陷会隐藏（或掩盖）另一个缺陷，直到你改正了第一个，第二个才会显示出来。程序员在处理问题时常常会发现最初的错误，但由于通常省略了回归测试而漏掉改动带来的副作用和掩盖的缺陷。

由于无法在第一轮测试中发现所有错误，而且对于错误的改正又会导致新的错误产生，就应该期望进行多轮测试。虽然在测试的早期，每隔几个小时或几天就可能会接到更改后的版本，但通常应在接收新测试版本之前将现有版本进行彻底测试。一个测试周期包括对程序某个版本进行完全测试，总结此版本中发现的问题，总结所有已知的问题。

5.3　Web 应用系统测试要点

在实施软件测试时，有着一些共性的过程和技术，例如本书前面所介绍的各个测试阶段、对软件错误的管理等内容。同时，由于不同的软件应用系统有着各自的特征，因此在对不同的软件系统进行测试时，也需要关注不同软件的特征，并在软件测试过程的定义和管理、软件测试技术的选择上加以考虑。

Web 应用系统是目前最常见的应用系统之一，例如电子商务网站就是一种典型的 Web 应用系统。本节介绍在 Web 应用系统测试中的一些技术要点。

在进行 Web 应用系统的测试时，先来做这样一个假设。如果是某个电子商务网站（这是一种典型的 Web 应用系统）的用户，对这个网站会有哪些期望？一般来说，用户将期望：

- 有足够好的性能，不要在并发用户很多的时候响应速度很慢。
- 有足够好的兼容性，当使用 IE 之外的浏览器的时候，仍旧能够正常使用该网站。

- 有足够强的安全性。至少不期望自己的用户名和密码能够被他人轻易获得。
- 有好的正确性。当点击购买某本图书的链接时，不期望出现的是一张音乐 CD 的页面。

由于 Web 应用系统的特征，使它的性能、兼容性、安全性、正确性容易出现问题。因此，在进行应用系统的测试时，作为测试人员，需要重点关注这几个方面的问题。

Web 应用系统之所以容易在这 4 个方面发生问题，其原因是：

- Web 应用系统的用户数目可能在某个时间段迅速增加，其增加的速度和用户的总数量可能令系统的设计和开发者始料未及。
- 用户的使用环境五花八门，有的用户使用 Windows 系统，有的用户使用 Linux 或者其他系统；有的用户使用 IE 浏览器，而有的用户使用 Netscape；有的用户所使用的显示器可以支持 1 024×768 分辨率，而有的用户所使用的显示器却只能支持 800×600。
- 网络上的人为攻击、病毒攻击日渐增加。
- 在一个 Web 应用系统中，存在大量的页面链接，而且，这些链接是在不断地更新之中，稍有不慎，某个链接就有可能出现错误。

由于这些问题的存在，在编写测试计划和测试案例、搭建测试环境和执行测试时，就需要基于 Web 应用系统的特征，有针对性地开展测试工作。

另外，对于 Web 应用系统来说，还可以分为服务器端测试和客户端测试两个部分。Web 应用系统是由服务器端和客户端构成的。

在服务端，需要重点进行的测试内容是性能测试、负载测试和安全测试。

在客户端，需要重点进行的是兼容性测试。

对于 Web 应用系统来说，应用最普遍的性能测试是负载测试。通过负载测试，测试人员可以知道该系统如何完成预期的或者超过预期的行为。例如，某电子商务网站设计时，考虑的同时在线用户数目为 5 000 人，测试人员需要知道当同时在线达到 5 000 人时，系统的响应状况，也需要知道在某个短的时间段内，如果同时在线人数超过系统设计值，达到 10 000 人时的响应状况。如果当同时在线用户数目达到 5 000 人时，系统的响应速度很慢，以至于很少有用户能够有足够的耐心去等待交易完成，那么这个系统将不会被用户接受。

在进行负载测试时，通常主要关注下列情况：

① 并发用户数量。指在某个时间内，并发用户数量达到甚至超过软件设计上限时的系统反应情况。例如前面所描述的电子商务网站，就需要测试并发用户在 5 000 人的时候的系统反应情况。另外，也需要了解并发用户在 10 000 人的时候的系统反应情况，这样可以知道系统的个别极端情况下的运行状态，如果这个时候只是反应速度变慢(响应时间超过 5 000 人的时候的状况)，那是可以接受的。但如果这个时候出现了数据丢失、系统无响应等情况，就需要对原因进行分析，并解决问题。

② 吞吐量。软件系统在一定时间内可以完成的事务的数量。对于某个电子商务网站来说，可以有很多吞吐量指标。例如，每分钟能够完成的购买次数就是一个很重要的吞吐量指标。吞吐量和并发用户数量是有所区别的，更多的并发用户数量，并不意味着更大的吞吐量。

一般来说，需要借助于测试工具来进行 Web 应用系统的性能测试。LoadRunner 是最常用的负载测试工具之一。另外还有很多负载测试工具，例如 JMeter，是 Apache 组织的开放源代码项目，可用于测试静态或者动态资源的性能(文件、Perl 脚本、Java 对象、数据库和查询、

FTP 服务器或者其他的资源）。JMeter 用于模拟在服务器、网络或者其他对象上附加高负载以测试它们提供服务的受压能力，或者分析它们提供的服务在不同负载条件下的总性能情况。

习 题

1. 在进行兼容性测试时，如何减少测试范围？

2. 进行黑盒测试时，能不能采用植入缺陷的方法？

3. 在进行安装测试时，是否要考虑不同的安装环境？如果需要多种安装环境，如何设计这些安装环境，使得测试是充分的，同时工作量又最小？

4. 找一个简单的 Web 应用系统，编写测试策略。

第 6 章　软件测试报告与测试评价

本章要点

- 软件缺陷的概念和种类
- 软件缺陷的严重性和优先级
- 报告软件缺陷
- 分离和再现软件缺陷
- 测试总结报告
- 测试的评测

学习要求

- 理解软件缺陷的概念、严重性和优先级
- 掌握报告软件缺陷的基本原则及模板
- 掌握测试总结报告的写法
- 了解如何对测评进行评测

6.1　软件缺陷的概念和种类

软件缺陷简单说就是存在于软件(文档、数据、程序)之中的那些不希望,或不可接受的偏差,而导致软件产生的质量问题。许多资历较浅,经验不足的测试人员对软件缺陷的认定往往没有把握。以软件测试的观点对软件缺陷进行定义是比较宽泛的。按照一般的定义,只要符合下面 5 个规则中的一个,就称为软件缺陷。

- 软件未达到软件规格说明书中规定的功能;
- 软件超出软件规格说明书中指明的范围;
- 软件未达到软件规格说明书中指出的应达到的目标;
- 软件运行出现错误;
- 软件测试人员认为软件难于理解,不易使用,运行速度慢,或者最终用户认为软件使用效果不好。

在软件测试过程中如何判断软件缺陷? 软件缺陷都有哪些种类?

一般软件缺陷主要有 15 种:功能不正常、软件使用不方便、软件的结构未做良好规划、功能不充分、与软件操作者的互动不良、使用性能不佳、未做好错误处理、边界错误、计算错误、使用一段时间后产生的错误、控制流程的错误、在大数据量压力之下产生的错误、在不同硬件环境下产生的错误、版本控制不良产生的错误和软件文档的错误等。

以软件测试的角度来定义软件缺陷是比较广义的，可是界定的出发点相当简单，就是从使用者的角度进行判断。下面分别进行说明。

1. 功能不正常

功能不正常，就是所应提供的功能在使用上并不符合设计规格说明书中的规定，或是根本无法使用。这个错误常常会发生在测试过程的初期和中期。最明显的例子就是在用户接口上所提供的选项及动作，使用者在操作后毫无反应。例如，有一个简单的软件测试实例，软件让使用者输入所想要保留信息的数量及天数，测试人员发现输入数量没有问题，但是输入天数则不起作用。经过查证之后发现，开发人员忘记添加输入选项的判断式，所以无论使用者选择什么输入，程序都是以输入保留信息的数量进行运算。这个问题对开发人员来说是一个很简单的小问题，可是如果测试人员未做好把关的工作，对用户来说就是一个很大的软件错误。

2. 软件使用不方便

只要是不知如何使用或难以使用的软件，在设计上一定是出了问题。好用的软件在使用上应尽量方便，使用户易于操作。例如，Microsoft 公司推出的软件，在用户接口及易用性上确实是下了一番功夫。有许多软件公司推出的软件，在彼此的使用接口上完全不同，这样的做法其实只会增加使用者的学习难度。

3. 软件的结构未做良好规划

这里的软件结构规划主要指的是软件是以自顶向下的方式开发，还是以自底向上的方式开发的。如果是以自顶向下的结构或方法开发的软件，在功能的规划及组织上比较完整，相反，以自底向上的组合方式开发出来的软件功能较为分散。举例来说，假设有一个软件提供了 3 个扫描的功能：实时扫描、手动扫描和全面扫描。就功能而言，这 3 种功能应该放到同一个扫描选项内。若实时扫描是后来增加的，而且提供了立即编辑的功能，它就会被独立出来成为另一个选项。这样将造成的结果是使许多的使用者误以为在实时扫描所做的立即编辑设置，应该可以适用于其他两种扫描功能上。

4. 功能不充分

功能不充分与功能不正常是不一样的。这里所指的是软件所提供的功能在运作上是正常的，可是对使用者而言却是不完整的。即使软件的功能运作结果符合设计规格的要求，系统测试人员在测试结果的判断上也要从使用者的角度进行思考。举一个例子，假设所测试的软件提供了数据处理功能，但是采用的是封闭式的 CodeBase 数据库。对开发人员来说，采用 CodeBase 的数据库对程序编写来说比较容易，经过测试之后也未发生其他的问题。可是在用户的环境下进行测试之后才发现，用户要求提供支持 SQL 数据库的功能，因为他们希望能够统一管理所有的信息。在这种情况下，系统测试人员必须将这个问题呈现出来，虽然现在要求增加这个需求已经太晚了，不过可以提供另一种解决方法，例如提供一个信息转换工具等。测试人员要随时对所进行测试的功能保持一个存疑的态度，因为这样的问题如果出现在开发的后期，所能提供的解决方式就很有限，所以早一点发现这样的问题对提高整个开发的质量帮助很大。这样的问题通常是由经验较丰富的测试人员发现的。

5. 与软件操作者的互动不良

一个好的软件必须与操作者之间正常互动。在操作者使用软件的过程中，软件必须很好地响应操作者。例如，在网络中浏览网页时，假设操作者正在某一个网页填写信息，但是所填写的信息不足或是有误,当操作者单击了"确定"按钮之后,网页此时响应操作者所填写的信息有错,可是并未指出错误在哪里,操作者只好回到上一页后重新填写一次,或是直接放弃离开。这个问题就是软件对操作互动方面未做完整的设计。对于属于窗口类型的软件,这一点也常常被忽略,例如操作者做任何更新或删除动作的前后,软件是否提供相应的信息给使用者?或是否对所执行的动作做确认?如提供确认窗口等。与操作者的互动原则就是所有的动作必须伴随着适当的响应。

6. 使用性能不佳

软件功能正常,但是使用性能不佳,这样的问题通常是由于开发人员采用了错误的解决方案,或是运用了不合适的算法所导致的。在实际测试中发现有不少错误都是因为采用了错误的解决方法。例如有一个软件属于Client/Server的企业软件,Server端将Client传递上来的信息做好分类处理。由于信息所包含的种类相当多,于是开发人员将它分别存入不同的信息文件内,例如Client A送给Server的信息种类有Al~A10,而Server就分别将信息存到10个不同的信息文件内。这样做的结果是造成使用者在进行信息查询时速度很慢,因为Server会逐一查找10个不同的信息文件内容来做对比。类似的例子相当多,大都是在进行系统测试或性能测试时才显现出问题的严重性,寻根究底是因为未做好基础审核及设计审核。

7. 未做好错误处理

软件除了避免出错之外,还要做好错误处理,许多软件之所以会产生错误是因为程序本身不知道如何处理所遇到的错误。例如,所测试的软件读取外部的信息文件并已做了一些分类整理,可是刚好读取的外部信息文件的内容已被损毁。当程序读取这个损毁的信息文件时发现问题,这时候操作系统不知如何处理这个状况,为了保护自己只好中断程序。由此可见应设立错误处理机制。对于上述问题,程序在读取外部信息文件之前,应该先检查外部信息文件是否损毁,这样的方法才比较保险。

8. 边界错误

缓冲区溢出问题在这几年来已成为网络攻击的常用方式,而这个错误就属于边界错误的一种。简单地说,程序本身无法处理超越边界所导致的错误。这个问题除了编程语言所提供的函数有问题之外,还有许多情形是开发人员在声明变量,或是使用边界范围时不小心引起的。下面是一个典型的缓冲区溢出的边界错误。

```
Void func(void)
{
int I:
char buffer[256];            'Buffer 定义为 256
for(I= 0;I< 512;I++ )        '越界
buffer[I]= 't';
return
}
```

9. 计算错误

只要是计算机程序就免不了包括数学计算。软件之所以会出现计算错误,大部分原因在于采用了错误的数学运算公式或未将累加器初始化为0。

10. 使用一段时间后产生的错误

这个问题就是程序刚开始运行时很正常,但在运行了一段时间后却出现问题。最典型的例子就是数据库的查找功能。有一些软件在刚开始使用时，所提供的信息查找功能运作良好，可是在使用了一段时间后，进行信息查找所需的时间就越来越长了。结果发现，程序采用的信息查找方式是顺序查找，随着数据库信息的增加，查找的时间当然会越来越长。

11. 控制流程的错误

控制流程的好与坏，考验着开发人员对软件开发的态度及设计的程序是否严谨。软件在状态间的转变是否合理，要依据流程进行控制。例如，用软件安装程序解释这样的问题是最容易的。用户在进行软件安装时，在输入用户名及一些其他信息后，软件就直接进行安装了，可是用户希望将软件安装在不同的磁盘驱动器或不同的目录之下，问题就出在安装程序并未向用户提供可以选择安装目的地的状态。这就是软件控制流程不完整的错误。

12. 在大数据量压力之下产生的错误

程序在处于大数据量状态下如果运作不正常的话，就是属于这种软件错误。大数据量压力测试对于 Server 级的软件是必须要进行的一项测试，因为 Server 级的软件对稳定度的要求远比其他的软件高。通常一连串的大数据量压力测试是必须实施的。例如，让程序处理超过 10 万条的信息，然后再来观察程序运行的结果。

13. 在不同硬件环境下产生的错误

如果所开发的软件与硬件设备有直接的关系，就可能产生对硬件环境的适应性问题。

14. 版本控制不良产生的错误

出现这样的问题是因为项目管理的疏忽，当然测试人员未恪守职责也是原因之一。例如，一个软件被反映有安全上的漏洞，后来软件公司也很快将这个问题的修改版提供给用户。但是一年后他们在推出新版本时，却忘记将这个已解决掉的问题加入新版本内。所以对用户来说，原本已经解决了的问题，想不到将版本升级之后，问题却又出现了。

15. 软件文档的错误

最后一个错误是软件文档错误。这里所提及的错误除了软件所附带的使用手册、说明文档，以及其他相关的软件文档内容错误之外，还包括了软件使用接口上的错误文字和错误用语。错误的软件文档内容除了降低软件质量之外，最主要的问题是会误导用户。

以上这些软件缺陷类型，必须通过软件测试工作来仔细识别。

6.2　正确面对软件缺陷

在软件测试过程中，软件测试人员必须确保测试过程发现的软件缺陷得以关闭。**注意：**这里说的是软件测试人员必须确保找出的软件缺陷得以关闭，而不是要软件缺陷得以修复。软件测试人员需要对自己找出的软件缺陷保持一种平常心态，并不是辛苦找出的每个软件缺陷都是必须修复的。测试是为了证明程序有错，而不是证明程序没错。不管测试计划多么完善和执行测试多么努力，也不能保证所有软件缺陷发现了就能修复。有些软件缺陷可能会完全被忽略，还有一些可能推迟到软件后续版本中修复。有些软件缺陷不被修复的原因如下：

1. 没有足够的时间

在实际开发过程中，经常出现用户对软件的完成提出一个时间期限。但通常是软件要实现的功能较多，而程序设计人员和软件测试人员较少，并且可能在项目进度中没有为编制和测试留出足够的时间。

2. 不算真正的软件缺陷

在某些特殊场合、错误理解、测试错误，或者说明书变更等，会使软件测试人员把一些软件缺陷不当做缺陷来对待。

3. 修复的风险太大

这种情形比较常见。软件本身是脆弱的，修复一个软件缺陷可能导致其他软件缺陷出现。在紧迫的产品进度压力之下，修改软件缺陷将冒很大的风险。不去理睬已知软件缺陷，以避免出现未知新缺陷的做法也许是安全的办法。

4. 不值得修复

不常出现和在不常用功能中出现，或者用户有办法预防，这样的软件缺陷通常不用修复。这些要归结为商业风险决策。

虽然软件测试人员需要对自己找出的软件缺陷保持一种平常心态，但同时又必须坚持有始有终的原则，跟踪每一个软件缺陷的处理结果，确保软件缺陷得以关闭。而缺陷是否需要修复的最终决定权在软件项目的负责人，但使得缺陷得以关闭的责任在测试人员。

6.3 软件缺陷的生命周期

软件缺陷从被测试人员发现一直到被修复，也经历了一个特有的生命周期阶段。下面是一个比较简单的软件缺陷生命周期的例子，系统地表示软件缺陷从被发现起经历的各个阶段：

① 测试人员找到并登记软件缺陷，软件缺陷被移交到程序修复人员。

② 程序修复人员修复软件中的软件缺陷，然后移交到测试人员。

③ 测试人员确认软件缺陷被修复，关闭软件缺陷。

当软件缺陷首先被软件测试人员发现时，被测试人员登记下来并指定程序员修复，该状态称为打开状态。一旦程序修复人员修复了代码，返回到测试人员手中，软件缺陷就进入了解决状态。然后测试人员执行回归测试，确认软件缺陷是否得以修复，如果是，就把软件缺陷关闭，软件缺陷进入最后的关闭状态。

在许多情况下，软件缺陷生命周期的复杂程度仅为软件缺陷被打开、解决和关闭。然而，在有些情况下，生命周期变得更复杂一些，如图 6-1 所示。

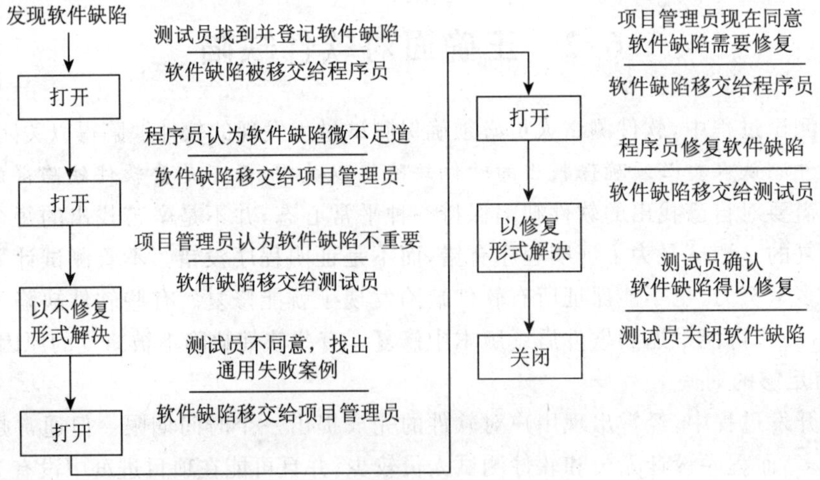

图 6-1 复杂的软件缺陷生命周期

在图6-1所示情况下，生命周期同样以测试人员打开软件缺陷并交给程序员开始，但是程序修复人员不修复它，认为该软件缺陷没有达到非修复不可的地步，交给项目管理员来决定。项目管理员同意程序修复人员的看法，把软件缺陷以“不要修复”的形式放到解决状态。测试人员不同意，查找并找出更明显、更通用的测试案例演示软件缺陷，重新打开它，交给项目管理员。项目管理员看到新的信息时，表示同意，并指定程序修复人员修复。于是，程序修复人员修复软件缺陷，完成后进入解决状态，并交给测试人员。测试人员确认修复结果，并关闭软件缺陷。

可以看到，软件缺陷可能在生命周期中经历数次改动和重申，有时反复循环。当然，每一个软件公司和项目都有自己的系统，但是图6-1所示的生命周期相当通用，能够覆盖常见的几乎所有软件缺陷生命周期。通用生命周期有以下两个附加状态。

(1) 审查状态

审查状态是指项目管理员或者委员会(有时称为变动控制委员会)决定软件缺陷是否应该修复。在某些项目中，这个过程直到项目行将结束时才发生，甚至根本不发生。注意，从审查状态可以直接进入关闭状态。如果审查发现软件缺陷太小，决定软件缺陷不应该修复，不是真正的问题或者属于测试失误，就会进入关闭状态。

(2) 推迟状态

审查可能认定软件缺陷应该在将来的同一时间考虑修复，但是在该版本软件中不修复。推迟修复的软件缺陷以后也可能证实很严重，要立即修复。此时，软件缺陷就重新被打开，再次启动整个过程。

大多数项目小组采用规则来约束由谁来改变软件缺陷的状态，或者交给其他人来处理软件缺陷。例如，只有项目管理员可以决定推迟软件缺陷修复，或者只有测试人员允许关闭软件缺陷。重要的是一旦登记了软件缺陷，就要跟踪其生命周期，不能跟丢了，并且提供必要信息驱使其得到修复和关闭。

6.4　软件缺陷的严重性和优先级

应该承认，在软件系统中，破坏用户数据的缺陷比简单的错别字缺陷更严重。但是假如数据破坏仅在用户几乎看不到的罕见特例中出现，而错别字会导致所有用户安装软件产生问题，在这种情况下，修复哪一个软件缺陷更重要？做出这样的决定就变得比较困难。如果每一个项目都有无限时间来进行修复的话，上述的两个缺陷都要修复，但事实上是不可能的。如本章前面所述，在每一个软件测试过程中都必须进行取舍，要承担一定的风险，以决定哪些软件缺陷需要修复，哪些不需要修复，哪些推迟到软件以后的版本中解决。在报告软件缺陷时，一般要讲明如何处置它们。测试人员要对软件缺陷分类，以简明扼要的方式指出其影响。经常使用的方法是给软件缺陷划分严重性和优先级。严重性表示软件缺陷的恶劣程度，反映其对产品和用户的影响；优先级表示修复缺陷的重要程度和应该何时修复。下面给出严重性和优先级的常用划分方法，它将有助于测试人员更好地理解两者之间的差异。当然，具体划分方法各个公司不尽相同，对于不同的软件公司，使用的等级数量是不同的，有些公司最多可使用10个等级，而有些公司只使用3个等级。然而，不论使用多少个等级，其目标都是一致的。

1. 严重性级别

① 致命错误,例如,导致系统崩溃、数据丢失、数据毁坏等。

② 一般性错误,例如,操作性错误、错误结果、遗漏功能等。

③ 次要错误,例如,错别字、用户接口布局、罕见故障等。

2. 缺陷优先级

① 最高优先级,指的是一些关键性错误,必须立即修复。

② 高优先级,在产品发布之前必须修复。

③ 中优先级,如果时间允许应该修复。

④ 低优先级,可能会修复,但是也可能会在发布的软件中。

例如,对于极少发生的数据毁坏软件缺陷应该划分为"严重性①,优先级③";引起用户误解的用户安装指南中的错别字应该划分为"严重性③,优先级②";只要一启动系统就崩溃的测试软件版本可能是"严重性①,优先级①";需要将软件界面的某按钮向页面下方再移动一点,那么它属于"严重性③,优先级④"。

这样的有关软件缺陷严重性和优先级信息,对于软件缺陷修复人员或修复小组审查缺陷报告和决定哪些软件缺陷应该修复、以何种顺序修复是极其重要的。如果一个程序员受命修复 25 个软件缺陷,他就应该从严重性为①的软件缺陷开始修复,而不是只修复最容易的。同样,如果两个项目管理员一个管理游戏软件,另一个管理心脏监视仪软件,虽然使用同样的信息,但是根据它却会做出不同的决定。其中一个会选择使软件更美观,执行速度更快的做法;另一个会选择使软件尽量可靠的做法。严重性和优先级信息是他们做这些决定的依据。

软件缺陷的优先级在项目期间是会发生变化的。例如,原来标记为优先级②的软件缺陷随着时间的推移,以及软件发布日期临近,可能变为优先级④。作为发现该软件缺陷的测试人员,需要继续监视缺陷的状态,确保自己可以同意对其所做的变动,并提供进一步测试数据来说服修复人员使其得以修复。

6.5 报告软件缺陷

6.5.1 报告软件缺陷的基本原则

在软件测试过程中,对于多数人发现的软件缺陷,要求测试人员简洁、清晰地把发现的问题报告给判断是否进行修复的小组,使其得到所需要的全部信息,然后才能决定怎么做。但是,由于软件开发模式不同和修复小组的不固定性,决定做怎样的修复或是否修复的过程要适用于每一个具体小组或者项目,这是不可能的。在许多情况下,决定权在项目管理员手上,还有一些情况,决定权在程序员手里,还有的留在会议上决定。一般地,由一些专门人员或者团队来审查发现的软件缺陷,判定是否修复。但是,无论什么情况,软件测试提供描述软件缺陷的信息对于做决定是十分重要的。若软件测试人员对软件缺陷描述不清楚,报告不够及时、有效,没有建立足够强大的案例来证明指定的软件缺陷必须修复,其结果可能使软件缺陷被误以为不是软件缺陷,或者被认为软件缺陷不够严重,不值得修复,或者认为修复风险太大等,产生各种误解。报告软件测试错误的目的是为了保证修复错误的人员可以重复报告的错误,从而有利于分析错误产生的原因,定位错误,然后修正。因此,报告软件测试错误的基本要求是准确、简洁、完整、规范。测试人员在报告软件缺陷方面要狠下工夫。报告软件缺陷的基本原则如下。

1. 尽快报告软件缺陷

软件缺陷发现得越早，留下的修复时间就越多。假定在软件发布之前几个月从帮助文档中找出一个错别字，该缺陷被修复的可能性就很高。图 6-2 所示为时间和缺陷之间的关系。

2. 有效地描述软件缺陷

对于测试工作中发现的软件缺陷，要求测试人员简洁、清晰、准确、完整、有效地描述出来。描述要准确反映错误的本质内容，简短明了地揭示错误实质，传达给修复小组，使得其得到所需要的全部信息，这样才能便于修复小组判断报告的软件缺陷是否应该立即进行修复。假如一个程序开发人员接到测试人员的一个报告："无论何时在登录对话框中输入一串随机字符，软件就开始乱。"这样的描述在没有说明随机字符是什么、一个字符有多长、产生什么奇怪现象的前提下，程序开发人员是不能开始修复这个软件缺陷的。为了便于寻找指定的测试错误，应记录缺陷或错误出现的位置，出现错误的前提和具体条件，以及错误发生时的用户界面(UI)情况等。例如，记录对话框的标题、菜单、按钮等控件的名称。要确定软件缺陷，必须对测试案例、测试过程进行准确、有效的描述。有效的软件缺陷描述要求如下。

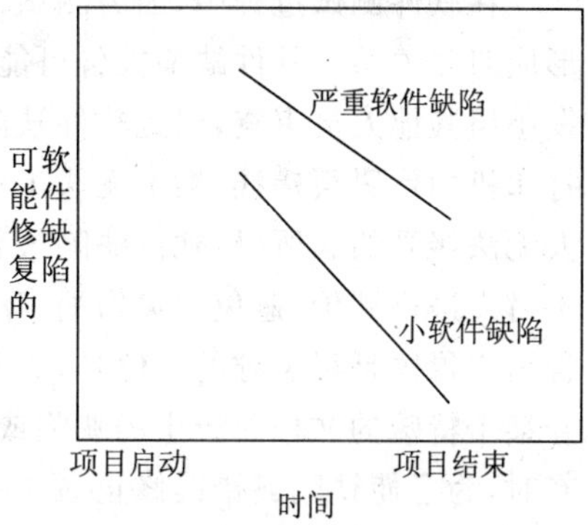

图 6-2　时间和缺陷之间的关系

(1) 简单与短小

通常，使用展示软件缺陷特例的复杂步骤描述的软件缺陷，得到修复的机会较小；而使用简单与短小、容易看懂的步骤描述的软件缺陷，得到修复的机会较大。所以，应尽量使用短语和短句，避免复杂句型句式。报告软件错误的目的是便于定位错误，所以要求客观地描述操作步骤，不需要修饰性的词汇和复杂的句型，只解释事实，描述软件缺陷必经的细节，增强可读性。像上面所说的"一串随机字符"，就没有给出说明问题的一系列明确步骤。如果不只一组输入或者操作导致软件缺陷，就应该给出一个例子，特别是给出能够帮助程序员找到原因的例子和线索。

(2) 明确指明错误类型

根据错误的现象，分析判断错误，明确指明错误的类型。例如，布局错误、判断条件错误、功能错误、字节错误等。

(3) 单　一

每一个报告只针对一个软件缺陷。如果在一个报告中报告多个软件缺陷，最容易出现的结果是，一般只有第一个软件缺陷受到注意和修复，而其他软件缺陷被忘记或者忽视。分别跟踪在同一报告中列出的多个软件缺陷也是不可能的。软件缺陷应该分别报告，而不是堆在一起，这说起来容易，但是做起来就不那么简单。例如，一个软件缺陷报告如下："联机帮助软件文档中下述 5 个单词拼写错误：……"显然，应该报告 5 个单独的软件缺陷。但是对于"登录对话框拒不接受大写字母的口令或者登录 ID"这是一个还是两个软件缺陷呢？从用户角度看，像是两个软件缺陷，一个针对口令，另外一个针对登录 ID。但是在代码级，这可能是一个问题，程序员没有正确地对大写字母进行处理。当出现疑问时，就要报告单个软件缺陷。虽然有时几个软件缺陷可能最终查明是同一个原因，但是在软件缺陷修复之前，并不知道导致该缺陷的原因，单独报告软件缺陷即使有错，也比延误或者忘记修复软件缺陷要好。

(4) 使用IT业界惯用的表达术语和表达方法

应尽量使用IT业界惯用的表达术语和表达方法，保证表达准确，体现专业化。

3. 在报告软件缺陷时不做任何评价

在软件测试过程中，因为测试人员是在寻找程序错误，所以测试人员和程序员之间很容易形成对立关系。软件缺陷报告可能以软件测试人员工作"成绩报告单"的形式由程序员或者开发小组其他人员审查，因此软件缺陷报告中应不带有倾向性以及个人的观点。例如，"你控制打印机的代码很糟糕，根本无法工作。我相信你在送来测试之前一点也没有检查"的报告是让人无法接受的。所以，软件缺陷报告应该针对产品本身，而不是针对具体的人。只陈述事实，不对人进行评价，避免幸灾乐祸、哗众取宠、个人倾向、自负、责怪。对于软件测试人员来说，报告语言得体是很关键的。但是，必要时可以附加特殊文档以及个人建议和注解。例如，如果打开某个特殊的文档而产生的缺陷或错误，则必须附加该文档，从而可以迅速再现缺陷或错误。有时，为了使缺陷或错误修正者进一步明确缺陷或错误的表现，可以附加个人的修改建议或注解。

4. 补充和完善软件缺陷报告

比没有找到重要软件缺陷更糟糕的情况是，测试人员发现了一个软件缺陷，并对它做了报告，然后把它忘掉了或者弄丢了。大家知道，软件测试是一件艰苦的工作，因此不要忽视自己的劳动成果，即找到的软件缺陷。从发现软件缺陷的那一刻起测试人员应该进行正确地报告，以使软件缺陷得到应有的重视。良好的测试人员会发现并随时记录许多软件缺陷。优秀的测试人员发现并记录了大量软件缺陷之后，应继续监视其修复的全过程。

以上概括了报告测试错误的规范要求，测试人员应该牢记上面这些关于报告软件缺陷的原则。这些原则几乎可以运用到任何交流活动中，尽管有时难以做到，然而，如果希望有效地报告软件缺陷，并使其得以修复，这些是测试人员要遵循的基本原则。随着软件的测试要求不同，测试者积累了相应的测试经验，将会逐渐养成良好的专业习惯，不断补充新的规范书写要求。此外，经常阅读、学习高级测试工程师的测试错误报告，结合自己以前的测试错误报告进行对比和思考，可以不断提高技巧。

6.5.2 IEEE软件缺陷报告模板

ANS/IEEE 829—1998标准定义了一个称为软件缺陷报告的文档，用于报告"在测试期间发生的任何异常事件"。简言之，就是用于登记软件缺陷。模板标准如图6-3所示。

1. 软件缺陷报告标识符

指定软件缺陷报告的唯一ID，用于定位和引用。

2. 软件缺陷总结

简明扼要地陈述事实，总结软件缺陷。给出所测试软件的版本引用信息、相关的测试用例和测试说明等信息。对于任何已确定的软件缺陷，都要给出相关的测试用例，如果某一个软件缺陷是意外发现的，也应该编写一个能发现这个意外软件缺陷的测试用例。

3. 软件缺陷描述

软件缺陷报告的编写人员应该在报告中提供足够多的信息，一般修复人员能够理解和再现事件的发生过程。下面是软件缺陷描述中的内容。

① 输入。描述实际测试时采用的输入（例如，文件、按键等）。

② 期望得到的结果。此结果来自于发生事件时，正在运行的测试用例的设计结果。

③ 实际结果。将实际运行结果记录在这里。

④ 异常情况。异常情况指的是实际结果与预期结果的差异有多大。它也记录一些其他数据（如果该数据显得非常重要的话），例如，有关系统数据量过小或者过大，一个月的最后一天等。

⑤ 日期和时间。软件缺陷发生的日期和时间。

⑥ 规程步骤。规程步骤是指明软件缺陷发生的步骤。如果使用的是很长的、复杂的测试规程，这一项就特别重要。

⑦ 测试环境。测试环境是软件测试时所采用的环境。例如，系统测试环境、验收测试环境、客户的测试环境、测试场所等。

IEEE 829—1998软件测试文档编制标准
软件缺陷报告模板
目录
1. 软件缺陷报告标识符
2. 软件缺陷总结
3. 软件缺陷描述
　3.1 输入
　3.2 期望得到的结果
　3.3 实际结果
　3.4 异常情况
　3.5 日期和时间
　3.6 软件缺陷发生步骤
　3.7 测试环境
　3.8 再现测试
　3.9 测试人员
　3.10 见证人
4. 影响

图 6－3　IEEE 软件缺陷报告模板

⑧ 再现尝试。再现尝试是指为了再现这次测试，做了多少次尝试。

⑨ 测试人员。进行这次测试的人员情况。

⑩ 见证人。了解此次测试的其他人员情况。

4. 影　响

软件缺陷报告的"影响"指出了软件缺陷对用户造成的潜在影响。在报告软件缺陷时，测试人员要对软件缺陷分类，以简明扼要的方式指出其影响。经常使用的方法是给软件缺陷划分严重性和优先级。当然，具体方法各个公司不尽相同，但是使用原则是一样的。测试实际经验表明，虽然可能永远都不能彻底克服在确定严重性和优先级过程中所存在的不精确性，但是通过在定义等级过程中对较小、较大和严重等主要特征进行描述，完全可以把这种不精确性减少到一定程度。

6.5.3　软件缺陷数据库跟踪系统

至此，已经了解到软件缺陷报告过程是很复杂的，需要大量信息、详尽的细节和很好的组织工作，才能有所成效。在实际软件测试工作中，为了更高效地记录发现的软件缺陷，并在软件缺陷的整个生命周期中对其进行监控，常常运用软件缺陷跟踪系统。

软件缺陷跟踪数据库最常用的功能，除了输入软件缺陷之外，就是通过执行查询来获得需要的软件缺陷清单。软件缺陷数据库可能存放了成千上万的软件缺陷，在如此大型的清单中手工排序是不可能的。在数据库中存放软件缺陷的好处是使查询成为简单工作。这个软件缺陷数据库的查询构造器和其他大多数的同类一样，利用逻辑与、逻辑或和括号构建具体要求。从查询的软件缺陷清单中可以看到缺陷 ID 号、标题、状态、优先级、严重性、解决方案和产品名称等查询结果。在大多数情况下，这些就是所需的全部信息，但是在另一些情况下，可能希望细节再多一些或者少一些，在软件缺陷数据库中还可以通过使用导出窗口挑选希望存入文件的字段。例如，如果只想获得简单的软件缺陷列表，就可以导出只有软件缺陷 ID 号以及标题的简易清单；如果要参加讨论软件缺陷的会议，就应该保存软件缺陷 ID 号、标题、优先级、严重性以及指定的人员等字段。

总之，通过使用软件缺陷跟踪数据库，不但可以进行查询，还可以找出发现的软件缺陷类型，发现软件缺陷的速度，以及多少软件缺陷已经得到了修复，能够提取各种实用和关心的数据，可以显示测试工作的成效和项目的进展情况。测试人员或者项目管理员可以看出数据中是否有趋势显示需要增加测试的区域，或者测试工作是否符合预先所制定的测试计划的进程等。

6.5.4 手工报告和跟踪软件缺陷

显然，在软件测试工作中，每个测试用例的结果都必须进行记录。如果使用软件缺陷数据库跟踪系统，那么测试工具将自动记录软件缺陷的相关信息。如果测试是采用手工记录和跟踪软件缺陷，那么有关软件缺陷的信息可以直接记录在相应的文档中。图 6－4 所示的是根据 ANS/IEEE 829—1998 标准设计的软件缺陷报告文档。

公司名称：________ BUG报告：________ BUG#：________

软件：________ 版本：________

测试员：________ 日期：________

严重性：________ 优先级：________ 是否会重现：是 否

标题：________

描述：________

解决方法：________

解决日期：________ 解决人：________ 版本号：________

解决描述：________

重新测试人：________ 测试版本号：________ 测试日期：________

重新测试描述：________

签名：

策划：________ 测试：________

编程：________ 项目管理：________

销售：________ 技术支持：________

图 6－4　缺陷报告文档

这是个只有一页的表单，可以容纳标识和描述软件缺陷的各种必要的信息。它还包括用于在生命周期中跟踪软件缺陷的项目。表单一旦由测试人员填好，就可以交给软件缺陷修复人员进行修复了。软件缺陷修复人员可填写关于修复信息的项目，包括可能的解决方案的选择等内容。还有，一个项目一旦解决了软件缺陷，软件测试人员可以在此提供重新测试和关掉软件缺陷所做工作的信息。表单底端是签名区，在许多行业中，当缺陷被满意地解决时就要在这一行签上软件测试人员的名字。对于一些小型的项目，此类表单完全可以胜任。对于任务严格的大型项目，也可以根据需要增加相关信息，以满足各自的特殊需求。

6.6　分离和再现软件缺陷

测试人员要想有效报告软件缺陷，就要对软件缺陷以明显、通用和再现的形式进行描述。在许多情况下这很容易做到。假定有一个画图程序的简单测试案例，检查绘画可以使用的所有颜色。如果每次选择红色，程序都用绿色绘画，这就是明显的和可再现的软件缺陷。但是如果这个颜色错误的软件缺陷仅在执行一些其他测试案例之后出现，而在启动机器之后直接执行专门的测试案例时不出现，对于这样随机出现的软件缺陷，应该怎么办？

分离和再现软件缺陷是考验软件测试人员专业技能的地方，测试人员应该设法找出缩小问题范围的具体步骤。对测试人员有利的情况是，若建立起绝对相同的输入条件时，软件缺陷就会再次出现，不存在随机的软件缺陷。不利的情况是，要想验明和建立起绝对相同的输入条件。要求技巧性非常高，而且非常耗时。但是，一旦确定了输入条件，再现软件缺陷就很容易了。当不知道输入条件时，就很难再现软件缺陷。

某些测试人员擅长分离和再现软件缺陷。他们可以非常迅速地找出缩小问题范围的具体步骤和条件，找到软件缺陷。而对于其他测试人员而言，这种技巧要经过寻找和报告各种类型软件缺陷的锻炼才能获得。要想成为卓有成效的软件测试人员，要抓住每一个机会去分离和再现软件缺陷，来锻炼自己，培养这种技巧。

如果找到的软件缺陷要采取繁杂的步骤才能再现，或者根本无法再现，碰到这种情况，可采取如下的方法来分离和再现软件缺陷。实践证明这些方法对测试人员是有所帮助的。

(1) 不要想当然地接受任何假设

测试人员应该记下测试过程中所做的每一个步骤、每一次停顿、每一件工作。在测试过程中很容易出现无意间丢掉一个步骤，或者增加一个多余步骤的情况。可以尝试请一个合作者来观看你进行测试，并利用按键和鼠标的操作来记录程序执行和回放的步骤。如果有必要，也可以使用摄像机记录测试画面。所有这让一切工作的目标就是确保导致软件缺陷所需的全部细节再现。

(2) 注意时间和运行条件上的因素

软件缺陷是否仅在某个特定时刻出现；输入数据的速度是否一致；使用的是慢速的软盘还是高速的硬盘来保存数据；测试工作中看到软件缺陷时网络是否繁忙；在运行较慢和较快的硬件上有否分别尝试测试案例；测试的时序等。这些时间和运行条件上的因素，将直接影响软件缺陷的分离和再现。

(3) 注意软件的边界条件、内存容量和数据溢出的问题

在测试过程中一些与边界条件相关的软件缺陷，内存容量不足和数据溢出等问题也许慢慢会自己无意间显露出来。例如，执行某个测试可能导致数据覆盖，但是只有在试图使用该数据时才会发现，也许在后面的测试中不会再出现同样的软件缺陷。当重新启动计算机后软件缺陷就

消失了，而仅在执行其他测试之后又出现了软件缺陷，便属于这一类。如果发生这种现象，就要利用一些动态的白盒子技术查看前面进行的测试，以确定软件缺陷是否在无意间发生了。

(4) 注意事件发生次序导致的软件缺陷

状态缺陷仅在某些特定软件状态中才能够显示出来。例如，软件缺陷仅在第一次运行，或者第一次运行之后出现；软件缺陷可能出现在保存数据之后，或者接任何键之前发生。这样的软件缺陷看起来很像与时间和运行条件相关，其实仔细分析就会发现这类软件缺陷主要是与事件发生的次序相关，而不是事件发生的时间。

(5) 考虑资源依赖性和内存、网络、硬件共享的相互作用

在测试过程中注意观察软件缺陷是否在运行其他软件时，或与其他硬件通信的“繁忙”系统上出现。审视软件对资源依赖性和内存、网络、硬件共享的相互作用，考虑这些影响有利于分离软件缺陷。

(6) 不要忽视硬件

在测试过程中应注意硬件对软件的影响。例如，硬件性能的下降、不按预定方式工作、板卡松动、内存条损坏，或者 CPU 过热等，导致软件运行不正常。从现象上看起来像是软件缺陷，但事实上并不是。测试人员必须设法在不同硬件上运行软件，看是否能够再现软件缺陷。这在执行配置，或者兼容性测试时特别重要。测试人员应该知道软件缺陷是在一个硬件系统环境下还是在多个硬件系统环境下显现。

如果测试人员尽了最大努力分离软件缺陷，还是无法制作简明的再现步骤，那么仍然要记录软件缺陷，以免跟丢了。程序员利用测试人员提供的信息，可能很容易就能够找出问题所在。由于程序员熟悉代码，因此看到症状、测试案例步骤，特别是努力分离问题的过程时，可能就会发现查找软件缺陷的线索。当然，程序员不应该，也不必对发现的每一个软件缺陷都这样做。但是，当遇到这些难以分离的问题时，就需要测试小组的共同努力。

6.7 测试总结报告

测试总结报告的目的是总结测试活动的结果，并根据这些结果对测试进行评价。这种报告是测试人员对测试工作进行总结，并识别出软件的局限性和发生失效的可能性。在测试执行阶段的末期，应该为每个测试计划准备一份相应的测试总结报告。本质上讲，测试总结报告是测试计划的扩展，起着对测试计划“封闭回路”的作用。应该说，完成测试总结报告并不需要投入大量的时间，实际上，包含在报告中的信息绝大多数都是测试人员在整个软件测试过程中需要不断收集和分析的信息。图 6-5 所示的是符合 IEEE 829—1998 软件测试文档编制标准的测试总结报告模板。

IEEE 标准829—1998软件测试文档编制标准
测试总结报告模板

目录

1. 测试总结报告标识符
2. 总结
3. 差异
4. 综合评估
5. 结果总结
   5.1 已解决的意外事件
   5.2 未解决的意外事件
6. 评价
7. 建议
8. 活动总结
9. 审批

图 6-5 测试总结报告模板

1. 测试总结报告标识符

报告标识符是一个标识报告的唯一 ID，用来测试总结报告管理、定位和引用。

2. 总　结

这部分内容主要概要说明发生了哪些测试活动，包括软件版本的发布、环境等。这部分内容通常还包括：测试计划、测试设计规格说明、测试规程和测试用例提供的参考信息。

3. 差　异

这部分内容主要是描述计划的测试工作与真实发生的测试之间存在的所有差异。对于测试人员来说，这部分内容相当重要，因为它有助于测试人员掌握各种变更情况，并使测试人员对今后如何改进测试计划过程有更深的认识。

4. 综合评估

在这一部分中，应该对照在测试计划中规定的准则，对测试过程的全面性进行评价。这些准则是建立在测试清单、需求、设计、代码覆盖，或这些因素的综合结果基础之上的。在这里，需要指出那些覆盖不充分的特征，或者特征集合，也包括对任何新出现的风险进行讨论。在这部分内容里，还需要对所采用的测试有效性的所有度量进行报告和说明。

5. 结果总结

这部分内容用于总结测试结果。应该标识出所有已经解决的软件缺陷，并总结这些软件缺陷的解决方法。还要标识出所有未解决的软件缺陷。这部分内容还包括与缺陷及其分布相关的度量。

6. 评　价

在这一部分中，应该对每个测试项，包括各个测试项的局限性进行总体评价。例如，对于可能存在的局限性，可以用这样一些语句来描述："系统不能同时支持100名以上的用户"，或者"如果吞吐量超出一定的范围，性能将会降至……"。这部分内容可能还会包括：根据系统在测试期间所表现出的稳定性、可靠性，或对测试期间观察到的失效的分析，对失效可能性进行的讨论。

7. 活动总结

总结主要的测试活动和事件。总结资源消耗数据，比如，人员配置的总体水平、总的机器时间，以及花在每一项主要测试活动上的时间。这部分内容对于测试人员来说十分重要，因为这里记录的数据，可以提供估计今后测试工作量所需的信息。

8. 审　批

在这一部分中，列出对这个报告享有审批权的所有人员的名字和职务。留出用于署名和填写日期的位置。理想情况下，希望审批这个报告的人员与审批相应的测试计划的人员相同，因为测试总结报告是对相应的计划所勾勒的所有活动的总结。通过签署这份文档，这些审批人员表明自己对报告中所陈述的结果持肯定态度，这份报告代表所有审批人的一致意见。如果有些评审人对这份报告的看法存有细微的分歧，他们也会签署这份文档，并可在文档中注明出自己与他人存在的分歧意见。

6.8　测试的评测

测试的评测方法主要包括覆盖评测和质量评测。覆盖评测是对测试完全程度的评测，它建立在测试覆盖基础上，测试覆盖是由测试需求和测试用例的覆盖或已执行代码的覆盖表示的。质量评测是对测试对象的可靠性、稳定性以及性能的评测。质量建立在对测试结果的评估和对测试过程中确定的缺陷及缺陷修复的分析基础上。

6.8.1 覆盖评测

覆盖评测指标是用来度量软件测试的完全程度的，所以可以将覆盖用做测试有效性的一个度量。最常用的覆盖评测是基于需求的测试覆盖和基于代码的测试覆盖，它们分别是指针对需求(基于需求的)或代码的设计/实施标准(基于代码的)而言的完全程度评测。

系统的测试活动应建立在一个测试覆盖策略基础上。如果需求已经完全分类，则基于需求的覆盖策略可能足以生成测试完全程度的可计量评测。例如，若已经确定了所有性能测试需求，则可以引用测试结果来得到评测，如已经核实了75%的性能测试需求；如果应用基于代码的覆盖，则测试策略是根据测试已经执行的源代码的多少来表示的。两种评测都可以手工计算得到，或通过测试自动化工具计算得到。

1. 基于需求的测试覆盖

基于需求的测试覆盖在测试过程中要评测多次，并在测试过程中，每一个测试阶段结束时给出测试覆盖的度量。例如，计划的测试覆盖、已实施的测试覆盖、已执行成功的测试覆盖等。

基于需求的测试覆盖率通过以下公式计算：

$$测试覆盖率 = T^{(p,i,x,s)}/\mathrm{RfT}\%$$

其中，T 为用测试过程或测试用例表示的已计划的、已实施的或成功的测试需求数；RfT 为测试需求的总数。

在制订测试计划活动中，将计算计划的测试覆盖，其计算方法如下：

$$计划的测试覆盖率 = T^{p}/\mathrm{RfT}\%$$

其中，T^p 为用测试过程或测试用例表示的计划测试需求数。

在实施测试过程中，计算测试覆盖时使用以下公式：

$$已执行的测试覆盖率 = T^{i}/\mathrm{RfT}\%$$

其中，T^i 是用测试过程或测试用例表示的已执行的测试需求数。

在执行测试活动中，确定成功的测试覆盖率(即执行时未出现失败的测试，如没有出现缺陷或意外结果的测试)评测通过以下公式计算：

$$成功的测试覆盖率 = T^{s}/\mathrm{RfT}\%$$

其中，T^s 是用完全成功、没有缺陷的测试过程或测试用例表示的已执行测试需求数。

在执行测试过程中，经常使用两个测试覆盖度量指标，一个是确定已执行的测试覆盖率，另一个是确定成功的测试覆盖率，即执行时未出现失败的测试覆盖率。例如，没有出现缺陷或意外结果的测试所计算出的测试覆盖率。这个测试覆盖的指标是很有意义的，可以将其与已定义的成功标准进行对比。如果不符合该标准，则该指标可成为预测剩余测试工作量的基础。

2. 基于代码的测试覆盖

基于代码的测试覆盖评测是测试过程中已经执行的代码的多少，与之相对应的是将要执行测试的剩余代码的多少。代码覆盖可以建立在控制流(语句、分支或路径)或者数据流的基础上。控制流覆盖的目的是测试代码行、分支条件、代码中的路径，或者软件控制流的其他元素等。数据流覆盖的目的是通过对软件的操作来测试数据状态是否有效，例如，数据元素在使用之前是否已做定义等。许多测试专家认为，一个测试小组在测试工作中所要做的最为重要的事情之一就是度量代码的覆盖情况。

基于代码的测试覆盖率通过以下公式计算：

$$\text{基于代码的测试覆盖率} = T^e/\mathrm{Tlic}\%$$

其中，T^e是用代码语句、代码分支、代码路径、数据状态判定点或数据元素名表示的已执行代码数。Tlic 是代码的总数。

基于代码的测试覆盖评测也可以使用代码覆盖工具来实现，如今这些工具的用户界面友好，操作十分方便。这些工具可以度量语句、分支，或路径的覆盖情况，提示开发人员或测试人员，测试用例已经或者还未执行过哪些语句、路径或分支。

在软件测试工作中，进行基于代码的测试覆盖评测这项工作极有意义，因为任何未经测试的代码都是一个潜在的不利因素。在一般情况下，代码覆盖运用于较低的测试等级(例如单元和集成级)时最为有效。这些测试等级通常是由开发人员来进行的(这是一个不错的选择，因为对代码中未测试到的部分进行分析的工作，最好是由对代码最了解的人来完成)。即使是在使用了代码覆盖工具的情况下，也应该在根据代码本身来设计测试用例之前，先设计单元测试用例，以覆盖程序规格说明的所有属性。

在很多软件公司中，都把代码覆盖当成首要的度量。有些公司可能会不惜花费很大的成本，努力将覆盖率从 85%提高到 90%，不可否认这种做法不是坏事。但是，保证已经测试过的这 90%代码的"正确性"才是至关重要的。也就是说，即使是使用代码覆盖度量，也需要采用某种类型的基于风险的方法。即使代码覆盖率达到了 100%的指标，也同样需要这样做，因为首先对关键构件进行测试，并修复其中存在的各种软件缺陷，是非常有益的。在实际测试过程中，能够看到覆盖率从50%上升到了 90%无疑是一条有用的信息，但是覆盖率从50%上升到51%的情况到底有多大的价值，却不甚明了。换句话说，如果使用了基于风险的技术，保证风险最高的构件能够首先得到测试，那么，覆盖率的每一次上升都具有或多或少的"可知"价值。如果测试不是建立在风险的基础之上，就很难了解覆盖率的一次上升所蕴涵的意义。还有这样一个有趣的现象：使覆盖率从 95%上升到 100%所付出的代价，比使覆盖率从 50%上升到 55%所付出的代价要高。如果使用了基于风险的技术，那么最后这一点收益就不会让测试工作花费太多的成本，影响最后测试的这 5%也是风险最低的 5%。也许，这只是在根据建立和运行这部分增加的测试所需要的资源来权衡这些测试的价值。但是，无论如何都要坚持到最后，这就是关于测试的一切！

但是，仅仅凭借执行了所有的代码，并不能为软件质量提供保证。也就是说，即使所有的代码都在测试中得到执行，并不能担保代码是按照客户需求和设计的要求去做了。

在一个极为典型的软件开发过程中，用户的要求被记录下来作为需求规格说明，而需求规格说明随后被用来进行设计，并且在设计的基础上编写代码。通过对代码进行测试，可以了解代码是否与设计相匹配，但不能证明设计是否满足需求。而基于需求的测试用例就能够显示需求是否得到了满足，设计是否与需求相匹配。所以，归根结底最重要的是要根据代码、设计和需求来构造测试用例。很明显，只是使用了基于代码的测试覆盖评测，并不能说明软件满足了需求。

6.8.2 质量评测

测试覆盖的评测提供了对测试完全程度的评价，它在测试过程中对已发现缺陷的评测提供了最佳的软件质量指标。因为质量是软件与需求相符程度的指标，所以在这种环境中，缺陷被标识为一种更改请求，在此更改请求中的测试对象是与需求不符的。

缺陷评测可能建立在各种方法上，这些方法种类繁多，从简单的缺陷计数到严格的统计建模不一而足。

常用的测试有效性度量是围绕缺陷分析来构造的。缺陷分析就是分析缺陷在与缺陷相关联的一个或者多个参数值上的分布。缺陷分析提供了一个软件可靠性指标，这些分析为揭示软件可靠性的缺陷趋势或缺陷分布提供了判断依据。

对于缺陷分析，常用的缺陷参数有以下 4 个：

- 状态：缺陷的当前状态（打开的、正在修复的或关闭的等）；
- 优先级：表示修复缺陷的重要程度和应该何时修复；
- 严重性：表示软件缺陷的恶劣程度，反映其对产品和用户的影响等；
- 起源：导致缺陷的原因及其位置，或排除该缺陷需要修复的构件。

缺陷分析通常用以下 3 类形式的度量提供缺陷评测：

- 缺陷发现率；
- 缺陷潜伏期；
- 缺陷密度。

对软件缺陷生成的这些评测将评估当前软件的可靠性，并且可以预测继续进行测试并排除缺陷时可靠性是如何增加的。

1. 缺陷发现率

缺陷发现率是将发现的缺陷数量作为时间的函数来评测，即创建缺陷趋势图，如图 6－6 所示。在该趋势图中，时间显示在 x 轴上，而在此期间发现的软件缺陷数目显示在 y 轴上，图中的曲线显示发现的软件缺陷如何随着时间的推移而变化。

许多软件公司都把缺陷发现率当做确定一个软件产品是否发布的重要度量。如果缺陷发现率降到规定水平以下，通常都会认为产品已经做好了发布准备。在实际工作中，当发现率呈下降趋势时，一般都是一个不错的信息，但是，必须提防其他可能导致发现率下降的因素，例如，工作量减少、没有新的测试用例等。所以，重要决策往往要依据不止一个支撑性度量。

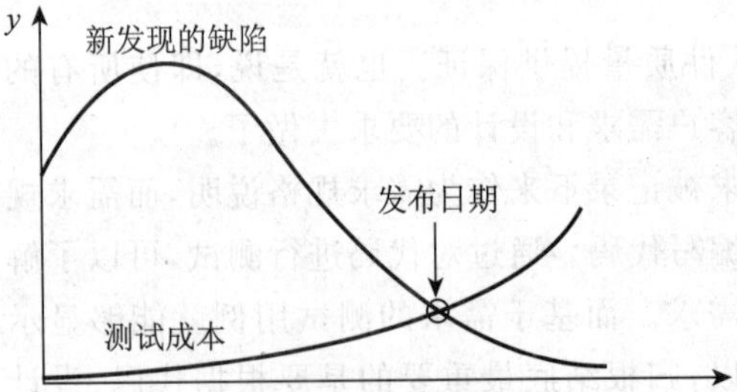

图 6－6　缺陷发现率

在图 6－6 中可以看到，在测试工作中，缺陷趋势遵循着一种比较好预测的模式。在测试的初期，缺陷率增长很快，在达到顶峰后，就随时间增加以较慢的速率下降。当发现的新缺陷的数量呈下降趋势时，如果假设工作量是恒定的，那么每发现一个缺陷所消耗的成本也会呈现出上升的趋势。所以，到某一个点以后，继续进行测试，需要的成本将会增加。此时的工作就是对出现这种情况的时间进行估计，当缺陷发现率随着测试进度和修复进度而最终减少时，可以设定一个阈值，在缺陷发现率低于该阈值时，即可以发布该软件产品。

但是，因为未发现的缺陷的性质、严重程度等还是不可知的。在测试工作中，如果采用基于风险的技术，可以在一定程度上弥补其中的不足。诚然，时间或预算的耗尽可能是终止测试的一个十分现实的原因，但是，在实际软件开发中，并不是一定要追求产品的完美实现，往往仅是要让产品风险达到可以接受的范围内。有时候，由于竞争或现有系统的失效等因素，交付一个尽善尽美产品的风险，可能会大于交付一个有一点瑕疵的产品的风险。实际上，还使用另一个非常有用的度量来确定系统是否能够发布，即评测测试中所发现缺陷的严重程度的趋势。如果采用基于风险的技术，不但能够期待缺陷发现率下降，而且还能够期望发现缺陷的严重程度也下降。如果没有观察到这种趋势，则说明系统还不能交付使用。

2. 缺陷潜伏期

测试有效性的另外一个有用的度量是缺陷潜伏期，通常也称为阶段潜伏期。缺陷潜伏期是一种特殊类型的缺陷分布度量。在实际测试工作中，发现缺陷的时间越晚，这个缺陷所带来的损害就越大，修复这个缺陷所耗费的成本就越多。所以，在一项有效的测试工作中，发现缺陷的时间往往都会比一项低效的测试工作要早。表 6-1 为一个项目的缺陷潜伏期的度量。在一个实际项目中，可能需要对这个度量进行适当的调整，以反映特定的软件开发生命周期的各个阶段、各个测试等级的数量和名称。例如，在总体设计的评审过程中发现的需求缺陷，其阶段潜伏期可以指定为 1。如果一个缺陷在对产品进行试运行之前都没被发现，就可以将它的阶段潜伏期指定为 8。

表 6-1　一个项目的缺陷潜伏期的度量

缺陷造成阶段	发现阶段									
	需　求	总体设计	详细设计	编　码	单元测试	集成测试	系统测试	验收测试	试运行产品	产品发布
需　求	0	1	2	3	4	5	6	7	8	9
总体设计		0	1	2	3	4	5	6	7	8
详细设计			0	1	2	3	4	5	6	7
编　码				0	1	2	3	4	5	6
总　计										

表 6-2 为一个项目的缺陷分布情况（按缺陷造成阶段和缺陷发现阶段）。在这个例子中，在总体设计、详细设计、编码、系统测试、验收测试、试运行产品和发布产品中分别发现了 8 个、4 个、1 个、5 个、6 个、2 个和 1 个需求缺陷。如果从来没有通过分析缺陷来确定缺陷的引入时间，那么，从这个统计表可以看出，统计一个项目的缺陷分布情况是一项很细致的工作。

按照缺陷产生阶段和缺陷发现阶段统计了一个项目的缺陷分布情况后，根据软件开发生命周期的各个阶段缺陷潜伏期度量的加权值，可以对缺陷发现过程的有效性和修复软件缺陷所耗费的成本等进行评测。这里采用了一个缺陷损耗的概念，缺陷损耗是使用阶段潜伏期和缺陷分布来度量缺陷消除活动的有效性的一种度量。缺陷消耗可使用下面公式计算：

缺陷消耗＝缺陷数量×发现的阶段潜伏期加权值/缺陷总量

表 6-2　一个项目的缺陷分布情况

缺陷造成阶段	发现阶段										缺陷总量
	需　求	总体设计	详细设计	编　码	单元测试	集成测试	系统测试	验收测试	试运行产品	产品发布	
需　求	0	8	4	1	0	0	5	6	2	1	27
总体设计		0	9	3	0	1	3	1	2	1	20
详细设计			0	15	3	4	0	0	1	8	31
编　码				0	62	16	6	2	3	20	109
总　计	0	8	13	19	65	21	14	9	8	30	187

表 6-3 为一个项目的各个缺陷损耗值，它们依据的是经过缺陷潜伏期加权的已发现的缺陷数。例如，在验收测试期间发现了 9 个缺陷。在这 9 个缺陷中，有 6 个缺陷是在项目的需求阶段造成的。因为在验收测试期间发现的这些缺陷可以在此前的 7 个阶段中的任何一个阶段被发现，所以，将在验收测试阶段之前，一直保持隐藏状态的需求缺陷加权值设为 7。这样，在验收测试期间发现的需求缺陷的加权数值为 42(即 6×7=42)。

表 6-3　一个项目的各个缺陷损耗值

缺陷造成阶段	发现阶段										缺陷损耗
	需　求	总体设计	详细设计	编　码	单元测试	集成测试	系统测试	验收测试	试运行产品	发布产品	
需　求	0	8	8	3	0	0	30	42	16	9	4.3
总体设计		0	9	6	0	4	15	6	14	8	2.1
详细设计			0	15	6	12	0	0	6	42	2.6
编　码				0	62	32	18	8	15	120	2.7
总　计											2.7

一般而言，缺陷损耗的数值越低，说明缺陷的发现过程越有效(最理想的数值应该为 1)。作为一个绝对值，缺陷损耗几乎没有任何意义，但是当用缺陷损耗来度量测试有效性的长期趋势时，它就会显示出自己的价值。

3. 缺陷密度

软件缺陷密度是一种以平均值估算法来计算出软件缺陷分布的密度值。程序代码通常是以千行为单位的，软件缺陷密度是用下面公式计算的：

软件缺陷密度=软件缺陷数量/代码行或功能点的数量

例如，某个项目有 200 千行代码，软件测试小组在测试工作中共找出 900 个软件缺陷，其软件缺陷密度计算出来是 4.5(900÷200=4.5)，也就是说每千行的程序代码内，就会产生 4.5 个缺陷。

图 6-7 为一个项目的各个模块中每千行代码的缺陷密度。从图中可以看出，模块 D 的缺陷密集度较高。经验告诉人们，在一个系统中曾经发现过大量的缺陷的那些部分，即使是经过测试的初始阶段，并对缺陷进行修复之后，也会继续存在大量的缺陷。因此，这个缺陷密度信

息将有助于测试人员把更多的注意力集中到系统中存在问题的(也即易于发生错误的)那些部分。

但是,在实际评测中,缺陷密度这种度量方法是极不完善的,度量本身是不充分的。一些测试人员试图将测试中发现的缺陷数量当做测试有效性的一个度量,这里边存在的主要问题是:所有的缺陷并不都是均等构造的。各个软件缺陷的恶劣程度,及其对产品和用户影响的严重程度,以及修复缺陷的重要程度有很大差别,有必要对缺陷进行"分级、加权"处理,给出软件缺陷在各严重性级别或优先级上的分布作为补充度量,这样将使这种评测更加充分,更有实际应用价值。因为在测试工作中,大多数的缺陷都记录了它的严重程度的等级和优先级,所以这个问题通常都能够很好解决。例如,图 6-8 所示的缺陷分布图表示软件缺陷在各优先级上所应体现的分布方式。

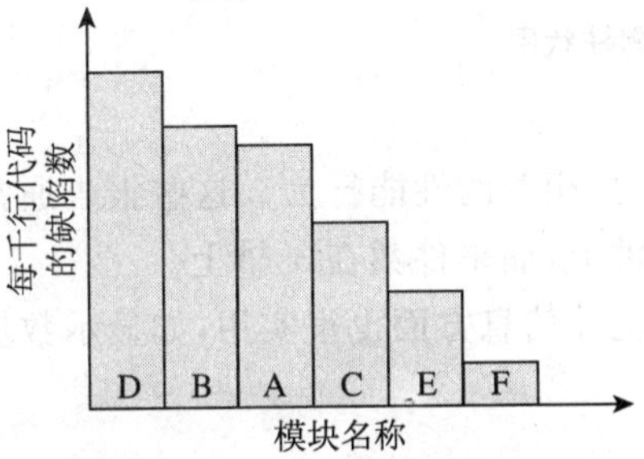

图 6-7　各个模块中每千行代码的缺陷密度

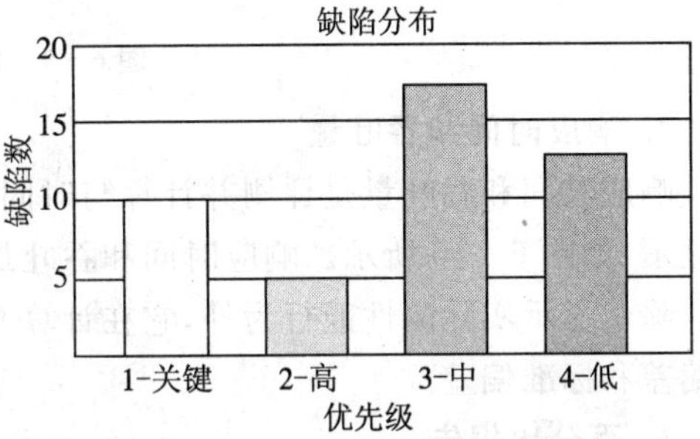

图 6-8　各优先级上软件缺陷分布图

软件缺陷评测用来度量测试的有效性,以及通过生成的各种度量来评估当前软件的可靠性;此外,在继续测试并排除缺陷时,软件缺陷测评还可以有效地预测当前软件的可靠性和如何增长。但是,这些度量本身是不充分的,在评测中需要用覆盖评测度量做补充,当与测试覆盖评测结合起来时,缺陷分析可提供出色的评估,测试完成的标准也可以建立在此评估基础上。

6.8.3　性能评测

评估测试对象的性能行为时,可以使用多种评测,这些评测侧重于获取与行为相关的数据,如响应时间、计时配置文件、执行流、操作可靠性和限制。这些评测主要在评估测试活动中进行评估,但是也可以在执行测试活动中使用性能评测来评估测试进度和状态。

主要的性能评测包括以下几点:

- 动态监测:在测试执行过程中,实时获取并显示正在执行的各测试用例的状态。
- 响应时间和吞吐量:测试对象针对特定测试用例的响应时间或吞吐量的评测。
- 百分比报告:数据已收集值的百分比计算与评测。
- 比较报告:代表不同测试执行情况的两个(或多个)数据集之间的差异或趋势。
- 追踪和配置文件报告:测试用例和测试对象之间的消息和会话详细信息。

1. 动态监测

动态监测通常以柱状图或曲线图的形式提供实时显示/报告。该报告用于在测试执行过程中,通过显示当前的情况、状态以及测试用例正在执行的进度来监测或评估性能测试执行情况。

例如,在图 6-9 所示柱状图中,有 80 个测试用例正在执行。图 6-9 所示,有 14 个测试用例处于空闲状态，12 个处于查询状态，34 个处于 SOL 执行状态，4 个处于 SOL 连接状态，16 个处于其他状态。随着测试的进行，将看到各状态的数量会发生变化。显示的输出将是正常执行且正在执行中的典型测试执行。但是，如果在测试执行过程中，测试用例始终保持一种状态或没有显示任何变化，则表明测试执行发生问题或者需要实施或执行其他性能评测。

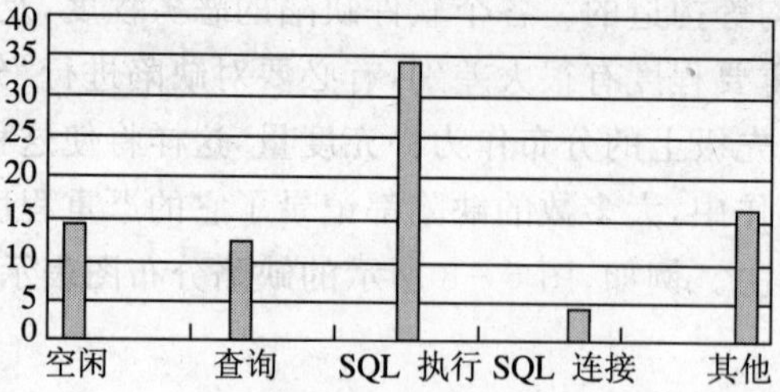

图 6-9　缺陷检测柱状图

2. 响应时间和吞吐量

响应时间和吞吐量是评测并计算与时间和吞吐量相关的性能行为。这些报告通常用曲线图显示，如图 6-10 所示。响应时间和吞吐量在 y 轴上，而事件数在 x 轴上。

除了显示实际的性能行为外，它在计算并显示统计信息方面也很实用，如显示数据值的平均偏差和标准偏差。

3. 百分比报告

百分比报告通过显示已收集数据类型的各种百分比值，提供了另一种性能统计计算方法，如图 6-11 所示。

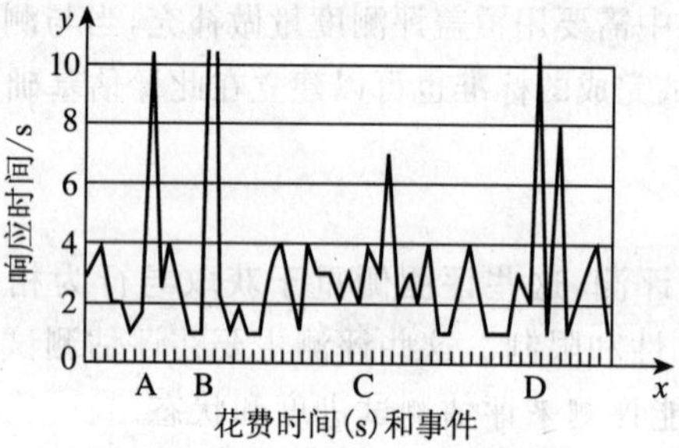

图 6-10　响应时间曲线

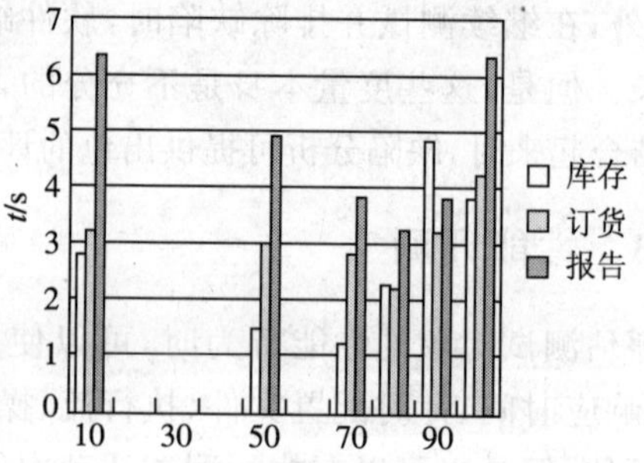

图 6-11　数据类型的各种百分比值

4. 比较报告

比较不同性能测试的结果，以评估测试执行过程中所做的变更对性能行为的影响，这种做法是非常必要的。比较报告应该用于显示两个数据集（分别代表不同的测试执行）之间的差异或多个测试执行之间的趋势。

5. 追踪和配置文件报告

当性能行为可以接受时，或性能监测表明存在可能的瓶颈时（如当测试用例保持给定状态的时间过长），追踪报告可能是最有价值的报告。追踪和配置文件报告显示低级信息。该信息包括主角与测试对象之间的消息、执行流、数据访问以及函数和系统调用。

习　题

1. 什么是软件缺陷？软件缺陷有哪些类型？
2. 软件测试人员如何正确面对软件缺陷？
3. 报告软件缺陷的基本原则是什么？
4. 可以采取哪些方法来分离和再现软件缺陷？
5. 测试总结报告的目的是什么？
6. 什么是覆盖评测？覆盖评测类型有哪些？
7. 什么是缺陷发现率？
8. 什么是缺陷密度？如何计算缺陷密度？
9. 主要的性能评测有哪些？请分别予以说明。

第7章 软件测试项目管理

本章要点

- 测试项目的管理范围
- 测试文档
- 软件测试计划
- 测试的组织与人员管理
- 软件测试过程管理

学习要求

- 理解测试项目的管理范围
- 掌握主要的软件测试文档
- 掌握 IEEE 的软件测试计划文档模板
- 掌握如何制订软件测试计划
- 了解软件测试的组织方式与人员管理机制
- 理解软件测试的过程管理

7.1 测试项目管理概述

7.1.1 测试项目与测试项目管理

1. 测试项目

测试项目是在一定的组织机构内，利用有限的人力和财力等资源，在指定的环境和要求下，对特定软件完成特定测试目标的阶段性任务。该任务应满足一定质量、数量和技术指标等要求。测试项目一般具有如下一些基本特性：

(1) 项目的独特性

每个测试项目都有属于自己的一个或几个预定的、明确的目标，都有明确的时间期限、费用、质量和技术指标等方面的要求。

(2) 项目的组织性

测试项目的完成需要一定的人员参与。在测试项目过程中，参与的人员可以有多种类型，但必须按照一定的规律进行组织和分工。在测试项目完成后，该项目的组织将会自动解散。

（3）测试项目的生命期

测试项目存在一个从开始到结束的过程，称为测试项目的生命周期。通常将项目的生命周期分成若干阶段，即测试项目启动阶段、计划阶段、实施阶段和收尾阶段。

（4）测试项目的资源消耗特性

测试项目的完成需要一定的资源，这些资源的类型是多种多样的，包括诸如人力资源、经费、硬件设施、软件工具等，以及执行项目过程中所需要使用的其他东西。

（5）测试项目目标冲突性

每个测试项目都会在实施的范围、时间、成本等方面受到一定的制约，这种制约称为三约束。为了取得测试项目的成功完成，必须同时考虑范围、时间、成本等 3 个主要因素，而这些目标并不总是一致的，往往会出现冲突。如何取得彼此之间的平衡，也是影响测试成功完成的重要因素。

（6）测试项目结果的不确定因素

每个测试项目都是唯一的，有时很难确切定义测试项目的目标或者准确地估算出所需要的时间和经费，还有在测试项目过程中难遇见的技术、规模等方面的因素，这些都会给测试项目实施带来一定的风险，使测试项目存在失败的可能和结果。

由于测试项目存在以上这些特点，尤其是存在失败的风险，因此，优秀的测试人员和科学的管理是测试项目成功的关键。

2. 测试项目管理

测试项目管理就是以测试项目为管理对象，通过一个临时性的专门的测试组织，运用专门的软件测试知识、技能、工具和方法，对测试项目进行计划、组织、执行和控制，并在时间成本、软件测试质量等方面进行分析和管理活动（一种高级管理方法）。测试项目管理贯穿整个测试项目的生命周期，是对测试项目的全过程进行管理。

测试项目管理有以下基本特征：

（1）系统工程的思想贯穿测试项目管理的全过程

测试项目管理将测试项目看成一个完整的有生命周期的系统，可以将软件系统测试分散为几个阶段，每个阶段有不同的任务、特点和方法，分别按要求完成，任何阶段或部分任务的失败可能会对整个测试项目的结果产生影响。为此，测试管理需有相应的管理策略。

（2）测试项目管理的组织有一定的特殊性

测试组是围绕测试项目本身来组织人力资源的，测试组是临时性的，是直接为该测试项目的执行服务的，测试项目的结束即意味着测试组的终结。另外，测试组又是柔性的，可以根据测试项目生命周期中各阶段的需要而重组和调配。测试组强调协调控制和沟通的职能，以保证测试项目目标的实现。

（3）测试项目管理的要点非常明确

测试项目管理的要点是创造和保持一个使测试工作顺利进行的环境，使置身于这个环境中的人员能在集体中协调工作以完成预定的目标。

（4）测试项目管理的方法、工具和技术手段具有先进性。

测试项目管理采用科学的先进的管理理论和方法，如采用目标管理、全面质量管理，以及技术经济分析、先进的测试工具、测试综合跟踪数据库系统等方法进行目标和成本控制。

7.1.2 测试项目的范围管理

测试项目范围管理就是界定项目所必须包含且只需包含的全部工作，并对其他的测试项目管理工作起指导作用，以确保测试工作顺利完成。这里的“必须包含且只需要包含”意味着在项目中有最基本的工作，但也不做额外的工作。只有这样的策略才能确保测试的最低成本和最短时间。

项目目标确定后，下一步过程就是确定需要执行哪些工作，或者活动来完成项目的目标，这就是要确定一个包含项目所有活动在内的一览表。准备这样的一览表通常有两种方法：一种是让测试小组利用“头脑风暴法”根据经验，集思广益来形成。这种方法比较适合小型测试项目。另一种是对更大更复杂的项目建立一个工作分解结构 WBS 和任务的一览表。工作分解结构是将一个软件测试项目分解成易于管理的更多部分或细目，所有这些细目构成了整个软件测试项目的工作范围。工作分解结构是进行范围规划时所使用的重要工具和技术之一，它是测试项目团队在项目期间要完成或生产出的最终细目的等级树，它组织并定义了整个测试项目的范围，未列入工作分解结构的工作将排除在项目范围之外。进行工作分解是非常重要的工作，它在很大程度上决定项目能否成功。对于细分的所有项目要素需要统一编码，并按规范化进行要求。这样，WBS 的应用将给所有的项目管理人员提供一个一致的基准，即使项目人员变动时，也有一个互相可以理解和交流沟通的平台。

7.2 测试文档

测试文档是对要执行的软件测试及测试的结果进行描述、定义、规定和报告的任何书面或图示信息。由于软件测试是一个很复杂的过程，同时也涉及软件开发中其他一些阶段的工作。因此，必须把对软件测试的要求、规划、测试过程等有关信息和测试的结果，以及对测试结果的分析、评价，以正式的文档形式给出。测试文档不只是在测试阶段才考虑的，它应在软件开发初期的需求分析阶段就开始着手，因为测试文档与用户有着密切的关系。用户协助编制测试文档将有助于他们了解开发过程。如果用户能够协助准备测试条件，并将其写成文档，会对开发的应用系统有较好的理解。同时，也有助于用户澄清一些可能模糊的认识。如果对应用系统如何工作的细节并不了解，那就不可能给出测试条件，并根据这些条件取得预期的结果。项目小组对测试条件的评价有利于认清用户的需求。

在设计阶段的一些设计方案也应在测试文档中得到反映，以利于设计的检验。测试文档对于测试阶段工作的指导与评价作用更是非常明显的。需要特别指出的是，在已开发的软件投入运行的维护阶段，常常还要进行再测试或回归测试，这时还会用到测试文档。测试文档的编写是测试管理的一个重要组成部分。

7.2.1 测试文档的作用

1. 促进项目组成员之间的交流沟通

基本上，测试文档的编写和建立是进行一些标准认证的基本工作，它是测试小组成员之间相互交流的基础和依据，以此测试小组成员之间进行交流和沟通可以事半功倍。一个软件的开发过程需要相当多的开发步骤和许多各类人员共同运作才能完成。当软件开发进入测试阶段，对软件整体部分，包括系统功能、问题原因和解决方法等最清楚的是测试人员。项目组成员之间的交流沟通以文档的形式进行交接是方便、省时省力的方式。

2. 便于对测试项目的管理

测试文档可为项目管理者提供项目计划、预算、进度等各方面的信息，它是质量标准化的一项例行基本工作。

3. 决定测试的有效性

完成测试后，把测试结果写入文档，这对分析测试的有效性，甚至整个软件的可用性提供了必要的依据。有了文档化的测试结果，就可以分析软件系统是否是完善的。

4. 检验测试资源

测试文档不仅用文档的形式把测试过程以及要完成的任务规定下来，还应说明测试工作必不可少的资源，进而检验这些资源是否可以得到，即它的可用性如何。如果某个测试计划已经开发出来，但所需资源还没落实，那就必须及早解决。

5. 明确任务的风险

了解测试任务的风险有助于测试小组对潜在的、可能出现的问题，事先做好思想上和物质上的准备。

6. 评价测试结果

软件测试的目的是为了保证软件产品的最终质量，在软件开发的过程中，对软件产品进行质量控制。一般来说，对测试数据进行记录，并根据测试情况撰写测试报告，是软件测试人员要完成的最重要的工作。这种报告是测试人员对测试工作进行总结，并识别出软件的局限性和发生失效的可能性。完成测试后，将测试结果与预期结果进行比较，便可对已测试软件提出评价意见。

7. 方便再测试

测试文档中规定和说明的部分内容，在后期的维护阶段往往由于各种原因需要进行修改完善，修改完善后的内容都需要对相关部分进行重新测试（可能包括某些接口），有了测试文档，就可以在维护阶段进行重复测试，测试文档在维护过程中对于管理测试和复用测试都非常重要。

8. 验证需求的正确性

测试文档中规定了用以验证软件需求的测试条件，研究这些测试条件对弄清用户需求的意图是十分有益的。

测试过程文档记录了测试的完成过程以及测试的结果，由于计算机测试过于复杂，因此不能拘泥于单一的测试过程。文档是测试过程必要的组成部分，测试文档的编写也是测试工作规范化的一个组成部分。在测试中，应该坚持使用与其他软件系统文档类型相同的文档标准。

7.2.2　测试文档的类型

根据测试文档所起的不同作用，通常把它分成两类，即前置作业文档和后置作业文档。测试计划及测试用例的文档属于前置作业文档。测试计划详细规定了测试的要求，包括测试的目的和内容、方法和步骤以及评价测试的准则等。由于要测试的内容可能涉及软件的需求和软件的设计,因此必须及早开始测试计划的编写,测试计划的编写应从需求分析阶段开始。

测试用例就是将软件测试的行为和活动做一个科学化组织和归纳,测试用例的好坏决定着测试工作的成功和效率,选定测试用例是做好测试工作的关键一步。在软件测试过程中,软件测试行为必须能够加以量化,这样才能进一步让管理层掌握所需要的测试进程,测试用例就是将测试行为和活动具体量化的方法之一,而测试用例文档是为了将软件测试行为和活动转换为可管理的模式,在测试文档编制过程中,按照规定的要求精心设计测试用例有着重要意义。前置作业文档可以使接下来将要进行的软件测试流程更加流畅和规范。

后置作业文档是在测试完成后提交的,主要包括软件缺陷报告和分析总结报告。在软件测试过程中,对于发现的大多数软件缺陷,要求测试人员简捷、清晰地把发现的问题以文档形式报告给管理层和判断是否进行修复的小组,使其得到所需要的全部信息,然后决定对软件缺陷是否进行修复及下一步工作。测试分析报告应说明对测试结果的分析情况,经过测试证实了软件具有的功能以及它的欠缺和限制,并给出评价的结论性意见。这个意见既是对软件质量的评价,又是决定该软件能否交付用户使用的一个依据。

根据测试文档编制的不同方法,它又有手工编制和自动编制两种。所谓自动编制,其特点在于,编制过程中得到文档编制软件的支持,并可将编好的文档记录在机器可读的介质上。借助于有力的工具和手段,使得更容易完成信息的查找、比较、修改等操作。常用的各种文字编辑软件都可用于测试文档的编制。

在实际测试工作中,许多测试项目的文档写得比较粗糙,很难读懂,或者不完整。虽然这种情形在不断改善,但许多组织仍然没有把足够的注意力放在编制高质量的测试文档上。测试文档的质量与测试的质量一样重要。软件测试文档标准是保证文档质量的基础,根据一定的标准编写文档,可以有一致的外观、结构和质量等。为了使用方便,在这里给出 IEEE 所有软件测试文档模板,在实际应用中可根据测试工作对模板增删和修改。

1. 软件测试文档

给出了软件测试主要文档的类型。

IEEE 829—1998软件测试文档编制标准 软件测试文档模板
目录
测试计划
测试设计规格说明
测试用例说明
测试规程规格说明
测试日志
测试缺陷报告
测试总结报告

2. 软件测试计划文档

主要对软件测试项目、所需要进行的测试工作、测试人员所应该负责的测试工作、测试过程、测试所需的时间和资源,以及测试风险等做出预先的计划和安排。

IEEE 829—1998软件测试文档编制标准 软件测试计划文档模板
目录
1. 测试计划标识符
2. 介绍
3. 测试项
4. 需要测试的功能
5. 方法(策略)
6. 不需要测试的功能
7. 测试项通过/失败的标准
8. 测试中断和恢复的规定
9. 测试完成所提交的材料
10. 测试任务
11. 环境需求
12. 职责
13. 人员安排与培训需求
14. 进度表
15. 潜在的问题和风险
16. 审批

3. 软件测试涉及规格说明文档

用于每个测试等级,以指定测试集的体系结构和覆盖跟踪。

IEEE 829—1998软件测试文档编制标准 软件测试设计规格说明文档模板
目录
测试设计规格说明标识符
待测试特征
方法细化
测试标识
通过/失败准则

4. 软件测试用例规格说明文档

用于描述测试用例。

IEEE 829—1998软件测试文档编制标准 软件测试用例规格说明文档模板
目录
测试用例规格说明标识符
测试项
输入规格说明
输出规格说明
环境要求
特殊规程需求
用例之间的相关性

5. 测试规程

用于指定执行一个测试用例集的步骤。

> IEEE 829—1998软件测试文档编制标准
> 测试规程模板
>
> 目录
>
> 1.测试规程规格说明标识符
> 为这个测试规程指定唯一的标识符。提供一个到相应的测试设计规格说明的引用。
> 2.目的
> 描述规程的目的，并应用到被执行的测试用例中。
> 3.特殊需求
> 描述各种特殊的需求，比如环境需求，技能水平、培训等。
> 4.规程步骤
> 这是测试规程的核心部分。IEEE描述了如下几个步骤:
> 4.1 记录
> 描述记录测试执行的结果、观察到的意外时间，以及其他与测试相关的时间所用的各种特定方法和格式。
> 4.2 准备
> 描述执行这个规程需要的各种活动。
> 4.3 开始
> 描述开始执行这个规程需要的各种活动。
> 4.4 进行
> 描述在这个规程的执行期间需要的所有活动。
> 4.4.1 步骤1
> 4.4.2 步骤2
> 4.4.3 步骤3
> 4.5 度量
> 描述如何进行测试的度量。
> 4.6 终止
> 描述发生非计划时间时暂停测试需要采取的活动。
> 4.7 重新开始
> 指明规程中各个重新开始的位置，并描述从这些位置重新开始所需的步骤。
> 4.8 停止
> 描述正常停止执行所需要的各种活动。
> 4.9 完成描述恢复环境所需要的活动。
> 4.10 应急措施
> 描述执行过程中发生的异常和其他事件所需要的各种活动。

6. 测试日志

由于记录测试的执行情况不同,可根据需要选用。

IEEE 829—1998软件测试文档编制标准
测试日志模板

目录

测试日志的标识符
描述
活动和时间目录

7. 软件缺陷报告

用来描述出现在测试过程或软件中的异常情况，这些异常情况可能存在于需求、设计、代码、文档或测试用例中。

IEEE 829—1998软件测试文档编制标准
软件缺陷报告模板

目录

1. 软件缺陷报告标识符
2. 软件缺陷总结
3. 软件缺陷描述
   - 3.1 输入
   - 3.2 期望得到的结果
   - 3.3 实际结果
   - 3.4 异常情况
   - 3.5 日期和时间
   - 3.6 软件缺陷发生步骤
   - 3.7 测试环境
   - 3.8 再现测试
   - 3.9 测试人员
   - 3.10 见证人
4. 影响

8. 测试总结报告

用于报告某个测试完成情况。

IEEE 829—1998软件测试文档编制标准
测试总结报告模板

目录

1. 测试总结报告标识符
2. 总结
3. 差异
4. 综合评估
5. 结果总结
   - 5.1 已解决的意外事件
   - 5.2 未解决的意外事件
6. 评价
7. 建议
8. 活动总结
9. 审批

7.3　软件测试计划

测试计划就是描述所有要完成的测试工作，包括被测试项目的背景、目标、范围、方式、资源、进度安排、测试组织，以及与测试有关的风险等方面。测试计划的制定对于有效的测试至关重要，如果仔细地制订了测试计划，那么测试的执行、测试的分析和测试结果的报告都会进行得非常顺利。随着测试走向规范化管理，测试计划成为测试管理必须完成的重要任务之一，软件测试计划作为软件项目计划的子计划，在项目启动初期是必须规划的。在越来越多公司的软件开发中，软件质量日益受到重视，测试过程也从一个相对独立的步骤越来越紧密地嵌套在软件整个生命周期中。这样，如何规划整个项目周期的测试工作，如何将测试工作上升到测试管理的高度，都依赖于测试计划的制定。测试计划也因此成为测试工作赖于展开的基础。

7.3.1　制订测试计划的目的

一个计划一定是为了某种目的而产生的，对于软件质量管理而言，制订测试计划的目的主要有 3 个。

1. 使软件测试工作进行更顺利

软件测试计划明确地将要进行的软件测试采用的模式、方法、步骤以及可能遇到的问题与风险等内容一一做了考虑和计划，这样会使测试执行、测试分析和测试报告的准备工作更加有效，使软件测试工作进行更顺利。

在软件测试过程中，常常会遇到一些问题而导致测试过程被延误，事实上有许多问题是预先可以做好防范的。此外，测试计划中也要考虑测试风险，这些风险包括：测试中断、设计规格不断变化、人员不足、人员流失、人员测试经验不足、测试进度被压缩、软硬件资源不足及测试方向错误等，这些都是不可预期的风险。对测试计划而言，凡是影响测试过程的问题，都要考虑到计划内容中，就是说对测试项目的进行做出最坏的打算，然后可在这些最坏的打算中选择最好的解决办法，尽量避开这些风险，使软件测试工作进行得更顺利。

2. 促进项目参加人员彼此的沟通

测试过程必须有相应的条件才能进行。如果程序员只是编写代码，而不说明它干什么，如何工作，何时完成，测试人员就很难执行测试任务。同样，如果测试人员之间不对计划测试的对象、测试所需的资源、测试进度安排等内容进行交流，整个测试项目就很难成功。测试计划将测试组织结构与测试人员的工作分配纳入其中，测试人员之间彼此了解所完成的测试工作内容，并在测试方向、测试策略等方面达成一定的共识，这样使得测试人员之间沟通更加顺利，并且可以确保测试人员在沟通上不会产生偏差。另外，软件测试计划也是软件测试人员与产品开发小组交流意图的主要方式。

3. 使软件测试工作更易于管理

制订测试计划的另一个目的，就是要让整个软件测试工作采取系统化的方式来进行，这样会使软件测试工作更易于管理。测试计划包含了两种重要的管理方式：一个是工作分解结构(WBS)，另一个是监督和控制。对软件测试计划来说，工作分解结构(WBS)就是将所有的测试工作一一细化，这有利于测试人员的工作分配。在进行软件测试时，管理人员可以使用有效的管理方式来监督、控制测试过程，掌握测试工作进度。

目前，还有许多的软件测试工作是在没有准备任何测试计划的情况下进行的。这种“边打边走”的策略会让所有的人员处于一种不确定的状态。而对问题的处理则采用“兵来将挡，水来土掩”的解决方式，这是无效率的，会让测试人员浪费许多时间在相同的问题上，而且会耗损人员的精力。在这种情况下所进行的软件测试工作，当然也能找到软件的错误和缺陷，但是这种未做计划的软件测试所放行的软件，在整体质量上绝对是令人担忧的。测试实践已充分证明，对软件测试工作只有精心计划，然后对软件测试过程进行有效的控制和管理，才能使软件测试工作高效、高质量的完成。

7.3.2　制订测试计划的原则

制订测试计划是软件测试中最有挑战性的一个工作。以下这些原则将有助于制订测试计划工作。

1. 制订测试计划应尽早开始

即使还没掌握所有细节，也可以先从总体的方面开始，然后逐步细化到特定的方面来完成大量的计划工作。尽早地开始可以大致了解所需的资源，并且在项目其他方面占用该资源之前进行计划。

2. 保持测试计划的灵活性

制订测试计划时应考虑能很容易地添加测试用例、测试数据等。测试计划本身应该是可变的，但是要受控于变更控制。

3. 保持测试计划简洁和易读

测试计划没有必要很大、很复杂。事实上测试计划越简洁越易读，它就越有用。

4. 尽量争取多渠道评审测试计划

其他人员的观察和评价会对获得便于理解的测试计划很有帮助。测试计划应该像项目其他交付结果一样受控于质量控制。

5. 计算测试计划的投入

通常，制订测试计划应该占大约 1/3 的测试工作量。测试计划做得越好，执行测试就越容易。

7.3.3　制订测试计划时面对的问题

制订测试计划时，测试人员可能面对以下问题，必须认真对待，并妥善予以处理。

1. 与开发者意见不一致

开发者和测试者对于测试工作经常处于对立的市场上，双方都认为对方一心想要占上风。通常，这种心态只会牵制项目，耗费精力，还会影响双方的关系，而不会对测试工作起任何积极作用。

2. 缺乏测试工具

项目管理部门可能认为测试工具是奢侈的东西，人工测试通常占了绝大多数。

3. 培训不够

相当多的测试人员没有接受过正规的测试培训，这就会导致对测试计划大量的误解和误用。

4. 管理部门缺乏对测试工作的理解和支持

对测试工作的支持必须来源于上层。这种支持不仅仅是资金投入，还应该对测试工作遇到的问题给出一个明确的态度，否则，测试人员的士气将会受到影响。

5. 缺乏用户的参与

用户可能被排除在测试工作之外，或者可能是他们自己不想参与进来。事实上，用户在测试工作中的作用相当重要，他们能确保软件适于实际应用。

6. 测试时间不足

这是一种普遍的抱怨。问题在于如何对计划各部分划分出优先级，以便在给定的时间内测试应该测试的内容。

7. 过分依赖测试人员

有时也称为“扔给别人”综合症。项目开发人员知道测试人员会检查他们的工作，所以他们只将精力集中在代码编写上。这样通常会导致更高的缺陷级别和更长的测试时间。

8. 测试人员处于进退两难的状态

一方面，如果测试人员报告了太多的缺陷，那么大家会责备他们延误了项目；另一方面，如果测试人员没有找到关键性的缺陷，大家会责备他们的工作质量不高。

9. 不得不说“不”

对于测试人员来说这是最尴尬的境地，有时不得不说“不”。项目相关的人员都不愿意听到这个，而且通常测试人员要屈从于进度和费用的压力。

7.3.4 制订测试计划

制订测试计划时，由于各软件公司的背景不同，测试计划文档也略有差异。实践表明，制订测试计划时，使用正规化文档通常比较好。

测试计划规定了测试活动的范围、方法、资源、进度和要执行的测试任务，以及每个任务的人员安排与计划相关的风险。在实际应用中可根据实际测试工作对模板进行增删和部分修改。根据 IEEE 829—1998 软件测试文档编制标准的建议，测试计划包含了 16 个大纲要项，简要说明如下。

1. 测试计划标识符

一个测试计划标识符是一个由公司生成的唯一值，它用于标识测试计划的版本、等级，以及与该测试计划相关的软件版本。

2. 介 绍

在测试计划的介绍部分主要是测试软件基本情况的介绍和测试范围的概括性描述。测试软件的一些基本情况介绍主要有：产品规格（制造商和软件版本号的说明）、软件的运行平台和应用的领域、软件的特点和主要的功能模块、软件的特点，如数据是如何存储、如何传递的（数据流图），每一个部分是怎么实现数据更新的。还有就是常规性的技术要求，比如需要什么样的数据库等。对于大的测试项目，还要包括测试的侧重点。测试范围的概括性描述可有这样的语句：“本测试项目包括集成、系统和验收测试，但是不包括单元测试，单元测试由开发人员负责进行，超出本测试项目的范围。”

3. 测试项

测试项部分主要是纲领性描述，在测试范围内对哪些具体内容进行测试，确定一个包含所有测试项在内的一览表，凡是没有出现在这个清单里的工作，都排除在项目测试之外。这部分内容可以按照程序、单元、模块来组织。具体要点如下：

- 功能的测试。理论上测试要覆盖所有的功能项，例如，在数据库中添加、编辑、删除记录等，这会是一个浩大的工程，但是有利于测试的完整性。
- 设计的测试。对一些用户界面、菜单的结构还有窗体的设计是否合理等进行的测试。
- 整体测试。这部分测试需要考虑到数据流从软件中的一个模块流到另一个模块过程中的正确性。

IEEE 标准中指出，可以参考下面的文档来完成测试项：

- 需求规格说明；
- 用户指南；
- 操作指南；
- 安装指南；
- 与测试项相关的事件报告。

总的来说，测试需要验明软件的每一部分，知道它是否要测试。如果没有测试，就要说明这样做的理由。如果由于误解而使部分代码未做任何测试，就可能导致软件潜在的错误或缺陷。但是，在软件测试过程中，有时软件产品中包含的某些内容不必测试，这些内容可能是以前发布过的或者测试过的部分。

4. 需要测试的功能

测试计划中列出了待测的功能，这部分内容与测试项不同，测试项是从开发者或程序管理者的角度计划测试项，而这里是从用户的角度对待测试的内容。例如，如果测试的是某台自动取款机(AMT)的软件，其中"需要测试的功能"可能包括：取款、查询余额、转账和交付电话费、水电费等。

5. 方法(策略)

这部分内容是测试计划的核心所在，所以有些软件公司更愿意将其标记为"策略"，而不是"方法"。这部分内容主要描述如何进行测试，并且解释测试成功与否起决定作用的所有相关问题。

测试策略描述测试小组用于测试整体和每个阶段的方法。要描述如何公正、客观地开展测试，要考虑模块、功能、整体、系统、版本、压力、性能、配置和安装等各个因素的影响，要尽可能地考虑到细节，越详细越好，并制作测试记录文档的模板，为即将开始的测试做准备。测试记录具体说明如下：

- 公正性声明。要对测试的公正性、遵照的标准做一个说明，证明测试是客观的。整体上，软件功能要满足需求，实现正确，与用户文档的描述保持一致。
- 测试用例。描述测试用例是什么样的，采用了什么工具，工具的来源是什么，如何执行的，用了什么样的数据。测试的记录中要为将来的回归测试留有余地，当然，也要考虑同时安装的别的软件对正在测试的软件会造成的影响。
- 特殊考虑。有的时候，针对一些外界环境的影响，要对软件进行一些特殊方面的测试。
- 经验判断。借鉴在以往的测试中经常出现的问题，并结合本测试具体情况加以考虑。
- 设想。采取一些联想性的思维，往往能有助于找到测试的新途径。

某些代码用手工测试，而其他代码可能用工具和自动化测试。如果要使用工具，那么工具是否需要开发？或者能否购买到已有的商用工具软件？

决策是一项复杂的工作，需要由经验相当丰富的测试人员来做，因为这将决定测试工作的成败。另外，应使项目小组全体成员都了解并同意预定的测试策略是极其重要的。

6. 不需要测试的功能

测试计划中这一部分列出了不需要测试的功能。对某个功能不予测试的理由很多，例如，可能因为它暂时不能投入使用，或者是因为它有良好的跟踪记录等。但是，一个功能之所以被列入这个部分，是因为它被完全归结为具有相对低的风险。这部分内容肯定会引起用户惊讶，所以在这里需要谨慎地说明决定不测试某个特定功能的具体原因。

如果测试落后于进度表，这部分内容将会增加。若风险评估工作已经确定了每个功能的风险，那么，当测试落后于进度表时可将那些具有最低风险的额外功能，从“需要测试的功能”选项中转移到“不需要测试的功能”选项中。

7. 测试项通过/失败的标准

测试计划中这一部分给出了“测试项”中描述的每一个测试项通过/失败的标准。正如每个测试用例都需要一个预期的结果一样，每个测试项同样也需要一个预期的结果。一般来说，通过/失败的标准是由通过/失败的测试用例，缺陷数量、类型、严重性和位置，可靠性或稳定性等来描述的。随着测试等级的不同和测试组织的不同，所采用的确切标准也会有所不同。

下面是通过/失败的标准的一些例子：

- 通过测试用例所占的百分比；
- 缺陷的数量、严重程度和分布情况；
- 测试用例覆盖；
- 用户测试的成功结论；
- 文档的完整性；
- 性能标准。

8. 测试中断和恢复的规定

测试计划中这一部分给出了测试中断和恢复的标准。例如，如果达到了某一预定的缺陷总数，或者出现了某种严重程度的缺陷，就可能会暂停测试工作。对恢复测试也要给出规定，例如，重新设计系统的某个部分、修改了出错的代码，或者尝试某种替代的方法等。常用的测试中断标准如下：

- 关键路径上的未完成任务；
- 大量的缺陷；
- 严重的缺陷；
- 不完整的测试环境；
- 资源短缺。

9. 测试完成所提交的材料

测试完成所提交的材料包含了测试工作开发设计的所有文档、工具等。例如，测试计划、测试设计规格说明、测试用例、测试日志、测试数据、自定义工具、测试缺陷报告和测试总结报告等。

10. 测试任务

测试计划中这一部分给出了测试工作所需完成的一系列任务。在这里还列举了所有任务之间的依赖关系和可能需要的特殊技能。在制定测试计划时,常常将这部分内容与"测试人员的工作分配"项一起来描述,以确保由某人负责完成这些任务。

11. 环境需求

环境需求是确定实现测试策略必备条件的过程。在软件测试之前,要制订一个项目环境需求计划,包含每一个阶段的任务所需要的资源。当发生到了使用期限,或者资源共享等情况的时候,要更新这个计划。在该计划中,测试期间可能用到的任何资源都要考虑到。例如:

- 人员:人数、经验和专长。他们是全职、兼职、业余还是学生?
- 设备:计算机、测试硬件、打印机、测试工具等。
- 办公室和实验室空间:在哪里?空间有多大?怎样排列?
- 软件:字处理程序、数据库程序和自定义工具等。
- 其他资源:软盘、电话、参考书、培训资料等。

具体资源需求取决于项目、小组和公司的特定情况,测试计划工作要仔细估算测试软件的要求。如果开始不做好预算,到项目后期获取资源通常很困难,甚至无法做到。因此,创建完整清单是不容忽视的。

12. 测试人员的工作职责

测试人员的工作职责是明确指出了测试任务和测试人员的工作责任。测试小组的工作由许多人员组成,如果责任未明确,测试人员就会相互扯皮,从而导致效率低下。

有时测试需要定义的任务类型不容易分清,不像程序员所编写的程序那样明确。复杂的任务可能有多个执行者,或者由多人共同负责。计划这些任务和测试人员的工作责任最常用的方法是使用一个表格,用它来显示测试人员的工作责任,见表 7-1。

在表 7-1 中,任务列于左边,可能的执行者横列上方,X 号表示任务的执行者,短线"—"表示任务的参加者,空白表示测试人员不负责该任务。

确定表格列出哪些任务取决于经验。理想情况下,小组中资深的成员先过一遍清单,但是每一个项目是不同的,有其独特的人员之间的责任和依赖性。较好的办法是找人询问过去项目的情况,特别注意要能记得曾被疏忽的任务。

表 7-1　利用表格组织测试人员的工作职责

任　务	管　理	编　程	测　试	技术作者	用　户	产品支持
编写产品可视表述	—				X	
建立产品部件清单	X					
建立联系	X					
产品设计/功能分析	X					
主项目进度	X					
制定和修改产品说明书	X					
审查产品说明书	—	—	—	—	—	—
内部产品体系化	—	X				
设计和编制产品		X				
测试计划			X			

续表 7-1

任　务	管　理	编　程	测　试	技术作者	用　户	产品支持
审查测试计划		—	X	—	—	—
单元测试		X				
通用测试			X			
建立配置清单		—	X		—	—
配置测试			X			
定义性能指标	X		—			
执行指标测试			X			
内容测试			—	X		
外部代码小组测试		X	—			
自动化/维护构造过程		X				
磁盘构造/复制			X			
磁盘质量评判					X	
建立β程序					X	
管理β程序	—		—			—
审查打印材料	—	—	—	X	—	—
定义演示板	—				X	
制作演示板					X	
测试演示板			X			
软件会议	X	—	—		—	—

13. 人员安排与培训需求

前面讨论的测试人员的工作职责是指哪类人员(管理、测试和程序员等)负责哪些任务。人员安排与培训需求是指明确测试人员具体负责软件测试的哪些部分、哪些可测试性能,以及他们需要掌握的技能等。

培训需求通常包括学习如何使用某个工具、测试方法、缺陷跟踪系统、配置管理,或者与被测试系统相关的业务基础知识。培训需求各个测试项目会各不相同,它取决于具体项目的情况。

14. 进度表

测试进度是围绕着包含在项目计划中的主要事件(如文档、模块的交付日期,接口的可用性等)来构造的。测试进度在测试计划工作中至关重要。因为,往往一些原以为很容易设计和编制的测试,实际进行测试时却是非常耗时的。例如,某程序在不明显的有限区域之外,不执行打印。没有人意识到打印对测试的影响,而在软件中保留这个特性,结果导致打印机配置测试要花几周时间。作为测试计划的一部分,完成测试进度计划安排,可以为项目管理员提供信息,以便更好地安排整个项目的进度。

在实际测试工作中,测试进度可能不断会受到项目中先前事件的影响。例如,如果项目中某一部分交给测试组时晚了两周,而按照计划某进度安排只有 3 周测试时间,结果会怎么样呢？3 周的测试只好安排在 1 周内进行，或者把项目推迟两周。出现的这种问题称为进度危机。使测试任务摆脱进度危机的一个方法是，测试进度避免规定启动和停止任务的具体日期，构造一个没有规定日历日期的普通进度表。

进度安排会使测试过程容易管理。通常，项目管理员或者测试管理员最终负责进度安排，而测试人员参与安排自己的具体任务。

15. 潜在的问题和风险

软件测试人员要明确地指出计划过程中的风险，并与测试管理员和项目管理员交换意见。这些风险应该在测试计划中明确指出，在进度中予以考虑。有些风险是真正存在的，而有些最终证实是无所谓的，重要的是尽早明确指出，以免在项目晚期发现时感到惊慌。一般而言，大多数测试小组都会发现自己的资源有限，不可能穷尽测试软件所有方面。如果能勾画出风险的轮廓，将有助于测试人员排定待测试项的优先顺序，并且有助于集中精力去关注那些极有可能发生失效的领域。

风险分析是一项十分艰巨的工作，尤其是第一次尝试进行时更是如此，但是以后会好起来，而且也值得这样做。

16. 审　批

审批人应该是有权宣布已经为转入下一个阶段做好准备的某个人或某几个人。测试计划审批部分一个重要的部件是签名页。审批人除了在适当的位置签署自己的名字和日期外，还应该签署表明他们是否建议通过评审的意见。

测试计划是一项全体测试人员参与的工作，做好测试计划要花费几周甚至几个月的时间。但是，如果该过程时间紧迫，在产品开发早期全面了解和统一测试内容、测试原因、测试方式，就会使测试工作更加顺利地开展。

7.4　测试的组织与人员管理

7.4.1　测试的组织与人员管理概述

测试项目成功完成的关键因素之一就是要有高素质的软件测试人员，并将他们有效地组织起来，分工合作，形成一支精干的队伍，使他们发挥出最大的工作效率。测试的组织与人员管理是测试项目不可缺少的管理职能，也是最难的一项，它将会直接影响软件测试工作的效率和软件产品的质量。在管理人员的经验中，常常有这样的情况：如果问题是属于技术方面的，应对的方法就是多做一些研究工作，来寻找解决方案；如果问题是属于时间上的，最坏的打算就是向后推迟时间；如果问题是属于资源的，就想办法调整资源。但是，如果问题是出在“人”的议题上的话，这几乎是没有标准答案可以提供的。“人”的问题会出现在各个层次里及各个方面，但不少问题是出现在人员的组织和管理上。那么，什么是测试的组织与人员管理？它的任务是什么？测试的组织与人员管理应注意什么样的原则呢？

测试的组织与人员管理就是对测试项目相关人员在组织形式、人员组成与职责方面所做的规划和安排。

测试的组织与人员管理的任务是：

① 为测试项目选择合适的组织结构模式。

② 确定项目组内部的组织形式。

③ 合理配备人员，明确分工和责任。

④ 对项目成员的思想、心理和行为进行有效地管理，充分发挥他们的主观能动性，密切配合实现项目的目标。

测试的组织与人员管理应注意的原则是：

① 尽快落实责任。从软件的生存周期看，测试往往指对程序的测试。但是，由于测试的依据是规格说明书、设计文档和使用说明书，如果设计有错误，测试的质量就难以保证。实际上，测试的准备工作在分析和设计阶段就开始了，在软件项目的开始就要尽早指定专人负责，让他有权去落实与测试有关的各项事宜。

② 减少接口。要尽可能地减少项目组内人与人之间的层次关系，缩短通信的路径，方便人员之间的沟通，提高工作效率。

③ 责任明确、均衡。项目组成员都必须明确自己在项目组中的地位、角色和职责，各成员所负的责任不应比委任的权力大，反之亦然。

7.4.2 测试人员的组织结构

组织结构是指用一定的模式对责任、权威和关系进行安排，直至通过这种结构发挥功能。测试组织结构设计时主要考虑以下因素：

- 垂直还是平缓。垂直的组织结构是在管理者与低级测试人员之间设立许多层次，平缓的垂直组织结构设立很少的几个层次。平缓的组织结构的测试工作效率较高。
- 集中还是分散。组织可以是集中的，也可以是分散的。这对于测试组织是比较关键的，为保证测试的独立性，一般测试组织要相对集中。
- 分级还是分散。可以将组织按权力和级别一层一层地分级。也可以分散排列开，在软件开发小组内的测试常使用这种分散的方式。测试小组在开发小组内，可以是专职测试人员，或者以测试角色的形式组成。
- 专业人员还是工作人员。测试组织应拥有一定比例的专业测试人员和工作人员。
- 功能还是项目。测试组织可以面向功能，或者面向项目。

组织设计因素可以组成不同的组织方案，在实际中软件开发机构和测试机构也都建立了不同结构的测试组织形式。选择合理高效的测试组织结构方案的准则是：

① 提供软件测试的快速决策能力。

② 利于合作，尤其是产品开发与测试开发之间的合作。

③ 能够独立、规范、不带偏见地运作并具有精干的人员配置。

④ 有利于满足软件测试与质量管理的关系。

⑤ 有利于满足软件测试过程管理要求。

⑥ 有利于为测试技术提供专有技术。

⑦ 充分利用现有测试资源，特别是人。

⑧ 对测试者的职业道德和事业产生积极的影响。

进行软件测试的测试组织结构形式很多，测试组织结构形式没有正确或错误之说。事实上，某种测试组织结构形式在一些公司的实践中是成功的，而在其他公司却是失败的，这在很大程度上取决于政策、企业文化、管理水平、成员的技术和知识水平，以及软件产品的风险等。

目前，常见的测试组织结构有独立的测试小组和集成的测试小组两种形式。

1. 独立测试小组

测试组织是一种资源或一系列的资源，专门从事测试活动。随着软件企业规模的不断增大，必须建立独立专门的测试队伍。独立的测试小组，即主要工作是进行测试的小组，他们专门从事软件的测试工作。测试组设组长一名，负责整个测试的计划、组织工作。测试组的其他成员由具有一定的分析、设计和测试经验的专业人员组成，人数根据具体情况可多可少，一般3～5人为宜。测试组长与开发组长在项目中的地位是同级、平等的关系。

独立测试小组的形式在20世纪80年代后得以广泛推行。在独立测试小组建立以前，测试大多由程序员完成的，有人误认为开发人员完成测试与他们做开发一样好。但是，由于不顾后果地尽快地推出软件产品，使得交付的软件往往不能满足用户的需求，甚至根本无法使用。由于曾经遭受的挫折，独立测试小组的出现越来越普遍。独立测试小组的出现使得软件测试被提升为软件工程中的一个独立分支，测试技术、测试标准和测试方法也越来越成熟和完善，一些人也成为专职的软件测试人员。独立测试小组组织形式的好处是独立测试小组会客观地对待被测试的软件，只有不持偏见的人才能提供不持偏见的度量，测试、评价软件的质量才真正有效。独立测试小组面临的问题是，如何在软件产品的生命周期中尽早开始工作。通常软件开发设计人员会阻碍测试人员早早地介入，因为他们担心测试人员会影响他们的进度。这也就意味着测试人员可能会在软件产品的生命周期的最后阶段才进行测试，这样，如果设计有错误，测试的质量就难以保证了。

2. 集成测试小组

集成测试小组是将测试与基本设计因素组合起来，构成的测试组织结构。这是与独立测试有关的一种集成测试组织形式，即集成测试小组是由需要向同一个项目经理汇报工作的测试人员和开发人员组成。最近，集成测试小组的组织结构越来越多地被一些软件公司采用。这种方式的优点是，软件立项后，由测试人员与软件开发人员并肩作战，一起工作，可以减少软件开发人员与测试人员合作时的不利因素，会极大地方便交流和沟通。和"独立测试小组"方式一样，进行测试的集成测试小组成员也是(或者应该是)专业的测试人员。

7.4.3 测试人员

软件测试是一项独立的富有创造性的工作，虽然测试人员在测试小组中，每个人都在相对独立地进行工作、完成自己承担的软件测试任务。但是，各个成员要有共同的工作目标，协同进行工作。因此，测试人员的能力应包括以下几项。

① 一般能力：包括表达、交流、协调、管理、质量意识、过程方法、软件工程等。

② 测试技能及方法：包括测试基本概念及方法、测试工具及环境、专业测试标准、工作成绩评估等。

③ 测试规划能力：包括风险分析及防范、软件放行/接收准则制定、测试目标及计划、测试计划和设计的评审方法等。

④ 测试执行能力：包括测试数据/脚本/用例、测试比较及分析、缺陷记录及处理、自动化工具。

⑤ 测试分析、报告和改进能力：包括测试度量、统计技术、测试报告、过程监测及持续改进。

测试组织管理者的工作能力在很大程度上决定测试工作的成功与否,测试管理是很困难的,测试组织的管理者必须具备:

① 了解与评价软件测试政策、标准、过程、工具、培训和度量的能力。

② 领导一个测试组织的能力,该组织必须坚强有力、独立自主、办事规范且没有偏见。

③ 吸引并留住杰出测试专业人才的能力。

④ 领导、沟通、支持和控制的能力。

⑤ 有提出解决问题方案的能力。

⑥ 测试时间、质量和成本控制的能力。

7.4.4 人员的通信方式

在测试组织中,测试人员要花许多时间来与其他成员进行交流,一个项目小组不仅需要工作上的沟通,还需要一些“生活”上的沟通,有些交流非常必要,因为这可以帮助大家建立信任和友情,在工作中能起促进作用。人员的沟通、交流方式主要有:

① 正式非个人方式,如正式会议等。

② 正式个人之间交流,如成员之间的正式讨论等(一般不形成决议)。

③ 非正式个人之间交流,如个人之间的自由交流等。

④ 电子通信,如 E-mail(电子邮件)、BBS(电子公告板系统)等。

⑤ 成员网络,如成员与小组之外或公司之外有经验的相关人员进行交流。

在实践中发现,⑤的通信效率最高,其次是①。

7.4.5 测试人员管理的激励机制

激励,简单地说就是调动人的工作积极性,把潜力充分发挥出来。在管理学中,激励是指管理者促进、诱导下属形成动机,并引导其行为指向特定目标的活动过程。激励机制在测试组织建设中十分重要,测试组织的管理者不仅把测试人员组织在一起,团结在一起工作,更重要的是要善于调动测试人员的工作热情,激励每个成员都努力工作。实现项目的目标。测试人员管理的激励机制的关键点是:

- 管理者习惯用对自己有效的因素激励测试人员,很可能发现无效;
- 过多行使权力、资金或处罚手段很可能导致项目失败;
- 注意采取卓有成效的非货币形式的激励措施;
- 在项目进行过程中,而不仅是在项目结果时实施激励措施;
- 奖励应该在工作获得认同后尽快兑现;
- 对项目成员的工作表现出真诚的兴趣,是对他们最好的奖励;
- 已经满足的需要很可能不再成为激励因素。

激励因素是影响个人行为的东西,是因人而异、因时而异的。因此,管理者必须明确各种激励的方式,并合理使用。

7.4.6 测试人员的培训

如今,计算机软、硬件技术发展十分迅速,测试人员必须有足够的能力来适应这些变化。而另一方面,测试工作本身是一门需要技术的学问,它包含了众多的理论和实践。缺乏这些知识和经验，测试的深度和广度就不够，测试的质量就无法保证。从测试管理的角度来说，为了高效地实现测试工作的目标，需要不断地帮助他们进行知识的更新和技术能力的提升，这些就需要通过培训来达到。

1. 软件测试培训内容

软件测试培训主要包括以下培训工作：

- 测试基础知识和技能培训；
- 测试设计培训、测试工具培训；
- 测试对象——软件产品培训；
- 测试过程培训；
- 测试管理培训。

2. 制订测试人员培训计划

测试人员培训计划是测试计划的一个重要组成部分，制订测试人员培训计划要注意以下问题：

- 需要管理层的重视，在时间和资源上予以保证；
- 认真调查和分析测试人员的培训需求；
- 将培训活动安排在测试任务开始前；
- "边干边学"模式很可能牺牲质量和效率；
- 软件测试实习活动要在整个培训中占较大比例；
- 鼓励合作学习，团队演练；
- 对培训效果要及时评价，发现不足进行改进。

7.4.7　测试的组织与人员管理中的风险管理

在进行测试的组织与人员管理时，往往只重视招聘、培训、考评、薪资等各个具体内容的操作，而忽视了其中的风险管理问题。其实，每个公司在人事管理中都可能遇到风险，如招聘失败、新政策引起员工不满、技术骨干突然离职等，这些事件会影响公司的正常运转，甚至会对公司造成致命的打击。如何防范这些风险的发生，是应该研究的问题。特别是高新技术企业，由于对人的依赖更大，所以更需要重视测试的组织与人员管理中的风险管理。

7.5　软件测试过程管理

众所周知，采用先进的标准、方法和工具对于软件测试是十分重要的，但是成功的软件测试是离不开对测试过程的管理的，没有过程控制的测试是注定要失败的。一个软件的测试工作，不是一次简单的测试活动，它与软件开发一样，是属于软件工程中的一个项目，因此，软件测试的过程管理是测试成功的重要保证。开发过程的质量决定了软件的质量，同样地，测试过程的质量也决定了软件测试的质量和有效性。软件测试过程的管理是保证测试过程质量、控制测试风险的重要活动。

7.5.1　测试项目的跟踪与监控

软件测试和软件开发一样，都遵循软件工程的原理，有它自己的生命周期。软件的测试过程管理基于广泛采用的 V 模型。V 模型支持系统测试周期的任何阶段。基于 V 模型，在开发周期中的每个阶段都有相关的测试阶段相对应，测试可以在需求分析阶段就尽早开始，创建测试的准则。每个阶段都存在质量控制点，对每个阶段的任务、输入和输出都有明确的规定，以便对整个测试过程进行质量控制和配置管理。

根据质量管理中 PDCA 质量环的思想，需要对软件测试过程进行跟踪、检查，并与测试计划进行对比。测试计划中描述了如何实施和管理软件的测试过程，测试计划经批准生效后，将被用来作为对测试过程跟踪与监控的依据。

测试项目的跟踪与监控的基础是软件测试计划。测试项目的跟踪与监控的主要方法是选定软件测试的某个时刻，比较实际测试工作的工作量、投入、成本、进度、测试风险等与计划的差距。计划未完成，则采取相应的纠正措施：修改测试计划以反映实际进度；重新计划剩余部分工作的实施；采取相应提高效率的措施。

在具体的测试项目的跟踪与监控过程中，可以采用周报、日报、例会，以及里程碑评审会等方式来了解测试项目的进展情况；建立、收集和分析项目的实际状态数据，对项目进行跟踪与监控，达到项目管理的目的。基于可靠的信息，明智的和有意义的决策可以很好地管理测试过程，在测试过程的每个阶段，测试项目管理人员应特别注意弄清楚以下问题：

- 系统现在是否做好测试准备？
- 如果系统开始测试会有什么样的风险？
- 当前测试所达到的覆盖率是怎样的？
- 到目前为止取得了哪些成功？
- 还有哪些测试要做？
- 怎么证明系统已经经过了有效的测试？
- 有哪些变更，哪些必须重新测试？

弄清楚这些问题可以使项目管理人员对项目的状态有清楚的认识和正确的理解，帮助他们监控项目的发展趋势，发现潜在的问题，从而达到控制成本、降低风险、提高测试工作质量的目的。

7.5.2 测试的配置管理

配置管理的目的是建立和维护在软件生命周期中软件产品的完整性和一致性。软件测试过程的配置管理和软件开发过程的配置管理是一样的。开发过程中，测试活动的配置管理属于整个软件项目配置管理的一部分，独立的测试组织应建立专门的配置管理系统。一般来说，软件测试配置管理包括 4 个最基本的活动：

- 配置标识；
- 变更控制；
- 配置状态报告；
- 配置审计。

1. 配置标识

配置标识是配置管理的基础。为了在不严重阻碍合理变化的情况下来控制变化，在配置管理中引入了基线的概念。IEEE 对基线的定义是这样的："已经正式通过审核批准的某规约或者产品，它因此可作为进一步开发的基础，并且只能通过正式的变化控制过程的改变。"根据这个定义，在软件测试过程中，可把所有需要加以控制的配置项分为基线配置项和非基线配置项两类。所有配置项的操作权限都应当严格管理，其基本原则是：所有基线配置项向测试人员开放读取权限；而非基线配置项向测试组长、项目经理及相关人员开放。

配置标识主要是标识测试样品、测试标准、测试工具、测试文档（包括测试用例）、测试报告等配置项的名称和类型。所有配置项都应按照相关规定统一编号，按照相应的模板生成，并在文档中的规定部分记录对象的标识信息，标识各配置项的所有者及储存位置，指出何时基准化配置项（置于基线控制之下），这样使得测试相关人员能方便地知道每个配置项的内容和状态。

2. 变更控制

变更控制的目的并不是控制和限制变更的发生，而是对变更进行有效的管理，确保变更有序地进行。成功变更控制的关键是成立变更控制小组，确定变更控制委员会的人员组成、职能（包括变更授权、确认与批准）、工作程序。变更控制主要包括以下内容。

① 规定测试基线，对每个基线必须描述下列内容：

- 每个基线的项（包括文档、样品和工具等）；
- 与每个基线有关的评审、批准事项以及验收标准。

② 规定何时何人创立新的基线，如何创立。

③ 确定变更请求的处理程序和终止条件。

④ 确定变更请求的处理过程中各测试人员执行变更的职能。

⑤ 确定变更请求和所产生结果的对应机制。

⑥ 确定配置项提取和存入的控制机制与方式。

3. 配置状态报告

配置状态报告就是根据配置项操作数据库中的记录，来向管理者报告软件测试工作的进展情况。这样的报告应该是定期进行的，用数据库中的客观数据来真实地反映各配置项的情况。配置状态报告应着重反映当前基线配置项的状态，以作为对测试进度报告的参照。同时也能根据测试人员对配置项的操作记录来发现各成员之间的工作关系。配置状态报告应该包括以下主要内容：

① 定义配置状态报告形式、内容和提交方式。

② 确认过程记录和跟踪问题报告，更改请求，更改次序等。

③ 确定测试报告提交的时间与方式。

4. 配置审计

配置审计的主要作用是作为变更控制的补充手段，来确保某一变更需求已被切实地执行和实现。配置审计包括以下主要内容：

① 确定审计执行人员和执行时机。

② 确定审计的内容与方式。

③ 确定发现问题的处理方法。

配置管理是管理和调整变更的关键，对于一个参与人员较多、变更较大的项目，它是至关重要的。软件测试配置管理概念相对比较简单，但实际操作却常常十分复杂。它应用于测试工具、测试用例，也应用于测试样本和数据，而且对测试过程中的所有文档也是非常重要的。

7.5.3　软件测试风险管理

1. 风险的基本概念

风险可定义为“伤害、损坏或损失的可能性；一种危险的可能或一种冒险事件。”风险涉及到一个事件发生的可能性，涉及到该事件产生的不良后果或影响。软件风险是指开发不成功引起损失的可能性，这种不成功事件会导致公司商业上的失败。风险分析是对软件中潜在的问题进行识别、估计和评价的过程。软件测试中的风险分析是根据测试软件将出现的风险，制订软件测试计划，并排列优先等级。

软件风险分析的目的是确定测试对象、测试优先级，以及测试的深度。有时还包括确定可以忽略的测试对象。通过风险分析，测试人员识别软件中高风险的部分，并进行严格彻底的测试；确定潜在的隐患软件构件，对其进行重点测试。在制订测试计划的过程中，可以将风险分析的结果用来确定软件测试的优先级与测试深度。

软件风险分析工作应由各部门的专家组成，一般包括：项目经理、开发人员、测试人员、用户、客户以及销售人员。

对所有的软件项目进行风险分析将是必不可少的。如果软件本身的缺陷与错误能够导致灾难性后果，如造成严重的经济损失或生命危害，这样的软件称为安全性重要软件，安全性重要软件在开发过程中的各个阶段都应进行安全性分析。

即使是非重要软件，在项目的初期进行风险分析，也有助于识别潜在的问题。这些问题可能会引发严重的后果，因此项目经理和开发人员在开发中要特别注意，以便预防风险。

测试人员可利用风险分析的结果选择最关键的测试，大部分的测试资源应该用在控制最高级别的商业风险上，而最低级别的商业风险应该占用尽可能少的测试资源。只有这样，软件测试人员才能制定合理的策略，控制软件开发的风险。

2. 软件测试与商业风险

软件公司的管理者制订整个软件开发战略时使用“计划—执行—检查—改进”(PDCA)的循环理念，战略性的策略可以转为商业上的主动。在 PDCA 循环中，计划和执行往往更被人们所重视，然而，检测部分才是用来处理商业风险的关键过程。

软件测试是一种用来尽可能降低软件风险的控制措施。软件测试是检测软件开发是否符合计划，是否达到预期的结果测试。如果检测表明软件的实现没有按照计划执行，或与预期目标不符，就要采取必要的改进行动。因此，公司的管理者应该依靠软件测试之类的措施来帮助自己实现商业目标。

软件测试人员必须明白他们的任务之一就是通过测试来评估产品的商业风险，并将结果报告给公司管理者。从这个角度看来，测试人员首先要理解什么是商业风险，并且要以这些风险为重点来制订测试策略。

3. 软件风险分析

风险分析是一个对潜在问题识别和评估的过程，即对测试的对象进行优先级划分。风险分析包括以下两个部分。

- 发生的可能性：发生问题的可能性有多大。
- 影响的严重性：如果问题发生了会有什么后果。

风险分　由以下几个步骤组成：首先，列出潜在问题；其次，对标识的每个潜在问题发生的可能性和影响严重性赋值，进行风险测定。测试人员根据测试分析结果的排列，关注潜在问题，设计与选择测试用例。

通常风险分析采用两种方法：表格分析法和矩阵分析法。通用的风险分析表包括以下几项内容。

① 风险标识：表示风险事件的唯一标识。

② 风险问题：风险问题发生现象的简单描述。

③ 发生可能性：风险发生可能性的级别(1～10)。

④ 影响的严重性：风险影响的严重性的级别(1～10)。

⑤ 风险预测值：风险发生可能性与风险影响的严重性的乘积。

⑥ 风险优先级：风险预测值从高向低的排序。

软件风险分析表的例子见表7-2。

表7-2 软件风险分析表

标识	风险问题	可能性	严重性	预测值	优先级	测试用例
A	非法用户访问	6	8	48	2	TC-1-1
B	非法数据输入	7	10	70	1	TC-1-2
C	数据库更新不同步	4	10	40	4	TC-2-1
D	并发用户少	5	9	45	3	TC-3-1
E	用户文档不清晰	9	1	9	5	TC-4-1

可能性与严重性的乘积产生的风险预测值，决定了风险优先级的排序。预测值越高，优先级别越高，针对该问题的测试就越重要。根据表7-1的计算结果，风险问题的排列为B、A、D、C、E。在风险计算过程中，可能出现具有相同预测值的情况，这时可以通过将可能性和严重性分别加权计算来进行进一步的分析。

这里风险分析的可能性值和严重性值的范围推荐使用1～10，有些公司可能使用值的范围为1～100或0～1之间的小数，也有的公司使用高、中、低的等级来表示。至于使用哪种等级表示并不是很重要，只要这些值在分析过程中的使用是一致的，分析的效果都是一样的。

风险矩阵是风险分析的另一种有效的方法，测试人员可根据需要，对风险潜在问题的可能性和严重性采用高(1)、中(2)、低(3)的等级来表示，形成一个二维风险矩阵，而风险优先级可用二者值之和表示。这样，可能存在5个风险等级(即6、5、4、3、2)。

总之，风险优先级是由软件潜在问题影响的严重性确定的，是个相对值，而潜在问题的影响严重性是根据问题的可能性来评定的。风险优先级的确定是使用可能性和严重性等级值相加，但是，如果使用两者值相乘，将会扩大有风险的区域。

综上所述，软件风险分析的目的是：确定测试对象、确定优先级，以及测试深度。在测试计划阶段，可以用风险分析的结果来确定软件测试的优先级。对每个测试项和测试用例赋予优先代码，将测试分为高、中和低的优先级类型，这样可以在有限的资源和时间条件下，合理安排测试的覆盖度与深度。

4. 软件测试风险

软件测试的风险是指软件测试过程出现的或潜在的问题，造成的原因主要是测试计划的不充分、测试方法有误或测试过程的偏离，造成测试的补充以及结果不准确。测试的不成功导致软件交付潜藏着问题，一旦在运行时爆发，会带来很大的商业风险。

IEEE 829—1998《软件测试文档编制》标准中，在测试计划的模板中有一项为“风险与应急措施”。这表明软件测试风险管理是很重要的工作。主要是对测试计划执行的风险分析与制定要采取的应急措施，降低软件测试产生的风险造成的危害。

测试计划的风险一般指测试进度滞后或出现非计划事件，就是针对计划好的测试工作造成消极影响的所有因素，计划风险分析的工作是制订计划风险发生时应采取的应急措施。一些常见的计划风险包括：交付日期、测试需求、测试范围、测试资源、人员能力、测试预算、测试环境、测试支持、劣质组件、测试工具。

其中，交付日期的风险是主要风险之一。测试未按计划完成，发布日期推迟，影响对客户提交产品的承诺，管理的可信度和公司的信誉都要受到考验，同时也受到竞争对手的威胁。交付日期的滞后，也可能是已经耗尽了所有的资源。计划风险分析所做的工作重点不在于分析风险产生的原因，重点应放在提前制订应急措施来应对风险发生。当测试计划风险发生时，可能采用的应急措施有：缩小范围、增加资源、减少过程等措施。例如，当用户在软件开发接近尾声时，提出了重要需求变动，此时，将采用的应急措施如下。

应急措施 1：增加资源。请求用户团队为测试工作提供更多的用户支持。

应急措施 2：缩小范围。决定在后续的发布中，实现较低优先级的特性。

应急措施 3：减少质量过程。在风险分析过程中，确定某些风险级别低的特征测试，以减少测试。

上述列举的应急措施要涉及有关方面的妥协，如果没有测试计划风险分析和应急措施处理风险，开发者和测试人员采取的措施就比较匆忙，将不利于将风险的损失控制到最小。因此，软件风险分析和测试计划风险分析与应急措施是相辅相成的。由上面分析可以看出，计划风险、软件风险、重点测试、不测试，甚至整个软件的测试与应急措施都是围绕“用风险来确定测试工作优先级”这样的原则来构造的。软件测试存在着风险，如果提前重视风险，并且有所防范，就可以最大限度减少风险的发生。在项目过程中，风险管理的成功取决于如何计划、执行与检验每一个步骤。遗漏任何一点，风险管理都不会成功。

7.5.4 软件测试的成本管理

有效的测试可以识别软件缺陷和评价软件的各种风险，能把这些风险缩小到测试范围内，测试工作可以承受这风险，并制订测试计划实现软件产品目标。

对于一般项目，项目的成本主要由项目直接成本、管理费用和期间费用等构成。项目直接成本是指与项目有直接关系的成本费用，是与项目直接对应的，包括直接人工费用、直接材料费用（包括硬件设备、软件工具和数据资源）和其他直接费用。项目管理费用是指为了组织、管理和控制项目所发生的费用，项目管理费用一般是项目的间接费用。期间费用是指与项目的完成没有直接关系，费用的发生基本上不受项目业务量增减所影响的费用。例如，日常行政管理费用、医疗保险费用等。这些费用一般已经不再是项目费用的一部分，而是作为期间费用纳入公司的当期损益。

当一个测试项目开始后，就会发生一些不确定的事件。测试项目的管理者一般都在一种不能够完全确定的环境下管理项目，项目的成本费用可能出现难以预料的情况，因此，必须有一些可行的措施和办法，来帮助测试项目的管理者进行项目成本管理，即依据实际预算制订项目计划，实施整个项目生命周期内的成本度量和控制。

1. 测试费用有效性

风险承受的确定，从经济学的角度考虑就是确定需要完成多少测试，以及进行什么类型的测试。经济学所做的判断，确定了软件存在的缺陷是否可以接受，如果可以，能承受多少。测试的策略不再主要由软件人员和测试人员来确定，而是由商业的经济利益来决定的。

"太少的测试是犯罪，而太多的测试是浪费。"对风险测试得过少，会造成软件的缺陷和系统的瘫痪；而对风险测试得过多，就会使本来没有缺陷的系统进行没有必要的测试，或者是对轻微缺陷的系统所花费的测试费用远远大于它们给系统造成的损失。

测试费用的有效性，可以用测试费用的质量曲线来表示，如图 7-1 所示。随着测试费用的增加，发现的缺陷也会越多，两线相交的地方是过多测试开始的地方，这时，排除缺陷的测试费用超过了缺陷给系统造成的损失费用。

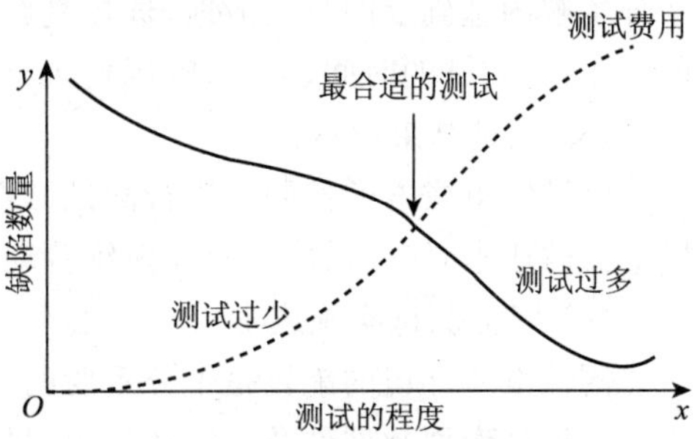

图 7-1 测试费用的质量曲线

2. 测试成本控制

测试成本控制也称为项目费用控制，就是在整个测试项目的实施过程中，定期收集项目的实际成本数据，与成本的计划值进行对比分析，并进行成本预测，及时发现并纠正偏差，使项目的成本目标尽可能好地实现。项目成本管理的主要目的就是项目的成本控制，将项目运作成本控制在预算的范围内，或者控制在可以接受的范围内，以便在项目失控之前就及时采取措施予以纠正。

在实际的软件测试中，资源条件是有限的，想要完成所有测试是不可能的。要么缺时间，要么缺钱和人，往往不知道实际测试成本有多少，也不知道怎样系统地降低成本。

测试工作的主要目标是使测试产能最大化，也就是，要使通过测试找出错误的能力最大化，而检测次数最小化。测试的成本控制目标是使测试开发成本、测试实施成本和测试维护成本最小化。

在软件产品测试过程中，测试实施成本主要包括：测试准备成本、测试执行成本和测试结束成本。

（1）测试准备成本控制

测试准备成本控制的目标是使时间消耗总量、劳动力总量，尤其是准备工作所需的熟练劳动力总量最小化。准备工作一般包括：硬件配置、软件配置、测试环境建立，以及测试环境的确定等。

（2）测试执行成本控制

测试执行成本控制的目标是使总执行时间和所需的测试专用设备尽可能地减少。执行时间要求和用户进行手工操作执行测试时间应尽量减少，同时对劳动力和所需的技能也要尽量减少。如果需要重新测试，不同的选择会有不同的成本控制效果，重新测试的决策是在成本与风险的矛盾中进行的。

完全重新测试：将测试全部重新执行一遍，将风险降至最低，但加大了测试执行的成本。

部分重新测试：有选择地重新执行部分测试，能减少执行成本，但同时加大了风险。

对部分重新测试进行合理的选择，将风险降至最低，而成本同样会很高，必须将其与测试执行成本进行比较，权衡利弊。利用测试自动化，进行重新测试，其成本效益是较好的。

部分重新测试选择方法有两种：

① 对由于程序变化而受到影响的每一部分进行重新测试。

② 对与变化有密切和直接关系的部分进行重新测试。

其中，第①种办法风险要小一些，而第②种是一种主观制定的办法，是建立在对软件产品十分了解的基础上的。一般地，选择重新测试的策略建立在软件测试错误的多少（即软件风险的大小）与测试的时间、人力、资源投入成本大小之间的折衷基础上。

(3) 测试结束成本控制

测试结束成本的控制是进行测试结果分析和测试报告编制、测试环境的消除与恢复原环境所需的成本，使所需的时间和熟练劳动力总量减少到最低限度。

(4) 降低测试实施成本

测试准备环境的配置是十分重要的，要求与软件的运行环境相一致。测试环境应建立在固定的测试专用软硬件及网络环境中，尽可能使软件和测试环境配置自动化。测试实施尽可能采用自动化的测试工具，减少手工辅助测试。当测试结束编写测试报告时，测试结果与预期结果的比较采用自动化方法，以降低分析比较成本。

测试自动化的方法主要有：使用测试工具、测试用例的自动化执行和测试文档编制的模板自动化生成。

(5) 降低测试维护成本

降低测试维护成本，与软件开发过程一样，加强软件测试的配置管理，所有测试的软件样品、测试文档（测试计划、测试说明、测试用例、测试记录、测试报告）都应置于配置管理系统控制之下。降低测试维护工作成本主要考虑：

- 对于测试中出现的偏差要增加测试；
- 采用渐进式测试，以适应新变化的测试；
- 定期检查维护所有测试用例，以获得测试效果的连续性。

保持测试用例效果的连续性是重要的措施，有以下几个方面：

- 每一个测试用例都是可执行的，即被测产品功能上不应有任何变化；
- 基于需求和功能的测试都应是适合的，若产品需求和功能发生小的变化，不应使测试用例无效；
- 每一个测试用例不断增加使用价值，即每一个测试用例不应是完全冗余的，连续使用，应是成本效益高的。

3. 质量成本

企业为了获得利润，需花费大量的资金进行测试。在质量方面的投资会产生利润，例如，提高产品质量会提高公司的声誉，使产品交付之后的维护成本减少，避免用户的抱怨。测试是一种带有风险性的管理活动，可以使企业减少因为软件产品质量低劣，而花费不必要的成本。

(1) 质量成本要素

质量成本要素主要包括一致性成本和非一致性成本。一致性成本是指用于保证软件质量的支出,包括预防成本和测试预算,如测试计划、测试开发、测试实施费用。非一致性成本是由出现的软件错误和测试过程故障(如延期、劣质的发布)引起的。这些问题会导致返工、补测、延迟。追加测试时间和资金就是一种由于内部故障引起的非一致性成本。非一致性成本还包括外部故障(软件遗留错误影响客户)引起部分。一般情况下,外部故障非一致性成本要大于一致性成本与内部故障非一致性成本之和。

(2) 质量成本计算

质量成本一般按下式计算:

质量成本=一致性成本+非一致性成本

4. 缺陷探测率

缺陷探测率是另一个衡量测试工作效率的软件质量成本的指标。

缺陷探测率=测试发现的软件缺陷数/(测试发现的软件缺陷数+客户发现并反馈技术支持人员进行修复的软件缺陷数)

缺陷探测率越高,也就是测试发现的错误多,发布后客户发现的错误就越少,降低了外部故障不一致成本,达到了节约总成本的目的,获得较高的测试投资回报率。因此,缺陷探测率是衡量测试投资回报的一个重要指标。测试投资回报率可按下式计算:

投资回报率=(节约的成本-利润)/测试投资×100%

下面,通过一个例子来说明质量成本的概念。假设对一个客户的管理软件 CRM 进行测试。属于质量预防方面的,一致性成本只考虑软件测试的投资,把发布之前和之后发现及修改的错误看成非一致性成本,假设发现的错误为 300 个,故障成本已知,测试过程的估算如下。

各阶段花费在发现及修改错误上的成本假设如下:

① 在开发过程单元测试阶段,软件开发人员发现及修改一个错误需要 50 元。

② 建立独立的测试进行集成和系统测试,测试人员发现错误,开发人员修改后,测试人员再确认,一个错误需要 300 元。

③ 在产品发布后,由客户发现,报告技术支持人员、相关开发人员修改,测试组再进行回归测试,一个错误需要 2 000 元。

第 1 种情况:开发单位未建立独立测试队伍,由开发人员进行测试,发现 100 个错误,而产品发布后客户发现错误 200 个,只存在故障成本构成的总成本为 405 000 元,缺陷探测率为 33.30%

第 2 种情况:开发单位建立了独立测试队伍,进行手工测试。投资预算人员费用为 60 000 元,测试环境使用费为 8 000 元,测试投资(一致性成本)为 68 000 元;除了开发过程中开发人员发现并修改 100 个错误外,测试过程中测试人员发现错误 150 个,而产品发布后客户发现 50 个错误。总质量成本下降到 218 000 元,手上测试总质量成本节约了 187 000 元,即为利润。投资回报率为 275%,缺陷探测率为 83.3%。具体计算如下:

投资回报率=(节约的成本-利润)/测试投资×100%
=(405 000-218 000)/68 000×100%
=275%

缺陷探测率＝测试发现的软件缺陷数/(测试发现的软件缺陷数＋客户发现并反馈技术支持人员进行修复的软件缺陷数)
＝(100＋190)/(100＋190＋10)×100％
＝83.3％

第 3 种情况：开发单位在独立测试中，采用自动测试工具，投资中增加 10 000 元的工具使用费，测试投资为(一致性成本)78 000 元。由于使用测试工具，测试人员在测试中发现错误增加到 190 个，在产品发布后，客户发现错误下降到 10 个。总质量成本下降到 160 000 元，比未建立独立测试前节约了 245 000 元。投资回报率为 314％，缺陷探测率为 96.7％。具体计算如下：

投资回报率＝(节约的成本－利润)/测试投资×100％
＝(405 000－160 000)/78 000×100％
＝314％

缺陷探测率＝测试发现的软件缺陷数/(测试发现的软件缺陷数＋客户发现并反馈技术支持人员进行修复的软件缺陷数)
＝(100＋190)/(100＋190＋10)×100％
＝96.7％

综上所述，建立独立的软件测试组织，选择好的测试方案，不但可以使软件缺陷的探测率高，还可以有效地控制软件的风险，提高软件质量，同时降低软件的质量成本，测试的投资回报率也将随着明显提高。

习 题

1. 什么是测试项目？什么是测试项目管理？
2. 测试文档有哪些作用？主要的软件测试文档有哪些？
3. IEEE 软件测试计划文档模板规定了哪些测试方面的相关内容？
4. 常见的测试组织结构有哪些？
5. 软件风险分析的目的是什么？
6. 质量成本要素有哪些？质量成本如何计算？

第8章 软件测试自动化与软件测试工具

本章要点

- 自动化测试的定义
- 自动化测试的作用
- 自动化测试工具的分类
- 常用软件测试工具简介

学习要求

- 理解和掌握自动化测试的定义及作用
- 学会按照不同的用户对软件测试工具进行分类
- 了解常用的软件测试工具

8.1 软件自动化测试概述

软件测试自动化是软件测试技术的一个重要组成部分，引入自动化测试可以提高软件质量，节省经费，缩短软件产品的发布周期。自动化测试可以进行基于功能、路径、数据流，或者控制流的覆盖测试，许多工作是手工测试无法完成的。

1. 软件自动化测试的产生

随着计算机日益广泛的应用，计算机软件越来越庞大和复杂，软件测试的工作量也越来越大。据统计，软件测试工作一般要占用整个工程40%的开发时间，而一些可靠性要求非常高的软件测试时间甚至占到总开发时间的60%。在整个测试工作中，手工测试往往占了绝大部分的时间，尤其是模块级的白盒测试和黑盒测试，遍历数据路径和测试各模块的功能，都需要通过手工测试来完成。但是有些测试工作却非常适合应用计算机来自动进行，其原因是测试的许多操作是重复性的、非智力创造性的、要求准确细致的工作，对于这样的工作计算机最适合代替人去完成。因此，随着人们对软件测试工作的重视，大量的软件测试自动化工具不断涌现出来。自动化测试能够满足软件公司想在最短的进度内充分测试其软件的需求，一些软件公司在这方面的投入，会对整个开发工作的质量、成本和周期带来非常明显的效果。

2. 软件自动化测试的概念

软件测试自动化就是通过测试工具或其他手段，按照测试工程师的预定计划对软件产品进行自动的测试，它是软件测试的一个重要组成部分，能够完成许多手工无法完成或者难以实现的一些测试工作。正确、合理地实施自动化测试，能够快速、全面地对软件进行测试，从而提高软件质量、节省经费、缩短产品发布周期。

软件测试自动化涉及测试流程、测试体系、自动化编译，以及自动化测试等方面的整合。也就是说，要让测试能够自动化，不仅是技术、工具的问题，更是一个公司和组织的文化问题。首先，公司要从资金、管理上给予支持；其次，要有专门的测试团队去建立适合自动化测试的测试流程和测试体系；最后，才是把源代码从受控库中取出、编译、集成，并进行自动化的功能和性能等方面的测试。

自动化测试能够替代大量手工测试工作，避免重复测试，同时，它还能够完成大量手工无法完成的测试工作，如并发用户测试、大数据量测试、长时间运行可靠性测试等。特别是对于大型工程，或者是持续的长期的工程，采用自动测试的效果是非常明显的。因为对于一项工程，其功能部件可能很多，而且部件之间的关系也比较复杂，要采用人工的测试就需要投入很大的精力，而且当需要进行反复测试的时候，自动测试的需求就逐渐明显。测试活动的自动化在下列情况下提供最大价值，即重复使用测试脚本，或测试脚本子程序生成后，被一些测试脚本反复调用。因为是长期的工程，学习一种测试工具使用方法的时间相对于工程建设的时间比例就很小，因此，在工程性软件的开发中，采用自动测试工具是很有意义的。但自动化测试在实际应用中也存在局限性，并不能完全替代手工测试。如定制型项目，这种项目专为客户定制，其中定制的还可能包括项目所采用的开发语言、运行环境等，这样的项目不适合做自动化测试。同样，对于小型项目，自动测试可能用处不大，不值得再花时间学习一种测试工具的使用方法。

8.2　自动化测试的作用和优势

使用测试工具的目的就是要提高软件测试的效率和软件测试的质量。前面已经介绍过，最常见的软件测试分类是白盒测试与黑盒测试。一些研究报告指出，黑盒测试所找到的软件缺陷的数量与白盒测试找到的数量是差不多的，有些时候甚至比白盒测试所找到的问题还要严重。这是因为黑盒测试的方向是以测试的广度为主，所进行的测试范围与种类比白盒测试广，因为广度的关系，有时候所找到的问题及其影响范围也相对较大。进行白盒测试是确定程序代码的运行是否正确，而黑盒测试就类似一个把关的角色，白盒测试是前端作业，黑盒测试是后端验证。对黑盒测试来说，如果加上良好的测试工具的话，所进行的测试就是灰盒测试。对软件测试来说，善于使用测试工具对软件测试可提供许多好处。对于给定的需求，测试人员必须评估在项目中实施自动化测试是否是合适的。通常，自动化测试（与手工测试结合）的好处有：

- 产生可靠的系统；
- 改进测试工作质量；
- 减少测试工作量并加快测试进度。

1. 产生可靠的系统

测试工作的主要目标一个是找出缺陷，从而减少应用中的错误；另一个是确保系统的性能满足用户的期望。为了有效地支持这些目标，在开发生存周期的需求定义阶段，在开发和细化需求时就应着手测试工作。

使用自动化测试可改进所有的测试领域，包括测试程序开发、测试执行，测试结果分析、故障状况和报告生成。它还支持所有的测试阶段，其中包括单元测试、集成测试、系统测试、验收测试与回归测试等。

软件测试如果只使用人工测试的话，所找的软件缺陷在质与量上都是有限的。例如 Compuware NuMega 发行的 TureCoverage 软件，这套软件可以帮助测试人员寻找在程序代码中未被执行的范围有多大，相对地，这也降低了损害软件质量的风险。在开发生存周期的所有领域中，假定自动化测试工具和方法被正确地实施，并且遵循定义的测试过程，自动化测试有助于建立可靠的系统。通过使用自动化测试可获得的效果可归纳如下：

(1) 需求定义的改进

可靠且节省成本的软件测试开始于需求阶段，目标是建立高度可靠的系统。如果需求是明确的，并且始终如一地以可测试格式描述测试人员需要的信息，那么需求则被看做是具备测试的，或可测试的。目前，许多工具有助于生成可测试的需求。一些工具使用面向语法的编辑程序，诸如 Lotus 之类的形式语言编写。其他工具，可建立图形化的需求模式。

(2) 性能测试的改进

手工进行性能测量的方法是属于劳动密集型工作。例如，对某产品进行手工性能测试时，需一名测试人员手工执行测试，另一名测试人员坐在一旁用秒表计时，这样的测试极易出错，并且不能确保自动重复。目前，已有许多性能测试工具，这些工具可使测试人员自动完成系统性能测试，给出计时数目与图形，并查明系统的瓶颈与阈值。测试工程师不必坐在一边手握着秒表，而是启动测试脚本以便自动获取性能统计数据，这样，测试人员便可腾出手来干一些创造性的、富有智力挑战性的测试工作。

过去，需要许多不同型号的计算机，以及各类人员一遍又一遍地执行大量的测试，以产生统计上有效的性能数值。新的自动性能测试工具可使测试人员利用文件，或表格上读出数据的程序，或使用工具生成数据的程序，不管信息包含一行数据还是 100 行数据。还可以开发出或从测试程序库内重用另外一些程序以便支持循环结构和条件语句的测试。

新一代测试工具可使测试人员无人值守地运行性能测试，因为他们可使测试执行时间预先设置，而后脚本自动开始，无需任何人工干预。许多自动性能测试工具可允许虚拟用户测试，在虚拟用户测试时，测试人员可仿真几十个、几百个或几千个执行各种测试脚本的用户。

性能测试的目的是证明在与产品规模等同的数据库中，在处理给定的事务请求容量下，系统功能和性能与需求规格说明中可接受的响应时间一致。在性能测试期间，使用负载来预测性能，并使用经过控制与测量的负荷来测量响应时间。性能测试结果分析将有助于支持性能的调整。

(3) 负载/压力测试的改进

支持性能测试的测试工具也支持压力测试。两种测试的差别仅在于如何执行测试。压力测试是使客户机在大容量情况下运行的过程，以查看应用将在何时、何处中断。在压力测试时，系统经受最大和最小的负载，以查明系统是否，并且何处中断，并确定哪一部分首先中断，以识别系统的薄弱环节。系统需求应定义这些阈值，并描述系统对过载的反应。压力测试有助于在系统最大负载时操作该系统，以验证它是否工作正常。

完全使用手工方法对应用进行充分的压力测试是一项耗资大、困难多、不准确且耗时长的工作。需要大量用户和工作站参与测试过程，并且各种资源之间的结合不一定和谐。采用自动化测试后，压力测试不再需要 10 个以上的测试人员来完成。压力测试自动化对各方都有好处。例如，某一大型项目有20名测试人员，在一个星期测试的最后日子，要求20名测试人员星期六全体加班，以进行压力测试工作。这样每一个测试人员都以很高的速度对系统进行操作，这将给系统造成一定的压力。每一个测试人员都在同一时间内执行系统的最复杂的功能。采用自动压力测试工具，当进行压力测试时，测试人员可以向工具发出何时执行压力测试、运行哪一个测试，以及模拟多少个用户这样的指令，所有这一切无需用户干预。这样，测试人员不需要额外的资源，测试人员可以从加班或周末工作中解放出来，当然，经理也不用发加班工资了。自动化测试工具通过在有限数量的客户机和工作站上仿真许多用户与系统的交互作用，为压力测试提供了另一种高效的选择方案。

许多自动化测试工具包括负载仿真器，该仿真器可使测试人员同时模拟几百个或几千个使用目标应用程序的虚拟用户。测试脚本的运行可以无人照管。绝大多数工具产生一个测试日志输出，该输出列出测试结果。

(4) 高质量测量与测试最佳化

自动化测试将产生高质量度量并实现测试最佳化。的确自动化测试过程本身是可测量和重复的。在进行手工测试时，第二次测试期间，其操作的步骤不可能完全重复第一次测试操作的步骤。因此，手工测试很难产生任何类型一致的质量测量。而采用自动化测试技术，测试过程则是可重复且可测量的。测试人员对测量的质量分析，支持了测试工作最佳化，但只是在测试可重复情况下才能做到。如前所述，自动化可实现测试的可重复性。例如，手工执行测试时，在测试人员发现了某种错误的情况下，测试人员要力图重新建立测试，有时难以获得成功。采用自动化测试，脚本可被回放，并且测试将是可重复且可测量的。另外，自动化测试可产生许多度量(通常生成测试日志)。

(5) 改进与开发组人员之间的关系

自动化测试为测试人员与应用程序开发人员一同工作提供了一种便利的手段。由于测试人员目前需要拥有同样的软件技能，双方将会出现更多的合作与尊重的机会。使用手工测试时，开发人员往往认为测试人员仅具有数据输入技能，常常机械地进行测试活动，加之测试人员所处的挑错的位置，在这种环境下，测试人员常常得不到开发人员应有的尊重。

由于自动化测试工具，用于完成开发性的测试，开发人员本身将使用这些工具来进行单元测试、内存泄漏测试、代码覆盖测试、用户界面测试以及服务器测试等测试工作。测试人员也需具有与开发人员同样的资格和职业机会，应用程序开发人员与测试人员之间的尊重将不断发展，在理想情况下，该关系将更多地被看作是伙伴关系。

(6) 改进系统开发生存周期

自动化测试可支持系统开发生存周期的每一个阶段。目前已推出若干自动化测试工具，支持开发生存周期的每一阶段。例如，在需求定义阶段有一些工具，这些工具可帮助生成具备测试条件的需求，以便减少测试工作量和测试成本。同样，支持设计阶段的工具，如建模工具，可记录测试用例内的需求。测试用例代表用户实施系统级的各种组合的操作，这些测试用例具有确定的起点、确定的用户(可能是人员或外部系统)、一组不连续的步骤，以及确定的出口标准。

编程阶段也需要测试工具，如代码检查、度量报告、代码插装、基于产品的测试程序生成器。如果需求定义、软件设计和测试程序已经进行了适当的准备，那么，应用程序开发将会更高效地进行。在这些条件下，测试执行必定会更顺利。

还有其他一些支持测试工作的工具，其中有性能测试工具和捕获/回放工具等。这些众多不同的测试工具，以一种方式或其他方式服务于整个系统开发生存周期。

2. 改进测试工作质量

通过使用自动化测试工具，可增加测试的深度与广度，改进测试工作质量。其具体好处可归纳如下：

(1) 改进多平台兼容性测试

使用自动化测试可以使得脚本重用，以支持从一个平台(硬件配置)到另一个平台的测试。计算机硬件、网络版本，以及操作系统的变更可能给现有配置造成意外的兼容问题。在向大批用户展示产品的某个新应用之前，执行自动化测试可提供一种简捷的方法，确保这些变更不会对当前的应用程序与操作环境造成不利的影响。

(2) 改进软件兼容性测试

推动多平台兼容性测试的原理，同样适用于软件配置测试。软件变更(如升级或新版本的施行)可给现有软件带来意外的兼容性问题。执行自动化测试脚本可提供一种简捷的方法，确保这些软件变更不会对当前的应用与操作环境造成不利影响。

(3) 改进普通测试执行

自动化测试工具将消除重复测试的单调乏味。进行普通重复性测试时，测试人员可能厌烦一遍又一遍地测试同样单调的步骤

(4) 使测试集中于高级测试问题

自动化测试可允许测试的问题简单重复，相当数量的测试是在应用的基本用户界面操作中进行的。无论手工与自动回归测试，测试人员都需静心地重复进行相同的基本操作测试。例如，对于每一新版本，测试人员需要验证在早先版本上正常工作的每一功能是否在最新产品上仍然正常。除了耽误其他测试外，这些测试的单调乏味使手工测试人员付出了很大的代价。由于这些测试重复，影响了其他所要求的测试的进展。自动化测试为在可允许的进度内更快速完成复杂测试提供了机会。也就是说，用户界面操作测试的自动建立使这些测试很快完成，同时也释放了测试资源，使测试人员将其创造力和工作转向更加复杂的问题与事务。

(5) 执行手工测试无法完成的测试

软件系统与产品变得越来越复杂，有时手工测试不能支持全部所需的测试。目前许多类型的测试分析人工无法完成。例如，判定覆盖分析或复杂度度量收集。判定覆盖分析验证程序上的每一输入点和出口至少已经调用过一次，并且验证程序上的每一判定已经在所有可能的出口上被经过至少一次。复杂度是通过源代码对可能的路径分析得出的，它已成了 IEEE 可靠软件测量标准的一部分。对于任何大型应用，将需要花费很多时间来计算代码的复杂度。此外，使用手工测试方法几乎不可能进行内存泄漏测试。

如今的测试工具可在大约几秒钟内，在因特网链路上测试应用程序是否运行，而手工进行这些测试则需几小时或几天时间。

(6) 重现软件缺陷的能力

测试人员在进行手工测试期间发现的缺陷，有多少能够原封不动地重现？自动化测试则解决了这种问题。采用自动化测试工具，建立测试所采取的步骤被记录和存储在测试脚本中，脚本将回放早先执行的完全相同的顺序。为了进一步简化内容，测试人员可能把故障告诉相应的开发人员，开发人员可修改回放脚本的选项，以便直接产生软件错误的事件顺序。

(7) 测试无需用户干预

自动化测试使测试的重复变得很简单。因为绝大多数工具可以设置在任何规定的时间开始,自动化测试可允许几小时后进行,测试无需任何用户干预。例如,测试人员可在上午建立一个测试脚本程序,以便上午11时由自动化测试工具启动,而测试人员则可进行其他工作。当第二天测试人员上班时,则可评审测试脚本输出记录,并进行分析。

3. 减少测试工作量并加快测试进度

善于使用测试工具来进行测试,其节省时间并加快测试工作进度是毋庸置疑的,这也是自动化测试的主要优点。在前面的章节中,曾经介绍过回归测试的重要性,这样的测试所耗费的时间是相当惊人的。要进行类似的软件测试,就必须借助软件测试工具来缩减测试过程,例如,使用GUI的自动化测试软件来进行回归测试,就是一个很好的方式。有时使用自动化测试工具,测试人员并不可能马上就体会到测试工作量即刻或大量地减少,甚至以某些方式使用自动化测试工具,最初人们甚至会看到测试工作量增多的现象,这是因为需要完成一些建立任务。尽管测试工作量一开始可能增多,但在自动化测试工具实施的第一次重复之后,测试工具投资回报就将显现出来,因为测试人员的生产率提高了。

质量保证进行的基准,对比分析了以人/小时测量的具体工作差别,研究表明,使用自动化测试的总测试工作的人/小时数值仅占使用手工方法的25%。

测试工作量的减少对测试施行期间的项目进度的加快可能影响最大。这一阶段的活动一般有测试执行、测试结果分析、缺陷纠正以及测试报告。研究表明,手工测试所需的工作量几乎是自动化测试所需的7倍多。表8-1列出了采用手工和自动化测试方式完成各测试步骤所需工作量的基准对比结果。该测试涉及1 750个测试程序和700个错误。表8-1中的数字反映出通过测试自动化,测试工作总量减少75%。

表8-1 手工测试与自动化测试的情况比较

测试步骤	手工测试/h	自动测试/h	改进百分率(使用工具)
测试计划制定	32	40	-25%
测试程序开发	262	117	55%
测试执行	466	23	95%
测试结果分析	117	58	50%
错误状态/纠正监视	117	23	80%
报告生成	96	16	83%
总持续时间	1 090	277	75%

(1) 测试计划制定——测试工作量增多

在做出引入自动化测试工具的决定之前,必须考虑测试过程的方方面面。应该进行计划中的被测应用需求的评审,以确定被测的应用是否与测试工具兼容。需要确认支持自动化测试的抽样数据的可用性,应该略述所需数据的类别与变量,制定获取或开发样本数据的计划。关于要重用的脚本,必须定义和遵循测试设计与开发标准。必须考虑模块化与测试脚本的重用。因此,自动化测试本身也需要开发工作,也具有自己的小型开发生存周期,这样将使测试计划工作量有所增加。

(2) 测试程序开发——测试工作量减少

测试程序的开发是一个缓慢、耗资且劳动密集的过程。当软件需求或软件模块改变时，测试人员常常不得不重新开发现有的测试程序，并从头开始生成新的测试程序。然而，自动化测试工具允许使用图标单击选择和执行特定的测试程序。使用自动化测试相对于手工测试方法，其测试过程生成与修订时间大大缩短，一些测试程序生成与修订工作只需几秒钟的时间。使用测试数据生成工具，促进了测试工作量的减轻。

(3) 测试执行——测试工作量减少/进度加快

测试执行的手工实现是劳动密集型的、易出错误的。测试工具可允许测试脚本在执行期间回放，人工干预最小。如果进行适当的设置，测试人员可简单地启动脚本，由工具自动执行测试，无人照管。必要时测试可进行多次，并且可在规定的时间开始，甚至通宵运行。这种无人照管的回放能力可使测试人员集中于另外的优先级工作。

(4) 测试结果分析——测试工作量减少/进度加快

自动化测试工具一般包括一些种类的测试结果报告日志，并能维护测试记录信息。某些工具产生颜色输出结果，例如，绿色输出表示测试合格，红色输出表示测试不合格等，绝大多数工具可判别测试合格或不合格。这种测试记录输出提高了测试分析的简便性。绝大多数工具还可允许故障数据与原始数据的对照，自动指出两者的差别，也提供了测试输出分析的简便性。

(5) 错误状态/纠正监视——测试工作量减少/进度加快

目前，一些自动化测试工具可允许在测试脚本发现故障后对故障自动记录，只需很少的人工干预。以这种方式记录下的信息可能包括产生缺陷/错误脚本的标识、正在运行的测试周期标识、缺陷/错误描述，以及出现错误的日期/时间。通过简单地选择生成一个错误选项，只要脚本检测出有错误便生成错误报告，之后便可自动且动态地将缺陷连接到测试需求上，从而简化了度量收集。

(6) 报告生成——测试工作量减少/进度加快

许多自动化测试工具具有内置的报告编写程序，这可使用户生成和定制具体报告。甚至那些没有内部报告编写程序的测试工具，也可允许相关数据以所需的格式输入或输出，将测试工具输出数据与支持报告生成的数据库集成变成了一件简单的工作。

软件自动化测试是软件测试技术的一个重要的组成部分，引入自动化测试可以提高软件质量，节省经费，缩短产品发布周期。自动化测试可以进行基于功能、路径、数据流或控制流的覆盖测试，许多工作是手工测试所无法完成的。测试自动化如果实施正确的话，可以减小测试工作规模、加快测试进度、生产出可靠的产品以及增强测试过程。

然而，测试工具本身的优势并不意味着使用测试工具就能成功，关键还是在于使用工具的人。很多刚拥有测试工具的人，经常过分夸大工具的功效，并投入很高的期望。但是，工具只是提供了解决问题的一种手段而已。成功的测试自动化需要有以下两个关键的因素：

1) 一个被很好理解的并且稳定的应用行为

测试自动化对于那些没有很好定义的应用是无法进行的，也就是说，那些还要进行大量需求修改和设计修改的应用，它使得测试自动化难以实现。即使一个相当稳定的应用，如果测试人员不了解它的行为或者相关特定领域内的问题和需要，那么测试自动化也会充满问题。为了成功地进行测试自动化，测试人员需要理解并预知应用的行为，然后才能按测试计划的方式使用测试工具。只有在计划适当、测试工具合适、自动化测试过程定义明确的情况下，自动化测试所需的总测试工作量才能减少，并得到较高的测试质量。

2）一个专注的、有着丰富技能的测试组，并且被分配了足够的时间和资源

由于测试件是软件，测试自动化应当像其他独立的项目支持管理一样被分配资源和时间，否则最终的结果将会导致失败。测试人员在生存周期初期参与需求与设计评审，使测试人员了解了业务需求，提高了需求可测试性并支持有效的测试设计与开发，在使用自动化测试工具时，这是一种必不可少的重要活动。另外，参加测试的人员必须熟悉正在测试的应用，并且必须具有有关平台与网络以及所使用的自动化测试工具方面的特定技能。

选用的测试工具会依据所进行的软件测试项目的不同而不同，但是其使用的目的是基本相同的。测试人员平时就应该学习使用并搜集测试工具，因为要想在软件测试时充分发挥测试工具的功效，就必须非常熟悉如何使用工具，以及使用工具的适当时机。学习使用测试工具需要一些时间，这也就是说，在进行软件测试前，这些准备就要提早完成。一位优秀的测试人员会不断地进修自我的专业知识。这些知识包括对软件工程体系、网络使用环境，以及不同产品的专业知识的深度了解。除此之外，由于使用自动化测试工具的自动软件测试是一种包含编程任务(类似于那些被测应用软件开发人员的任务)的开发活动，特别是有些测试工具会要求测试人员学习编写 Script，所以测试人员另一个相当重要的知识就是学习编写测试程序。

8.3 软件测试工具分类

自动化测试工具可以减少测试工作量，提高测试工作效率。但是，在实际应用中，首先是能够选择一个合适的且满足企业信息系统工程环境的自动化测试工具，因为不同的测试工具，其面向的测试对象是不一样的。如何选用软件测试工具，则是以使用者的使用目的，以及使用者对测试软件的熟悉程度来决定的。

软件测试工具的种类不少，有些以用途来分类，有些以价位来分类，有些则以使用特性来分类。基本上，分类只是一种归纳的方式，本书按照测试工具的主要用途和应用领域将测试软件做了一个整理归纳，将自动化测试工具分为以下几类：

- 捕获错误用途；
- 一般用途；
- GUI 自动化用途；
- 专项用途；
- 软件产品功能、性能测试用途；
- 测试管理工具；
- 测试辅助工具。

1. 捕获错误用途

捕获错误用途顾名思义就是用于捕获软件错误或程序调试。通常这类软件的来源有 3 种，一个就是开发人员自行编写的测试工具；另一个就是利用所使用的开发工具的调试功能或工具；最后就是购买专业的调试软件。目前，销售的专业调试软件比较有名的是 Gompuware NuMega(http//www.compuware.com)所推出的一系列调试软件。通常这类调试软件需要

配合程序代码来进行错误捕获。以测试形式来区分的话，这类测试工具比较适合配置测试或白盒测试。这类的测试工具除了可帮助前端的软件测试之外，也是未来在后端解决客户疑难杂症的好帮手。

2. 一般用途

一般用途是指这个测试工具在进行测试时，可以适用于大部分的软件。例如，网络上可以下载的测试小工具，或 Sysinternals 网站(http://www.sysinternals.com)提供的一些免费软件，以及 Microsoft 公司发行的 ResourceKit，都是适用于大部分软件测试的测试工具。

要使用这些软件是需要一些使用技巧的，特别是要知道适当的使用时机。在很多情况下，软件测试人员并不清楚应该使用哪种工具，或是根本不了解有这样的工具存在，所以浪费了许多时间却找不出任何头绪。在此建议测试人员平时多搜集这类工具，并学习使用这种类型的测试工具，这不仅令测试工作变得更轻松，同时也增加了自己测试软件的工作能力。

3. GUI 自动化用途

目前，许多生产测试工具的软件公司，大多提供这类自动化测试软件。这类软件除了提供在窗口界面中使用外，也有不少是针对浏览器接口开发的自动化测试工具。

通常这类以 GUI (Graphic User Interface)为主的自动化测试软件，需要使用人员学习编写 GUI 测试指令。学习使用这些指令的时间比较短，但是各软件使用的指令各不相同，例如 Rational 公司的 Robot 的指令是以类似 Visual Basic 为基础的，而 Mereury Interactive 公司的 WinRunner 则是采用类似 C 语言的指令。学习这些指令并不困难，其难点是要非常熟悉它们提供的函数与 API。

这类 GUI 自动化测试软件工具的主要代表有 Rational 公司的 Robot；Mercury Interactive 公司的 WinRunner；Seaoine Software 公司的 QA Wizard 等。

4. 专项用途

以专项用途为主的测试工具，就是某种专项测试的软件。

(1) 专用代码测试工具

这类工具主要有：BoundsCheck、CodeReview 和 JCheck。

BoundsCheck——是用于 Visual C++开发环境所开发的程序代码的一个很优秀的自动侦错及调试工具。

CodeReview——是针对 Visual Basic 开发环境所开发的程序代码分析工具，这套工具可以检测出 Visual Basic 程序代码内可能出现错误的环节。

JCheck——是用来分析 Java 执行过程与事件的工具，它可实时监控程序执行的状态。JCheck 的最大特点是能将 Java 语言的执行过程以图形化的方式表现出来。

此外，还有 Java 开发环境的单元测试工具 Junit 和 C++语言开发环境的单元测试工具 CppUnit 等。

(2) 白盒测试工具

这类工具一般是针对代码进行测试，测试中发现的缺陷可以定位到代码级，根据测试工具原理的不同，又可以分为静态测试工具和动态测试工具。静态测试工具直接对代码进行分析，找出不符合编码规范的地方，根据某种质量模型评价代码的质量，生成系统的调用关系图等。静态测试工具的代表有 Logiscope 和 PRQA。动态测试工具和静态测试工具不同，动态测试工具一般采用“插桩”的方式，向代码生成的可执行文件中插入一些监测代码，用来统计程序运行时的数据。与静态测试工具最大的不同就是动态测试工具要求被测系统实际运行。动态测试工具的代表有 DevPartner、Rational Purify 系列等。

(3) 网络测试工具

这类工具主要包括网络故障定位工具、网络性能监测工具、网络仿真模拟工具等。它们分析分布式应用性能,关注应用、网络和其他元素(如服务器)内部的交互式活动,以便使网络管理员能够了解网络不同位置和不同活动之间应用的行为。

此外,像 Network Associates 提供的 Network Sniffer(http://www. sniffer. corn/)是常用的网络打包监视软件。使用这个软件,能够截取网络打包并查看所传递的资料内容,这对 Client/Server 形式软件测试的帮助很大。通常利用这个软件可以找到不少软件缺陷。

5. 软件产品功能、性能测试用途

这类测试工具通过自动录制、检测和回放用户的应用操作,将被测系统的输出记录同预先给定的标准结果进行比较。功能测试工具能够有效地帮助测试人员对复杂的不同发布版本的功能进行测试,提高测试人员的工作效率和质量。这类工具的主要代表有 WinRunner, QA-Run 等。性能测试的主要手段是通过产生模拟真实业务的压力对被测系统进行加压,研究被测系统在不同压力情况下的表现,找出其潜在的瓶颈。因此,一个良好的性能测试工具必须能做到:提供产生压力的手段;能够对后台系统进行监控;对压力数据能够进行分析,快速找出被测系统的瓶颈。这类测试工具主要通过模拟成百上千甚至上万用户并发执行关键业务,而完成对应用程序的测试,在实施并发负载过程中,通过实时性能监测来确认和查找问题,并针对所发现问题对系统性能进行优化,确保应用的成功部署。这类工具的主要代表有 LoadRunner, QALoad、SILK PERFORMA V 和 E-Test Suite 等。

6. 测试管理工具

测试管理工具用于对测试进行管理。一般而言,测试管理工具对测试需求、测试计划、测试用例、测试实施进行管理,同时测试管理工具还包括对缺陷的跟踪管理。测试管理工具的代表有 TestDirector、TestManager、TrackRecord 等。

7. 测试辅助工具

测试辅助工具本身并不执行测试,例如它们可以生成测试数据,为测试提供数据准备等。

测试工具的应用的确可以提高工作效率,但工作效率的提高和工作效果的改善,只依赖于测试工具的选择是不够的。因为,测试工具的学习、引入和使用,本身就是一个需要消耗大量资源的过程,而且对于工具的选择和引入工具时机的选择也是非常关键的,如果负责这项工作的人员不是一位在软件行业沉浸多年,有着丰富测试经验并熟知开发过程的资深人士,那么开发团队将为此承担巨大的风险。

在实际测试工作中,即使成功地引入了测试工具,工具本身可以带来的效率的提高也不是在短期内可以体现的。另一方面,如果认为只要使用了某种软件测试工具,就应该可以获取测试带来的种种好处,这种想法也是错误的。因为,要想对一个软件或者模块进行有效的测试,首先该软件或者模块应该是可测试的。可测试性反映软件质量的一个内在属性,不会因为使用了某种测试工具进行了测试行为,就使得被测试的软件具有了可测试性。如果被测试的软件本身就并不具备可测试性,那么使用多么昂贵的测试工具进行测试所能够带来的收益都是微乎其微的。

8.4 常用软件测试工具简介

8.4.1 QACenter

QACenter 自动化测试系列工具是 Compuware 公司的产品，它能够帮助测试人员创建快速、可重用的测试过程。这些测试工具可以帮助管理测试过程，快速分析和调试程序，包括针对回归、强度、单元、并发、集成、移植、容量、负载测试、自动执行测试和产生测试结果文档。

QACenter 主要包括 QARun，QALoad，QADirector，EcoTools 和 TESTBytes 等模块。

1. 功能测试工具 QARun

QARun 组件主要用于客户/服务器模式下客户端的功能测试。在功能测试中主要包括对应用的 GUI(图形用户界面)的测试，及客户端事件逻辑的测试。

由于不断变化的需求将导致应用不同版本的产生，每一个版本都需要对它测试，而每一个被调整的内容往往最容易隐含错误，所以回归测试也是测试中最重要的阶段。回归测试通过手工方式是很难达到的，但利用功能测试工具 QARun 则可以大大提高测试的效率，使测试更具完整性。

QARun 组件的测试实现方式是，通过移动鼠标，或按键盘来得到相应的测试脚本，并对该脚本进行编辑和调试。此外，在记录的过程中，可针对被测应用中所包含的功能点建立基线值。也就是说，可以在插入检查点的同时建立期望值。在这里，检查点是目标系统的一个特殊方面在某个特定点的期望状态。通常，检查点在 QARun 提示目标系统执行一系列事件之后被执行。检查点用于确定实际结果与期望结果是否相同。

2. 性能测试工具 QALoad

QALoad 是支持企业级应用的负载测试工具，该工具支持的范围广，测试的内容多，可以帮助软件测试人员、开发人员和系统管理人员对分布式的应用进行有效的负载测试。负载测试能够模拟大批量用户的活动，从而发现大量用户负载对系统的影响。

在使用 QALoad 进行性能测试时，测试人员通过 QALoad 脚本开发平台很容易创建完整的功能脚本。QALoad 的测试脚本开发是由捕获会话、转换捕获会话到脚本，以及修改和编译脚本等过程组成的。一旦脚本编译通过后，使用 QALoad 的组织分配功能，把脚本分配至测试环境中相应的机器上，模拟大量用户的并发操作，完成对应用软件的负载测试，从而在很大程度上减轻了测试工作的劳动强度，节省了测试时间，提高了测试效率。

QA Load 支持 DB2、DCOM、ODBC、ORACLE、NETLoad、Corba、SAP、SQL Server、Sybase、Telnet、TUXEDO、UNIFACE、Winsock 及 WWW 等多种应用系统、数据库平台，以及通信协议。

3. 测试组织及管理工具 QADirector

QADirector 提供的应用系统管理框架，使开发者和 QA 工作组将所有测试阶段组合在一起，从而可以有效地使用现有测试资料、测试方法和应用测试工具。QADirector 能够自动地组织测试资料，建立测试过程，以便对多种情况和条件进行测试，并能够按正确的次序执行多个测试脚本，记录、跟踪、分析和记录测试结果，与多个并发用户共享测试信息。

4. 应用可用性管理工具 EcoTools

对于在服务器上设置负载和较小的服务器性能测试而言，QALoad 是一个很好的测试工具，但是它并不承担诊断问题的工作。QALoad 与 EcoTools 的集成，则可为负载测试和应用管理提供全面的解决方案。

EcoTools 能够监控 Windows 及 UNlX 系统，以及 Oracle、Sybase、SOL Server 等数据库平台。通过 QALoad 与 EcooTools 的集成，可以在系统生成负载，通过图形界面监控资源的利用情况。

5. 测试数据生成工具 TESTBytes

TESTBytes 是一个用于自动生成大量测试数据的工具，通过简单的单击式操作，就可以确定需要生成的数据类型(包括特殊字符的定制)，并通过与数据库的连接来自动生成上百万行的正确测试数据，从而大大提高数据库开发人员、QA 测试人员以及应用开发人员的工作效率。

关于 QACenter 系列测试工具的更多信息，可以查阅下面的网站：

http://www.compuware.com/products/qacenter

8.4.2 WinRunner

WinRunner 是 Mercury Interactive 公司提供的一个功能检测工具。本书将在第 9 章专门介绍这个软件的使用。

8.4.3 LoadRunner

LoadRunner 是 Mercury Interactive 公司开发的一种预测系统行为和性能的负载测试工具，它可以通过模拟成千上万个用户和实施实时监测来确认和查找问题。对于有实力的大公司而言，这款软件可能比较适合，它的功能和 QALoad 相比不相上下。通过使用 LoadRunner，企业能够最大限度地缩短测试时间、优化性能和加速应用系统的发布周期。一些著名的公司如 IBM、SUN、Oracle 等都用这个软件，但是它的价格也很贵。

LoadRunner 是一种具有较高规模适应性的自动负载测试工具，它能预测系统行为，优化性能，强调的是整个企业的系统。通过模拟实际用户的操作行为和实行实时性能监测，来查找和确认存在的问题。

使用 LoadRunner 的 Virtual User Generator 引擎，可以简便地创立起系统负载。该引擎能够生成代理或虚拟的用户模拟业务流程和真正用户的操作行为。它先记录下业务流程，如填写产品订单或机票预定，然后将其转化为测试脚本。利用虚拟用户，测试人员可以在采用不同操作系统(Windows、UNIX 或 Linux)的机器上，同时运行成千上万个测试。

虚拟用户建立之后，就能够方便地确定负载方案，例如采用怎样的业务流程组合和多少数量的实际用户会在每一个负载服务器上运行。应用 LoadRunner 提供的交互控制环境，测试人员能够很快组织起多用户的测试方案。

LoadRunner 具有不错的测试灵活性。测试人员可以根据目前的用户人数事先设定测试目标，优化测试流程。例如，测试目标可以是应用系统承受的每秒点击数或每秒的交易量。

LoadRunner 内含集成的实时监视器，在负载测试过程中，可以随时观察应用系统的运行性能。这些实时监视器可实时显示传输/交换的性能数据，在测试过程中可以从客户/服务器的两端来评估这些系统组件的性能，从而更快地发现问题。

一旦测试完成，LoadRunner 能收集汇总所有的测试数据，并提供高级分析和汇报能力，以便迅速发现存在的性能问题并追溯其原因。

关于 LoadRunner 测试工具的更多信息，可以查阅下面的网站：

http://www.mercuryinteractive.com/products/loadrunner

此外，还有许多专门针对不同开发环境的开发工具，例如用于 Visual C++语言开发环境的 BoundChecker、用于 Visual Basic 开发环境的 CodeReview、SmartCheck 等，在此不再一一介绍。

习　题

1. 软件自动化测试产生的原因是什么？
2. 什么是软件自动化测试？
3. 通过使用自动化测试可以获得哪些效果？
4. 举例说明手工测试和自动化测试的不同。
5. 按照测试工具的主要用途可以将测试工具分为哪些不同的类型？
6. 学习和了解一些常用的软件测试工具。

第 9 章　WinRunner 测试工具

本章要点

- WinRunner 的主界面及测试模式
- GUI map file 的不同模式
- 录制测试脚本
- 插入同步点
- GUI 对象检查点
- 图像检查点
- 编辑测试脚本
- 数据驱动测试脚本
- 维护测试脚本

学习要求

- 熟悉 WinRunner 的主界面及测试模式
- 掌握 WR 的测试过程
- 理解和领会不同的 GUI map file 模式
- 学会录制测试脚本
- 掌握同步点和对象检查点的使用
- 学会编辑测试脚本
- 掌握数据驱动测试脚本的使用
- 学会维护测试脚本

9.1　WinRunner 简介

WinRunner(缩写为 WR,本章介绍的是 V8.2),是基于 Windows 的功能测试工具。WR 可以帮助测试人员自动处理从测试开发到测试执行的整个过程。测试人员可以创建可修改的、可复用的测试脚本,而且不用担心软件功能模块的变更。测试人员只需要让计算机自动执行这些脚本,就能轻而易举地发现软件中的错误,从而确保软件的质量。

软件功能测试是典型的黑盒测试,主要检查实际软件的功能是否符合用户的需求。软件是由很多功能组成的,而这些功能是源自人们生活中各方面的需求。有了这些需求,才有相应的软件,反过来,软件编好之后,要对它进行功能测试,看看这些功能是否满足了用户的实际需求。

通过第 8 章的学习可以知道，如果合理地运用软件测试工具，就可使测试工作事半功倍。目前市场上专业开发软件测试工具的公司很多，例如 MI 公司、Rational 公司等。其中 MI 公司的 WinRunner，Rational 公司的 Robot 以及 Compuware 公司的 QARun 等都是属于功能测试工具，它们的基本原理都是通过录制和回放来实现自动化的功能测试，只是在具体实现形式上有所差别。目前 MI 公司开发的软件测试工具在市场上处于主流地位，因此本章将重点学习 WinRunner 测试工具的基本使用方法。

9.1.1　主界面

执行【开始】→【程序】→WinRunner→WinRunner 命令，弹出如图 9－1 所示的 WinRunner Add－in Manager 对话框。在该对话框中，可以选择支持 ActiveX Controls、PowerBuilder、Visual Basic 或 Web Test 的插件，如图 9－1 所示。其他插件需要单独向 MI 公司购买，建议不要同时载入所有的插件，不必要的插件可能会对录制或执行脚本造成问题。

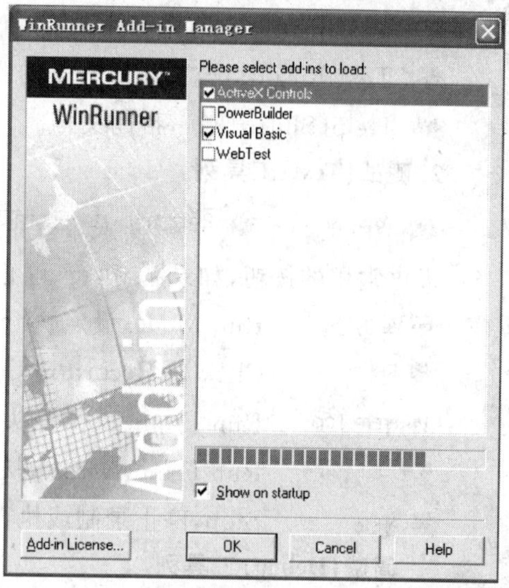

图 9－1　WinRunner Add－in Manager 对话框

此处选中 ActiveX Controls、Visual Basic 复选框，单击 OK 按钮，即可进入 WinRunner 主界面，如图 9－2 所示。

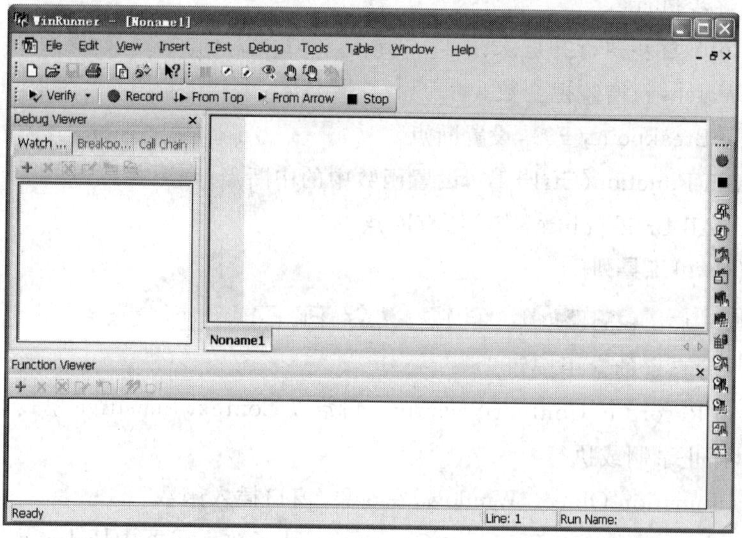

图 9－2　WinRunner 主界面

1. File(文件)工具列

提供常用的按钮，如新增、开启、储存等。

New(Ctrl+N),建立新的测试脚本。

Open(Ctrl+O),开启已存档的测试脚本。

Save(Ctrl+S),储存测试脚本。

Print(Ctrl+P),打印。

Test Properties,设定测试脚本的属性。

Test Results,监视测试脚本的测试结果。

Help(Shift+F1),帮助文档。

2. 测试(Test)工具列

提供常用的按钮,如录制、执行、停止等。

Verify　Run Mode,设定执行模式,有 Verify、Debug、Update 共 3 种执行模式。

Record　Click to Record in Context Sensitive,开始以 Context Sensitive 模式录制。

From Top　Run From Top,从头开始执行。

From Arrow　Run From Arrow,从黄色小箭头处开始执行。

Stop　Stop,停止录制或执行。

3. 调试(Debug)工具列

提供除错时常用的按钮,如逐步执行、暂停、设定断点等。

Pause,暂停。

Step,逐步执行。

Step Into,逐步执行并进入。

Add Watch,新增监视变数。

Toggle Breakpoint(F9),设置断点。

Break in Function(Ctrl+B),设置函数中的中断点。

Delete All Breakpoints,清除所有断点。

4. 使用者(User)工具列

提供让使用者自定的常用按钮。

Click to Record in Context Sensitive,开始以 Context Sensitive 模式录制。

Stop,停止录制或执行。

Insert Function Object/Window,在对象/窗口插入函数。

Insert Function from Function Generator,从函数生成器中插入函数。

GUI Checkpoint for Object/Window,为对象/窗口建立 GUI 检查点。

GUI Checkpoint for Multiple Objects,为多个对象建立 GUI 检查点。

Bitmap Checkpoint for Object/Window,为对象、窗口建立位图检查点。

Bitmap Checkpoint for Screen Area,为屏幕区域建立位图检查点。

- Default Database Checkpoint,默认数据库检查点。
- Synchronization Point for Object/Window Property,为对象、窗口属性建立同步点。
- Synchronization Point for Object/window Bitmap,为对象/窗口位图建立同步点。
- Synchronization Point for Screen Area Bitmap,为屏幕区域位图建立同步点。
- Get Text from Object/Window,从对象/窗口读取文本信息。
- Get Text from Screen Area,从屏幕区域读取文本信息。

9.1.2 测试模式

在进行录制脚本的时候,可以很快地录制出自动化操作的脚本。利用 WinRunner 可以记录测试人员的操作过程和在测试脚本语言中所体现的声明。在 WinRunner 中这些都是测试的脚本,其语言是被称作 TSL(Test Script Language)的一种类 C 语言。在开始测试之前,测试人员要为测试中主要的地方或重要的阶段选择适当的记录模式,根据情况不同它在录制脚本时包括两种测试的模式:环境判断模式(Context Sensitive mode)和模拟模式(Analog mode)。

1. 环境判断模式

该模式在测试中能记录测试人员绝大部分的操作过程。WinRunner 会确定测试人员所做的每个操作(包括选择窗口菜单、目录和按钮)和典型的操作任务。Context Sensitive 模式根据测试人员所选择的 GUI(图形用户界面)对象(例如窗口、目录还有按钮等)将用户对软件的操作动作录制下来,虽然它忽略了关于对象在屏幕上的物理位置,但是每次录制测试脚本的时候,TSL 将综合描述 GUI 对象在执行时发生在测试脚本里的动作。WinRunner 对每一个选择的对象写一个唯一的 GUI map 来进行描述。GUI map 在于把文件维护从测试脚本中分离。如果应用软件用户界面改变了,测试人员只要更新 GUI map,不必重新录制。WinRunner 模仿一个操作者移动鼠标指针、关闭应用软件、选择对象和加入键盘输入。WinRunner 在 GUI map 中读取与应用程序的 GUI 对象相匹配的逻辑名和物理描述,即使对象位置改变也能在窗口中定位。

在 Test 菜单中单击 Record - Context Sensitive 选项就可以实现环境判断模式,一般在使用中默认为该模式。

2. 模拟模式

这种模式记录鼠标单击、键盘输入和鼠标在二维平面上(x 轴、y 轴)的精确运动轨迹。执行测试时,WR 让鼠标根据轨迹运动。这种模式对于那些需要追踪鼠标运动的测试非常有用,例如画图软件。

在 Test 的菜单中单击 Record - Analog 选项后就可以实现模拟模式。

9.1.3 测试过程

WR 的测试过程分为创建 GUI map、创建测试、调试测试、执行测试、查看测试结果和报告发现的错误 6 个阶段。

1. 创建 GUI map

使用 RapidTest Script wizard(快速测试脚本指南)回顾软件用户界面,并系统地把每个

GUI 对象的描述添加到 GUI map 中。测试人员也可以在录制测试的时候,通过单击对象把对单个对象的描述添加到 GUI map 中。

当使用 GUI map per test 模式时,测试人员可以跳过这一步骤。

2. 创建测试

测试人员可以通过录制、编程或两者同时使用的方式创建测试脚本。录制测试时,在测试人员需要检查软件反应的地方插入检查点(Checkpoint)。测试人员可以插入检查点来检查 GUI 对象、位图(Bitmap)和数据库。在这个过程中,WR 捕捉数据并作为期望结果(被测软件的期望反应)储存下来。

3. 调试测试

测试人员可以先在调试模式(Debug mode)下运行脚本。测试人员也可以设置中断点(Breakpoint),监测变量,控制 WR 识别和隔离错误。调试结果被保存在调试文件夹(Debug folder)中,一旦调试结束就可以删除。

4. 执行测试

测试人员在检验模式(Verify mode)下测试被测软件。WR 在脚本运行中遇到检查点后,就把当前数据和前期捕捉的期望值进行比较。如果发现有不符合的,就记录下来作为实测结果。

5. 查看测试结果

测试是否成功由测试者来认定。每次测试结束,WR 会把结果显示在报告中。报告会详述测试执行过程中发生的所有主要事件,如检查点、错误信息、系统信息或用户信息。

如果在检查点有不符合被发现,测试者可以在 Test Results(测试结果)窗口查看预期结果和实测结果。如果是位图不符合,测试人员也可以查看显示预期值和实测结果之间差异的位图。

6. 报告发现的错误

如果由于测试中发现错误而造成测试运行失败,测试人员可以直接从测试结果(Test Results)窗口报告有关错误的信息。这些信息通过 E-mail 发送给测试经理(QA Manager),用来跟踪这个错误直到被修复。

9.1.4 样本软件

此处使用的是 WR 附带的 Flight Reservation(航班预订)软件。

1. 启动样本软件

样本软件启动方法是:选择【开始】→【程序】→WinRunner→Sample Application 命令。

该程序有两个版本 Flight 4A 和 Flight 4B。

2. 样本软件的多个版本

Flight 4A 这个版本是正常的软件,Flight 4B 有一些故意加入的错误。

如果 WR 中安装了 Visual Basic 支持,VB 版本的 Flight 4A 和 Flight 4B 将被安装到常规样本软件中。

3. 登 录

使用任意用户名(长度至少 4 个字符)登录 Flight Reservation(航班预订)软件,密码为:Mercury。

4. Web 版样品软件

Web 版样品软件可以在 http://www.MercuryTours.mercuryinteractive.com 上下载,

或通过选取【开始】→【程序】→WinRunner→Sample Application→Mercury Tours site 命令来访问。

9.1.5 测试套件

WR 和测试套件的其他工具一起提供整个测试流程的解决方案:测试计划、测试开发、GUI 测试、错误跟踪和多用户系统客户端负载测试。

1. TestDirector

TestDirector 是测试管理工具,帮助测试人员计划和组织测试活动。用 TD 可以创建手工和自动控制测试的数据库、建立测试流、执行测试、跟踪和报告错误。

2. LoadRunner

LoadRunner 是用于 Client/Server 结构软件(Browser/Server 结构也可以使用)的测试工具。可以模拟多个用户登录到一台服务器的情况。

9.2 GUI Map

一般的 Windows 应用程序,通常是由窗口、按钮、菜单等组成,在 WinRunner 中这些窗口、按钮、菜单等通称为 GUI 对象(GUI object)。WinRunner 会通过这些 GUI 对象的属性(physical properties),如 class、label、width、height、handle 与 enabled 等,来识别 GUI 对象。WinRunner 只会记录最少但可组合成唯一的属性来辨识 GUI 对象。例如,当 WinRunner 识别一个 OK 按钮时,会记录这个按钮所属的窗口(如属于 Open 窗口中的 GUI 对象)、隶属的 class(如 push - button)、按钮的文字卷标(如 OK)来识别此按钮,至于如 width、height、handle 或其他属性就不会被使用到。

当 WR 运行测试时,它模拟一个真实的用户对软件的 GUI 对象用鼠标、键盘进行操作。因此,WR 必须学习软件的 GUI,学习 GUI 对象和对象的属性。测试人员可以用 GUI Spy 查看任意 GUI 对象的属性,了解 WR 是如何识别它们的。

WR 通过以下方式学习软件的 GUI:

① 使用 RapidTest Script Wizard 学习软件每个窗体中所有 GUI 对象的属性。

② 通过录制脚本的方法学习被录制的那部分软件中所有的 GUI 对象的属性。

③ 使用 GUI Map Editor 学习单个 GUI 对象、窗体或某个窗体中所有 GUI 对象的属性。

如果软件开发过程中 GUI 改变了,测试人员可以使用 GUI Map Editor 更新 GUI map。

测试人员开始让 Win Runner 学习软件的 GUI 之前,需要确认组织 GUI map 文件的方式。测试人员组织 GUI map 文件的方式主要有以下两种:

① GUI map per test mode,为每个新建的测试创建一个新的 GUI map 文件。

② Global GUI map file mode,相关测试共享同一个 GUI map 文件。

9.2.1 GUI 对象属性的查看

WinRunner 提供一个工具叫 GUI Spy,可以用来监视某个 GUI 对象有哪些属性以及 WinRunner 以哪些属性来识别此 GUI 对象。

【实例 1】

以 GUI Spy 监视 Flight Reservation 范例程序登录窗口的 GUI 对象。

(1)开启 Flight Reservation 范例程序

执行【开始】→【程序】→ WinRunner → SampleApplications→Flight 4A 命令,登录窗口会开启,如图 9-3所示。

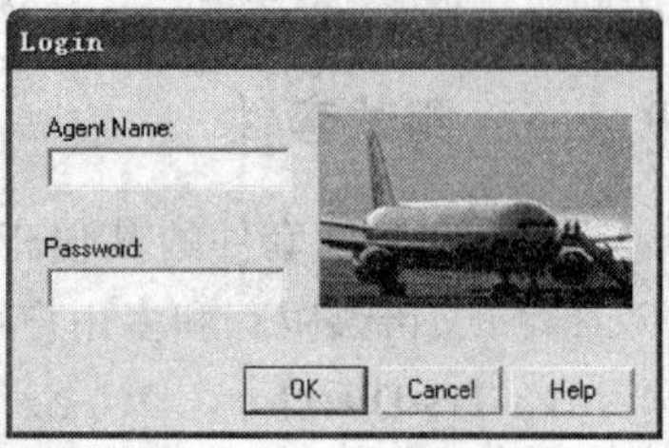

图 9-3 Flight 4A 登录窗口

(2)开启 WinRunner

执行【开始】→【程序】→WinRunner 命令,如果是第一次执行 WinRunner,会开启欢迎窗口,则选择 NewTest 选项;如果没有开启欢迎窗口,则选择 File→New 命令。

(3)开启 GUI Spy

选择 Tools→GUI Spy 命令开启 GUI Spy,选择 Hide WinRunner 复选框,如图 9-4 所示。

(4)监视 WinRunner 用来识别 OK 按钮的属性

在 GUI Spy 单击 Spy 按钮,WinRunner 会缩到最小,这时可以看到 Flight Reservation 的登录窗口,将鼠标移动到登录窗口上,可以看到被鼠标指到的 GUI 对象会有个外框在闪动,同时 GUI Spy 也会显示此 GUI 对象的属性。

将鼠标移到 OK 按钮上,然后按 Ctrl+F3 组合键,会弹出 Spy 模式,GUI Spy 中会显示 OK 按钮的属性,如图 9-5 所示。

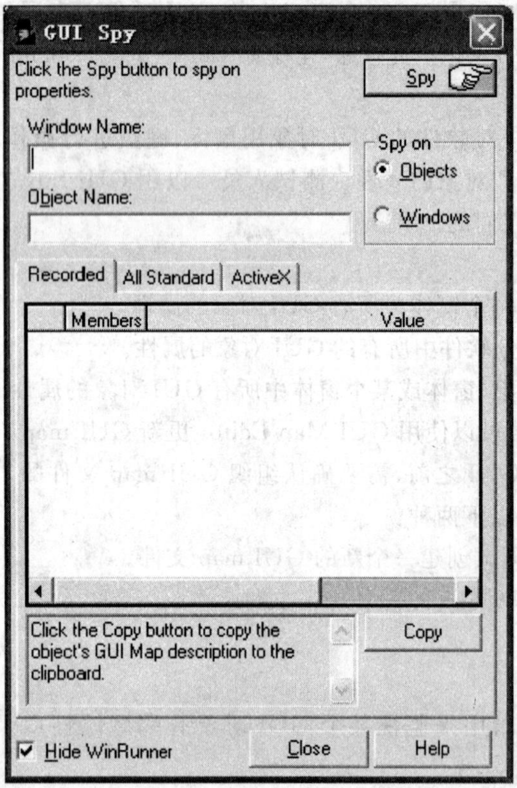

图 9-4 GUI Spy 对话框(1)

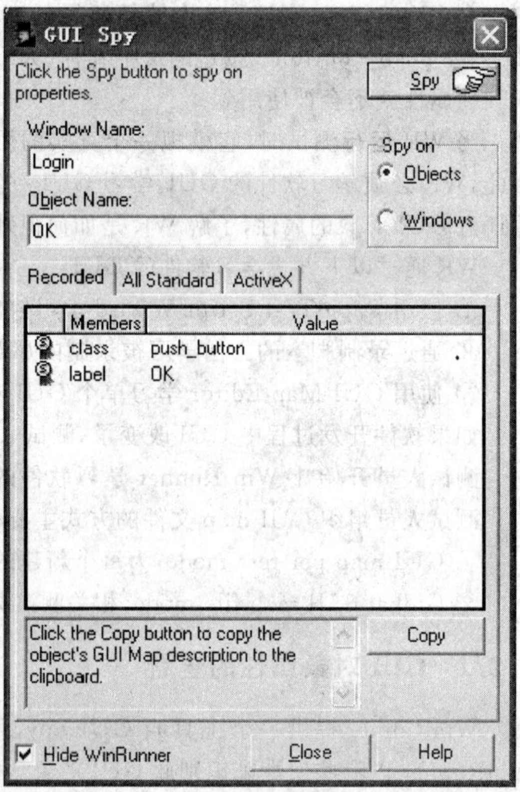

图 9-5 GUI Spy 对话框(2)

(5)监视 GUI Spy 显示的信息

在 GUI Spy 最上面显示了这个 OK 按钮所属的窗口是 Login 窗口，而且此 OK 按钮的 Logic name 为 OK。

在 Recorded 选项卡中，则是显示 WinRunner 用来识别 OK 按钮的属性，分别是 class：push_button 以及 label：OK，表示这个 GUI 对象是个按钮，按钮上面的文字是 OK。

在 All Standard 页签中，则是显示 OK 按钮的所有属性。

在这会发现 WinRunner 只用最少的属性来识别 GUI 对象。

(6)监视 Login 窗口上其他 GUI 对象的属性

花些时间，用 GUI Spy 监视一下 Login 窗口上其他 GUI 对象的属性。

(7)关闭 GUI Spy

单击 Close 按钮关闭 GUI Spy。

9.2.2　GUI map file 模式

当 WinRunner 识别完 GUI 对象后，将 GUI 对象储存在 GUI map file 中，WinRunner 提供两种 GUI map file 模式：GUI map file per test 与 Global GUI map file。因此在开始使用 WinRunner 识别 GUI 对象并执行自动测试之前，应该先考虑要使用哪种 GUI map 模式，是 GUI map file per test 还是 Global GUI map file。

在 GUI map file per test 模式，当新建立一个测试脚本(test script)，WinRunner 就会自动帮助建立此测试脚本的 GUI map file，当储存测试脚本时，WinRunner 也会自动储存 GUI map file，而当开启测试脚本时，其 WinRunner 也会自动加载其 GUI map file，总之所有与 GUI map file 有关的动作，都由 WinRunner 自动处理。如果是刚开始接触 WinRunner，可以考虑使用 GUI map file per test 模式，这种模式就不需要处理 GUI map file 的相关动作，如建立、储存与加载。

在 Global GUI map file 模式下，可以多个测试脚本共享一个 GUI map file。另外，需要储存 GUI map file，并且在开启测试脚本时，也要同时加载使用的 GUI map file。如果已经熟悉 WinRunner 的使用，可以考虑使用 Global GUI map file 模式。

表 9-1 所列为两种模式的比较。

表 9-1　GUI map file per test 模式与 Global GUI map file 模式比较

两种模式	GUI map file per test	Global GUI map file
方　法	在测试的过程中将自动保存 GUI 信息，打开测试时可以自动加载 GUI 文件	在测试的过程中需要保存 GUI，当应用程序改变时必须更新 GUI 文件
优　点	1. 每个测试都有自己的 GUI 文件； 2. 不必保存或加载 GUI； 3. 创建简单(录制时自动产生)	1. 当对象或窗体的描述改变时，只需把 GUI 文件中对应的属性做相应的修改； 2. 容易维护和更新(无需重录)
缺　点	只要应用程序的 GUI 改变，每个测试的 GUI 文件都要重录	当新建 GUI 或运行测试脚本时必须保存或者装载 GUI 文件
适用范围	适用于初学者，或者被测试软件的 GUI 不会产生变化	适用于经验丰富的用户，或者被测试软件的 GUI 可能会经常变化

1. GUI map file 模式设置

WinRunner 默认值是使用 Global GUI map file,要设定 GUI map file 模式,选择 Tools→General Options→General→GUI Files 命令,设定 GUI map file 模式,单击 OK 按钮即可,如图 9-6 所示。

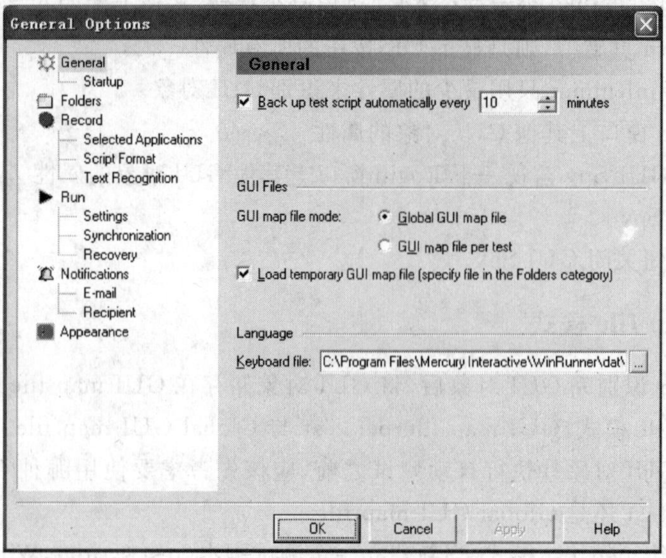

图 9-6 General Options 对话框

如果重新设定 GUI map file 模式,需要重新启动 WinRunner 让设定生效。

2. Global GUI map file 模式使用

WR 最有效率的用法是把测试分组。一组中的测试(任务)都测试同一窗体上的 GUI 对象。这样这些任务就可以共享 GUI map file。当 GUI 发生变化,只需要修改一个 GUI map file,就可以让同组中的任务都正常工作。

在一个测试组中,某个测试(任务)可能只测试一个窗体内的特定几个 GUI 对象,而另外一个测试(任务)测试这个窗体中的上述对象中的一部分再加上其他对象(也必须在这个窗体中)。因此,如果只使用录制的方法让 WR 学习对象,WR 或许不能把窗体上所有的对象都学到(因为有的对象没有被操作)。最好的方法是在录制前让 WR 全面学习被测软件中所有的 GUI 对象。

WR 有几种学习被测软件 GUI 的方法。通常使用 RapidTest Script Wizard 在录制脚本前一次性的学习所有的 GUI 对象。这些 GUI 对象的物理描述保存在 GUI map 文件里。因为这些文件可以共享,其他测试人员就不需要再单独学习 GUI 一次。如果在软件开发过程中 GUI 发生变化,可以通过 GUI Map Editor 来学习单独的窗体或对象,并以此更新 GUI map。测试人员也可以在录制脚本过程中让 WR 自动学习那些被操作的窗体或对象。这种方法比较快且简单,但不是系统性的方式,如果想做全面的测试最好不要用这种方法代替 RapidTest Script Wizard。

由于 GUI map file 独立于测试脚本,所以测试人员关闭测试时系统不会自动保存。测试人员一旦对 GUI map 做出修改要记住保存。同样在测试开始时,这些 GUI map file 也不会被自动加载。测试人员可以通过GUI Map Editor手工加载GUI map文件,有效的方法是在脚本开始部分插入GUI_load语句,这样脚本就会自动加载相关的GUI map文件了。

当测试人员在Global GUI map file模式下工作,如果加载在GUI map file per test模式下创建的和GUI对象相关的测试,这些测试运行起来可能会有问题。

测试人员可以设计让多个测试任务共享同一个GUI map。举例来说,假设在一个Open对话框中Open button改成了OK button。测试人员只要在GUI map中修改Open button的物理描述,把button的label property从Open改成OK,修改如下:Open button:{class:push_button,label:OK}。

在测试过程中,当WR在测试脚本中遇到Open对话框中的逻辑名Open时,就搜索含有label"OK"的push button。

测试人员可以使用GUI Map Editor随时编辑逻辑名和物理描述,可以用Run wizard在测试过程中更新GUI map。如果在运行测试时,WR找不到某个对象,就会自动打开Run wizard。

WinRunner学习GUI的方法如下:

(1)使用RapidTest Script Wizard学习GUI

在Global GUI map file模式下,可以使用RapidTest Script Wizard帮助快速建立GUI map file。

在录制脚本前使用RapidTest Script Wizard一次性学习被测软件所有的GUI对象,生成并保存GUI map文件后在脚本开头部分使用GUI load语句加载这个GUI map文件。

RapidTest Script Wizard的使用方法如下。

1)选择Insert→RapidTest Script Wizard命令,单击Next按钮,如图9-7所示。当测试人员载入WebTest插件或其他某些插件后,RapidTest Script Wizard将被禁用。

2)标识被测软件屏幕打开。单击☞按钮,然后选择被测软件。被测软件的窗体名称显示在Window Name框中,如图9-8所示。

3)选择测试屏幕打开。

4)选择测试人员希望WR创建的测试类型。当RapidTest Script Wizard在被测软件中走查结束,测试人员选择的测试就会显示在WR窗口中,如图9-9所示。

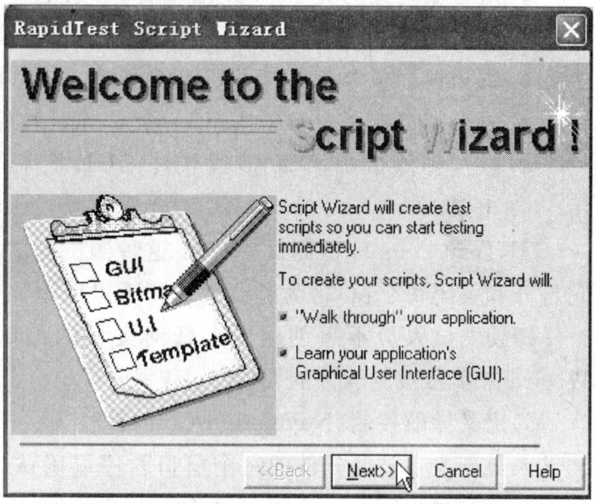

图9-7 RapidTest Script Wizard的使用方法1

测试人员可以选择以下几种类型的测试。

① GUI Regression Test(界面回归测试):用来比较软件不同版本中的GUI对象,例如检查一个button是否被禁用。创建这种测试时,WR先捕捉GUI对象默认信息。在回归测试时,WR把当前信息和默认比较,并报告不符合的地方。

② Bitmap Regression Test(位图回归测试):用来比较软件不同版本中的位图图片。如

果被测软件没有GUI对象，则选择这种类型。创建这种测试时，WR先捕捉被测软件每个窗体的一幅位图图片。在回归测试时，WR把当前图片和以前捕捉的相比较，并报告不符合的地方。

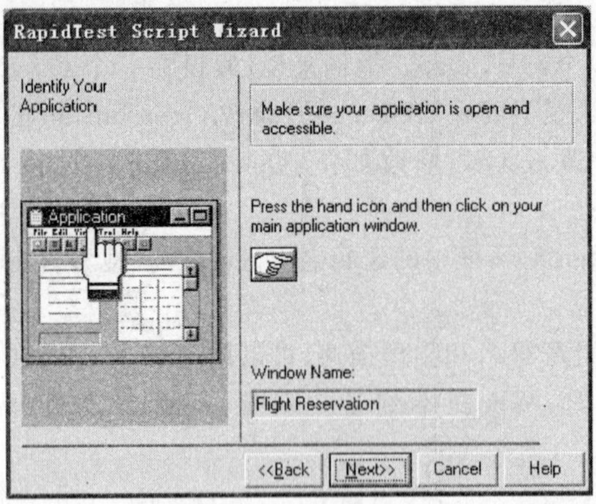

图 9－8　RapidTest Script Wizard 的使用方法 2

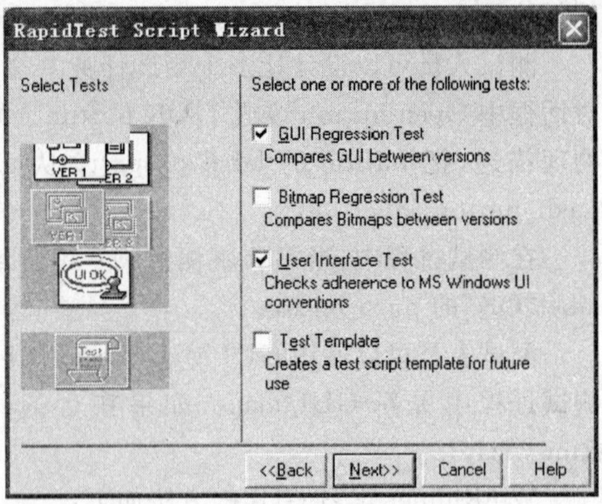

图 9－9　RapidTest Script Wizard 的使用方法 3

③ User Interface Test(用户界面测试)：这种测试决定被测软件是否符合 Microsoft Windows 标准。它检查以下几项：

- GUI对象在窗体中的排列；
- 所有被定义的文本(text)在GUI对象上可见；
- GUI对象上的卷标(Label)以大写字母表示；
- 每个卷标包含一个有下划线的字母；
- 每个窗口有一个OK按钮，一个Cancel按钮和一个系统菜单；
- 在这种测试中，WR搜索软件GUI，把不符合Microsoft Windows标准的地方报告出来。

④ Test Template(测试模板)：这种测试提供一个操作被测软件的自动测试的基本框架。它打开和关闭每个窗口，为测试人员留下可以添加代码(手写或录制)的空间。

即使测试人员不想创建以上任何类型的测试，测试人员仍然可以用 RapidTest Scriipt Wizard 来学习被测软件的GUI。

5)定义导航控制(Navigation Control)。输入在被测软件中用作导航作用的字符。如果测试人员需要在被测软件的每个窗口暂停以确认用于打开其他窗口的对象，可以选中 Pause to confirm for each window 复选框，如图 9－10 所示，单击 Next 按钮。

6)选择 Express(快速)或 Comprehensive(Advanced)(全面)学习流程，如图 9－11 所示。单击 Learn 按钮，WR就开始系统地一个窗口一个窗口地学习被测软件。这个过程的时间长短取决于被测软件的复杂程度。

7)选择 Yes 或 No 按钮来告诉 WR 测试人员是否希望在使用 WR 时，让 WR 自动启动这个被测软件，然后单击 Next 按钮。

8)输入启动脚本和 GUI map 文件的保存路径和文件名，或使用默认值，然后单击 Next 按钮。

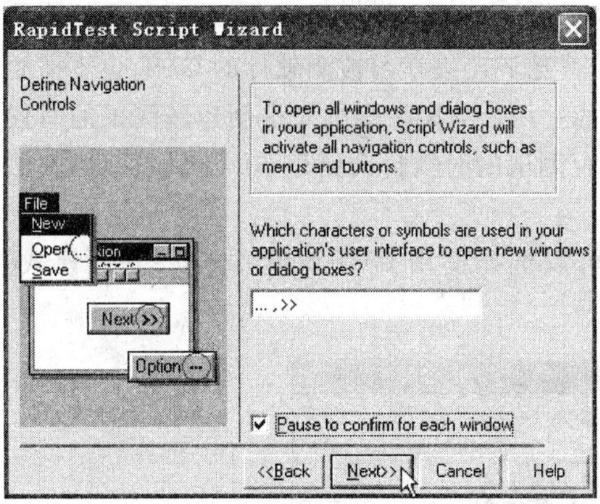

图 9-10　RapidTest Script Wizard 的使用方法 4

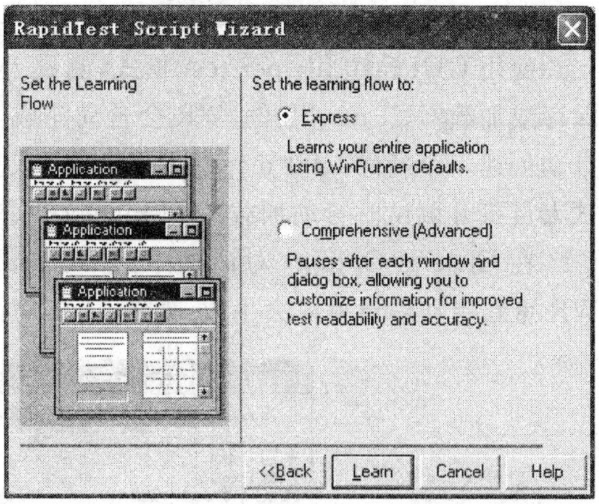

图 9-11　RapidTest Script Wizard 的使用方法 5

9)输入测试文件的保存路径和文件名,或使用默认值,然后单击 Next 按钮。

10)单击 OK 按钮关闭 RapidTest Script Wizard。测试人员刚才创建的测试被显示在 WR 窗口中。

(2)使用录制方式学习 GUI

WR 也可以通过在 Context Sensitive 模式(默认模式)下录制脚本的方法学习 GUI 对象。测试人员只需要录制被测软件的操作,WR 会自动学习操作中碰到的 GUI 对象。当测试人员开始录制时,WR 先检查对象是否已经存在于 GUI map 中,如果没有,就学习这个对象。

WR 先把学到的信息放在临时 GUI map 文件中,因此测试人员在关闭 WR 时要记住保存。

如果测试人员不希望 WR 把学到的信息添加到临时 GUI map 文件中,测试人员可以在 General Options 对话框的 General 栏设置让 WR 不加载临时 GUI map 文件。总的来说,录制方式只用于小的或临时的测试。

(3)使用 GUI Map Editor 学习 GUI

1)选择 Tools→GUI Map Editor 命令打开 GUI map 编辑器。

2)单击 Learn 按钮,如图 9-12 所示。

想要学习一个窗体中所有的对象,就单击窗体的标题栏。当提示是否学习窗体中所有对象时,单击【是】按钮。

如果只想学习窗体,就点击窗体的标题栏。当提示是否学习窗体中所有对象时,单击【否】按钮。

如果只学习个别对象,就单击这个对象(取消操作右击)。

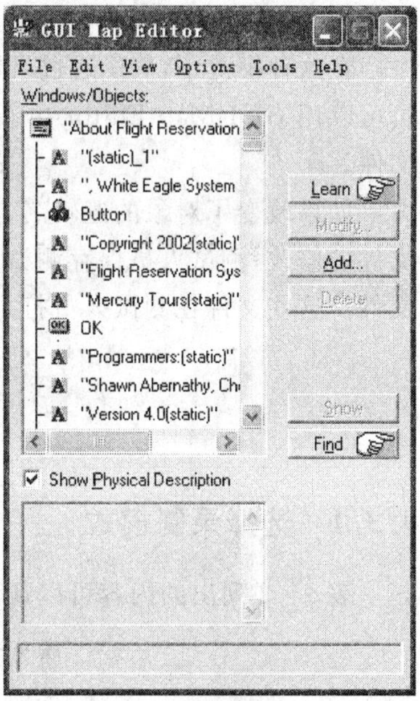

图 9-12　GUI Map Editor 窗口

3)把鼠标移动到对象上,单击开始学习。WR 把学到的信息放在当前 GUI map 文件中。

3. GUI map file per test 模式的使用

使用 GUI map file per test 模式，测试人员不需要 WR 去学习被测软件的 GUI，也不需要保存或加载 GUI map 文件，WR 会自动完成上述的一切。WR 在测试人员创建新测试的时候自动创建一个新的 GUI map 文件；在测试人员保存测试的时候自动保存 GUI map 文件；在测试人员打开测试时自动加载 GUI map 文件。

在 General Options 对话框中的 General 栏可以选择使用 GUI map file per test 模式。WR 重新启动后设置才会生效，如图 9－13 所示。

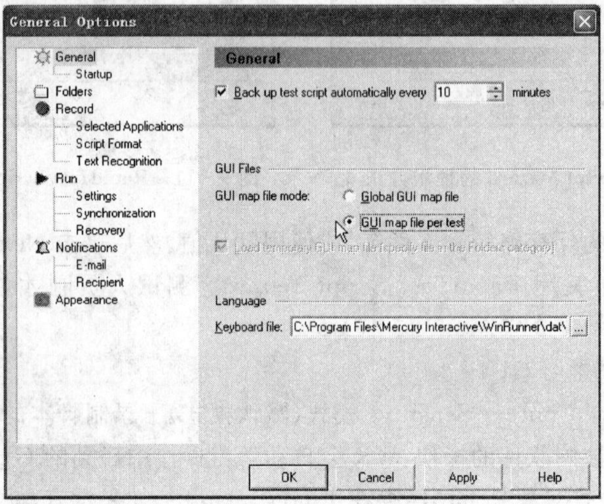

图 9－13 General Options 对话框

在这种模式下，WR 通过录制的方式学习被测软件的 GUI。如果 GUI 发生变化，测试人员可以用 GUI Map Editor 更新每个测试的 GUI map。测试人员无需加载或保存 GUI map 文件。

如果改变了对象的逻辑名，必须更新脚本。不要在 GUI Map Editor 里保存对 GUI map 文件的修改，测试人员保存测试时，这些变更会被自动保存。不要手工加载或卸除 GUI map 文件。这些文件在测试人员打开测试时会被自动加载。

9.3 录制测试脚本

9.3.1 选择录制模式

表 9－2 列出的内容可以帮助测试人员决定使用哪种录制模式。

表 9－2 Context Sensitive 和 Analog 模式比较

Context Sensitive	Analog
识别应用程序的 GUI 对象(用户界面)	应用程序包含位图的范围(和画图的范围)
不能精确地记录鼠标的动作	能够精确地记录鼠标的动作

9.3.2 Context Sensitive 模式下录制

测试人员以 Context Sensitive 模式录制一段测试脚本，此测试脚本的操作流程为在 Flight Reservation 开启一笔订单。

1. 开启 WinRunner 并加载 GUI map file

执行【开始】→【程序】→WinRunner 命令，如果是第一次执行 WinRunner，会开启欢迎窗口，则选择 New Test 项；如果没有开启欢迎窗口，则选择 File→New 命令。

检查 GUI map file 是否已经加载，选择 Tools→GUI Map Editor 命令开启 GUI Map Editor，再选择 View→GUI Files 命令检查是否加载 flight4a. gui 文件。如果 flight4a. gui 没有加载，选择 File→Open 命令然后选取 flight4a. gui 文件，单击 Open 按钮将其载入。

2. 开启 Flight Reservation 并登录

执行【开始】→【程序】→WinRunner→Sample Applications→Flight 4A 命令，登录窗口会开启。在 Agent Name 文本框中输入名字（至少 4 个英文字母），在 Password 文本框中输入 Mercury，单击 OK 按钮登录到 Flight Reservation。

调整 WinRunner 与 Flight Reservation 的窗口大小与位置，使这两个窗口不重叠。

3. 开始以 Context Sensitive 模式录制测试脚本

在 WinRunner 中选择 Test→Record→Context Sensitive 命令，或单击工具栏上的 

按钮，从现在开始 WinRunner 会录制所有鼠标的点选以及键盘的输入。**注意：** 

会变成 

，表示现在已经进入 Context Sensitive 录制模式了。在 WinRunner 下方的状态栏同样也会有变化，表示现在已经在录制测试脚本了。

4. 开启 2 号订单

在 Flight Reservation 中选择 File→Open Order 命令，在 Open Order 对话框中选中 Order No. 复选框并且输入“2”，单击 OK 按钮，如图 9-14 所示。

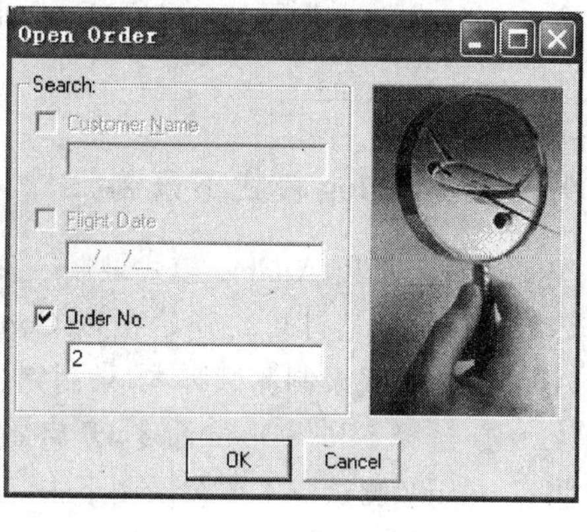

图 9-14 Open Order 对话框

5. 停止录制

在 WinRunner 中选择 Test→Stop Recording 命令，或单击工具栏上的 

按钮，停止录制测试脚本。

6. 储存测试脚本

选择 File→Save 命令或单击工具栏上的  按钮，将测试脚本储存成 exam2。

在之前的练习中，录制了在 Flight Reservation 中开启订单的测试脚本，WinRunner 产生了以下的测试脚本。

```
# Flight Reservation
    set_window ("Flight Reservation", 2);
    menu_select_item ("File;Open Order...");

# Open Order
    set_window ("Open Order", 2);
```

```
button_set ("Order No.", ON);
edit_set ("Edit_1", "2");
button_press ("OK");
```

以下是对此段测试脚本进行的详细说明。

① 当测试人员选择一个 GUI 对象，WinRunner 会自动为这个 GUI 对象取个名字，通常是以 GUI 对象上的文字作为名字，此名字在 WinRunner 中称为 logic name。这个 logic name 可以让测试人员更容易地阅读测试脚本。例如当测试人员选择 Order No. 复选框时，WinRunner 产生以下的指令：

```
button_set("Order No. ",ON);
```

Order No. 就是这个 Order No. 复选框的 logic name。

② 当测试人员换到另一个窗口上操作时，WinRunner 会自动在测试脚本上加上一行批注，帮助测试人员更容易阅读测试脚本。例如，当点选 Flight Reservation 窗口时，WinRunner 会自动加上下面的注解：

```
# Flight Reservation
```

③ 当测试人员换到另一个窗口上操作时，WinRunner 会自动产生一行 set_window 指令，然后才是它操作的指令。例如当测试人员开启 Open Order 窗口时，WinRunner 会先产生下面的指令：

```
set_windows("Open Order",1);
```

④ 当测试人员以键盘输入时，WinRunner 会产生 type、obj - type 或是 edit - type 等指令。例如当测试人员在 Order No. 文本框中输入“2”时，WinRunner 会产生下面的指令：

```
edit_set ("Edit_1", "2");
```

9.3.3 Analog 模式下录制

测试人员以 Analog 模式录制一段测试脚本，此测试脚本的操作流程为在 Flight Reservation 下传真一笔订单。开始会以 Context Sensitive 的模式录制，然后在签名的时候切换为 Analog 的模式录制测试脚本，录制完签名的部分，再切换回 Context Sensitive 的模式。

① 选择 File→Open 命令，开启 exam2 测试脚本，并将光标移到最后一行。接下来的操作将以 exam2 测试脚本继续录制下去。

② 开始以 Context Sensitive 模式录制测试脚本。在 WinRunner 工具中选择 Test→Record - Context Sensitive 或单击工具栏上的 Record 按钮。

③ 开启传真订单。在 Flight Reservation 中选择 File→Fax Order 命令，在 Fax Number 文本框中输入“0108260833”，如图 9 - 15 所示。

④ 选中 Send Signature with order 复选框。

⑤ 在 Context Sensitive 模式下录制签名动作。用鼠标在 Agent Signature 空白区域中签名，这时请注意 WinRunner 如何录制签名动作。

⑥ 清除签名。单击 Clear Signature 按钮。

⑦ 将 Fax Order 对话框移动到其他位置。在切换到 Analog 模式之前，移动一下 Fax

Order对话框。

⑧ 在 Analog 模式下录制签名动作。按键盘上的 F2 键或单击工具栏上的 Record 按钮，此时录制模式将从 Context Sensitive 切换到 Analog 模式。用鼠标在 Agent Signature 空白区域中签名，这时请注意 WinRunner 如何录制签名动作。

图 9－15　Fax Order No. 2 对话框

⑨ 切换回 Context Sensitive 模式并将订单传真出去。按 F2 键或单击工具栏上的 Record 按钮，此时录制模式会从 Analog 模式切换回 Context Sensitive 模式。单击 Send 按钮后，Flight Reservation 会仿真将订单传真出去。

⑩ 停止录制。在 WinRunner 中选择 Test→Stop Recording 命令，或单击工具栏上的 Stop 按钮停止录制测试脚本。

⑪储存测试脚本。选择 File→Save 命令或单击工具栏上的按钮。

⑫在 Global GUI map file 模式下，要储存新的 GUI 对象。在前面已经以 RapidTest Script Wizard 识别过 Flight Reservation 的 GUI 对象，但是因为 Fax Order 这个对话框必须在开启一笔订单后才能再开启 Fax Order 对话框，因此 RapidTest Script Wizard 并未将 Fax Order 对话框的 GUI 对象也识别下来。所以当录制到 Fax Order 对话框上的操作时，WinRunner 会识别到新的对话框与 GUI 对象，并且先放到 temporary GUI map file 中。但是当关闭 WinRunner 后，在 temporary GUI map file 中的 GUI 对象将会被抛弃，所以一定要将新识别的 GUI 对象储存下来，这个动作非常重要，一定要记得。选择 Tools→GUI Map Editor 命令，再选 View→GUI Files 命令，测试人员可以看到 Fax Order No. 2 窗口是放在 L0＜temporary＞GUI map file 中。选择 File→Save 命令，选取 flight4a. gui 文件，单击 OK 按钮，则 Fax Order No. 2 对话框以及其 GUI 对象，将会被储存到 flight4a. gui 文件中。最后关闭 GUI Map Editor。

9.3.4　测试脚本执行

完成上面的练习之后，已经准备好执行测试脚本并分析测试结果了。WinRunner 提供 3

种执行测试脚本的模式：Verify、Debug、Update。

- Verify：当测试人员真正执行测试以检查应用程序的功能，并且要储存测试结果时使用。
- Debug：当测试人员想检查测试脚本执行是否流畅，没有错误时使用。
- Update：当测试人员要更新检查点的预期值时使用。

测试脚本执行过程如下：

① 确认 WinRunner 与 Flight Reservation 的主窗口都已经开启。

② 开启测试脚本。选择 File→Open 命令开启 exam2 测试脚本。

③ 检查 Flight Reservation 是否在主窗口中。如果有其他对话窗口请先关闭。

④ 确认工具栏上显示 Verify 模式。

⑤ 选择 Run From Top 命令。选择 Test→Run From Top 命令或单击工具栏上的 From Top 按钮，将会弹出 Run Test 对话框，单击 OK 按钮开始执行测试。

⑥ 输入 Test Run Name。输入 Test Run Name，WinRunner 会将测试脚本执行的结果储存在 Test Run Name 的目录下，而此测试结果将会储存在测试脚本目录下。

如选中对话框下方 Display test results at end of run 复选框，则当测试脚本执行完毕后，WinRnnner 会自动开启测试执行结果的对话框，如图 9－16 所示。

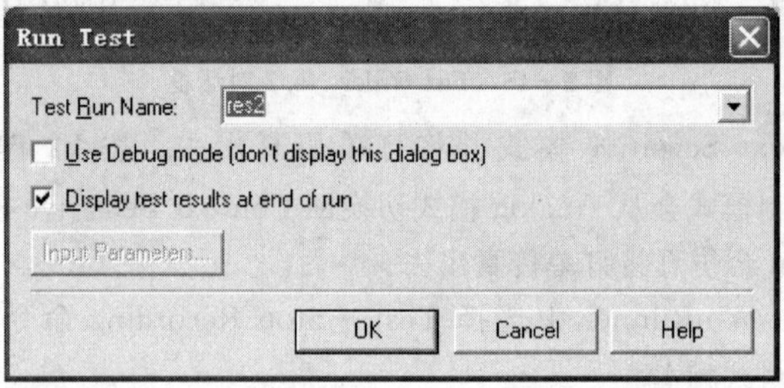

图 9－16　Run Test 对话框

⑦ 执行。单击 OK 按钮后 WinRunner 会开始执行测试脚本。请注意观察 WinRunner 如何执行测试脚本。

⑧ 监视执行结果。当测试执行完毕后，WinRunner 会开启 Test Results 窗口，显示测试执行的结果。

9.3.5　测试结果分析

当执行完测试脚本，就可以监视测试结果。

WinRunner 提供以下两种类型的测试结果监视器：

① WinRunner Repor：一般 GUI 接口的监视器。

② Unified Repor HTML：类型的监视器。

9.3.6　录制时建议

① 录制前请先关闭不必要的应用程序或窗口。

② 尽量在录制结束时，回到开始录制的画面，以便测试脚本可以重复执行测试。例如当

测试人员从主窗口开始录制测试脚本时，在测试脚本的最后，还是要回到主窗口画面。

③ 当以 Analog 模式录制时，尽量避免录制按住鼠标的动作。例如当要卷动窗口画面时，以 click 的方式卷动窗口，尽量不要以按住 scroll bar 拖曳的方式卷动窗口。

④ 当需要从 Context Sensitive 模式切换到 Analog 模式时，在切换前建议移动一下窗口，这样可确保以 Analog 模式录制完成后执行时窗口位置为固定的。

⑤ 当录制点选非标准的 GUI 对象时，WinRunner 会产生 obj_mouse_click 的指令。例如当测试人员点选一个图像对象时，WinRunner 可能会产生下列的指令：

```
obj_mouse_click(GS_Drawing,8,53,LEFT);
```

假如这个非标准 GUI 对象的行为与标准的 GUI 对象类似，并且其功能与按钮一样，则可以通过对应(map)的方式，将其对应到标准的 GUI 对象，如此一来 WinRunner 便会以标准 GUI 对象的指令，如 button_press 来取代 obj_mouse_click 的指令了。

⑥ 当在 Global GUI map file 模式下录制测试脚本时，录制的 GUI 对象之前并未录制过，则 WinRunner 会将其放在 temporary GUI map file 中。

⑦ 在录制过程中可以利用 F2 键切换 Context Sensitive 与 Analog 的录制模式。

⑧ 当在 Global GUI map file 模式下录制测试脚本时，记得经常检查新的 GUI 对象是否被新增到 temporary GUI map file 中。当关闭 WinRunner 之前请记得将存放在 temporary GUI map file 中的 GUI 对象存盘。

9.4　同步点

当测试人员执行测试时，所测试的应用程序每次操作的响应时间并不一定，有时快，有时慢，导致执行输入动作的时间也需要等待。例如，以下的动作常会花几秒钟。

- 从数据库取得数据；
- 等待 1 个窗口开启；
- 等待状态条成为 100%；
- 等待某个状态信息出现。

当遇到这类的情况，WinRunner 会等待一段固定的时间，直到应用程序接受输入的动作，这个等待时间的默认值为 10 s。假如应用程序响应的时间超过 WinRunner 等待的时间，则测试执行就可能会失败。

如果在测试执行过程中遇到这样的情况，可以用下列的方式解决：

① 增加 WinRunner 预设等待的时间，选择 Tools→General Options→Run→Settings 命令，将 Timeout for checkpoints and CS statements 的值加大，预设为“10000msec”。加大这个设定可能会造成在 Context Sensitive 的动作变慢。

② 在测试脚本中插入同步点(synchronization point)，当 WinRunner 执行到同步点时，会暂停执行以等待应用程序某些状态的改变后，再继续执行。这个方式也是经常被使用的方式。

【实例 2】

① 在 Flight Reservation 中建立一张新的订单，并新增到数据库中。

② 变更预设等待时间的设定。

③ 如何识别何种问题需要以同步点解决。

④ 加入同步点。

⑤ 执行测试脚本并监视结果。

1. 录制测试脚本

① 开启 WinRunner 并加载 GUI map file。

② 开启 Flight Reservation 并登录。

③ 开始以 Context Sensitive 模式录制测试脚本。

④ 建立新的订单。在 Flight Reservation 中选择 File→New Order 命令。

⑤ 填入航班与旅客资料。请输入以下数据,如图 9－17 所示。

Date of Flight:09/30/09(日期格式为 MM/DD/YY,日期要大于今天的日期)

Fly From:London

Fly To:Los Angels

单击 Flights 按钮,选取一个航班。

Name:zhp

Class:Business

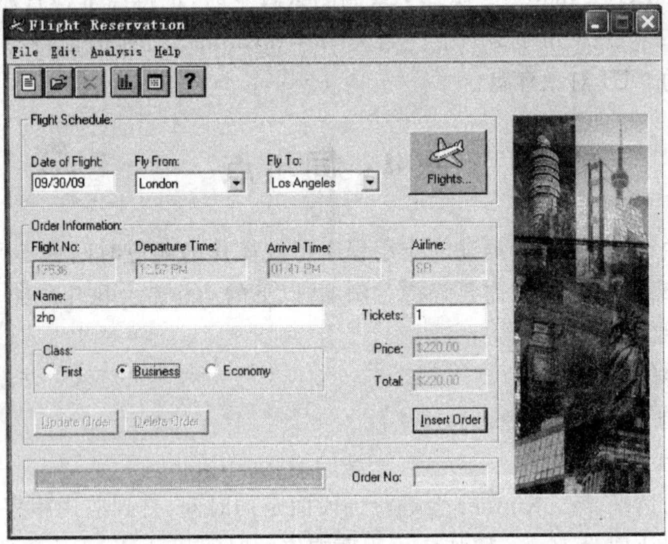

图 9－17 Flight Reservation 窗口

⑥ 选择 Insert Order 项,当完成新增订单后,状态列会显示 Insert Done…的信息。

⑦ 选择 Delete Order 命令删除刚刚新增的订单,并单击【是】按钮确认。

⑧ 停止录制测试脚本。

⑨ 储存测试脚本,将测试脚本储存为 exam3。

2. 变更预设等待时间的设定

WinRunner 预设等待时间为 10 s。为了模拟出需要加入同步点的状况,下面将变更 WinRunner 预设等待时间,设定缩短为 1 s。

① 开启 General Options 对话框,选择 Tools→General Options 命令。

② 选择 Run→Settings 命令。

③ 在 Timeout for checkpoints and CS statements 中将 10 000 改成 1000。

④ 单击 OK 按钮，关闭该对话框。

3. 如何识别需要以同步点解决的问题

当执行 exam3 测试脚本时，将会出现同步点的问题。

① 执行 WinRunner 并开启 exam3。

② 选择 Test1→Run From Top 命令，或单击工具栏上的 From Top 按钮，则 RunTest 窗口将会开启，单击 OK 按钮开始执行测试。

③ 在测试脚本执行的过程中，请特别注意当 WinRunner 选择 Delete Order 按钮时发生什么事。而 WinRunner 最多只等待 1 s，所以当 1 s 过去后，而 Delete Order 按钮还是 disabled 的状态，造成 WinRunner 无法选择 Delete Order 按钮，并跳出 Object is currently disabled 的对话窗口，表示 WinRunner 要操作的 GUI 对象是 disabled 的，所以无法执行，如图 9－18 所示。

④ 单击 Pause 按钮。这时可以发现黄色小箭头停在点选的 Delete Order 这行指令上。

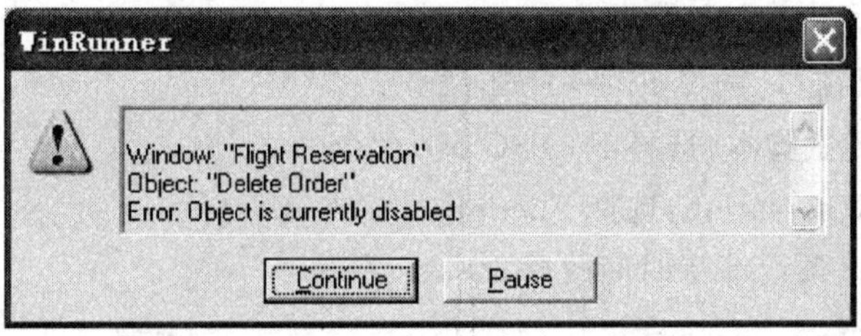

图 9－18　WinRunner 报错窗口

接下来要在 exam3 测试脚本中插入同步点，这个同步点会获取状态列上 Insert Done…的图像，然后当再次执行测试脚本时，WinRunner 会等到 Insert Done…的图像出现后，才执行单击 Delete Order 的动作。

① 确认 Flight Reservation 已经开启。

② 确认 WinRunner 已经开启，并加载 exam3 测试脚本与 GUI map file。

③ 将光标移动到要插入同步点的位置。在 button_press("Delete Order")这一行上面插入一行空白行，并将光标移到这一空白行的开头。

④ 插入同步点。选择 Insert→Synchronization Point→For Object/Window Bitmap 命令，将光标移动到 Insert Done…的状态列上并点选，WinRunner 会在测试脚本中插入一行"obj_wait_bitmap("Insert Done…","Img1",1);"的指令，这一行指令表示当 WinRunner 执行到这里时，会等待 Insert Done…的图像出现，等待时间为 1 s，当图像出现后，才会继续往下执行。

⑤ 手动将 1 s 改成 10 s。由于等待 1 s 还是太短，所以手动将"obj_wait_bitmap("Insert Done…","Imgl",1);"指令改成"obj_wait_bitmap("Insert Done…","Imgl",10);"指令等待 10 s。

⑥ 储存测试脚本。

⑦ 如果在 Global GUI map file 模式下，记得储存新的 GUI 对象。

由于 Insert Done…的图像为 WinRunner 新识别的 GUI 对象，所以要记得储存。选择

Tools→GUI Map Editor 命令，再选择 View→GUI Files 命令，可以看到新识别的 GUI 对象是放在“L0<temporary>GUI Map File”中。选择 File→Save 命令，选取 flight4a. gui，单击 OK 按钮，则新识别的 GUI 对象，将会被储存到 flight4a. gui 中。最后关闭 GUI Map Editor。

执行已加入同步点的测试脚本，并监视执行结果。

① 确认 WinRunner 与 Flight Reservation 的主窗口都已经开启。

② 开启 exam3 测试脚本。

③ 确认工具栏上显示

模式。

④ 选择 Test→Run From Top 命令或单击工具栏上的

按钮，则 Run Test 窗口将会开启，接受预设 res2 的执行名称，确认选中 Display test results at the end of run 复选框，单击 OK 按钮开始执行测试。

⑤ 监视测试结果。当执行结束，WinRunner 会自动开启测试执行结果。在测试结果下方的事件中，有一行绿色的 wait for bitmap 事件，表示同步点执行成功。可以双击此事件，监视此同步点的图像结果。

⑥ 关闭测试结果窗口：选择 File→Exit 命令。

⑦ 关闭 exam3 测试脚本：选择 File→Close 命令。

⑧ 关闭 Flight Reservation：选择 File→Exit 命令。

⑨ 将 WinRunner 预设等待时间改回 10 s。

9.5 GUI 对象检查点

设定检查点可以检查所设定区域的显示是否和预期结果相符。通过检查点的设置以及对各点处输出信息的编程定义，可以在脚本运行结果单中查看各项测试内容是否都已通过。在功能测试中，检查点可以用在以下两个方面：检查应用程序经过修改后对象状态是否发生变化；检查对象数据是否和预期数据一致。WinRunner 提供的检查点类型有 GUI checkpoint、Bitmap checkpoint、text checkpoint 等。

1. 如何检查 GUI 对象

在测试应用程序时，通常是通过检查 GUI 对象的属性来测试功能是否正常，当 GUI 对象的属性值与预期的值不符合时，也就表示可能有问题产生。

在 WinRunner 中可以建立 GUI 检查点(checkpoint)，检查 GUI 对象的属性，例如测试人员可以检查以下几项：

- 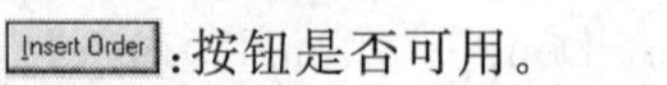

：输入字段的内容。
- 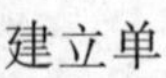

：是否被选取。
- 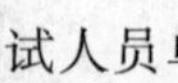

：按钮是否可用。

要建立单一 GUI 对象的检查点，首先指定要建立检查点的 GUI 对象。

测试人员单击时，WinRunner 会以预设检查的属性建立检查清单(checklist)，并将检查点插入到测试脚本中。

检查清单的内容记录了要 WinRunner 检查的 GUI 对象与属性。

测试人员双击检查清单的内容，Check GUI 窗口会开启并显示测试人员选取的 GUI 对象，以及此 GUI 对象可供检查的属性，测试人员只要在 Check GUI 窗口上选中想检查的属性，WinRunner 就会建立检查清单(checklist)，并将检查点插入到测试脚本中。

不管建立的检查点是检查预设的属性还是测试人员选取的属性，WinRunner 会获取建立检查点当时的属性值当做预期的值，并且在测试脚本中插入 obj_check_gui 或 win_check_gui。

当测试人员执行测试脚本时，WinRunner 会自动比较执行时的实际值与建立检查点时的预期值如果一致，表示检查点检查通过；如果不一致，表示检查点检查失败。

2. 建立 GUI 对象检查点

【实例 3】

① 开启 WinRunner 并加载 GUI map file。

② 开启 Flight Reservation 并登录。

③ 开始以 Context Sensitive 模式录制测试脚本。

④ 开启 Flight Reservation 的 Open Order 窗口。

⑤ 对 Order No. 复选框建立检查点。在 WinRunner 中选择 Insert→GUICheckpoint→For Object/Window 命令，或使用工具栏上的按钮。双击 OrderNo. 复选框，则 Check GUI 对话窗口会开启并显示选取的 GUI 对象，以及此 GUI 对象可供检查的属性。请注意如果单击，则 Check GUI 对话窗口不会开启，且 WinRunner 会直接以 State 属性当成检查点要检查的属性，并插入检查点，如图 9-19 所示。

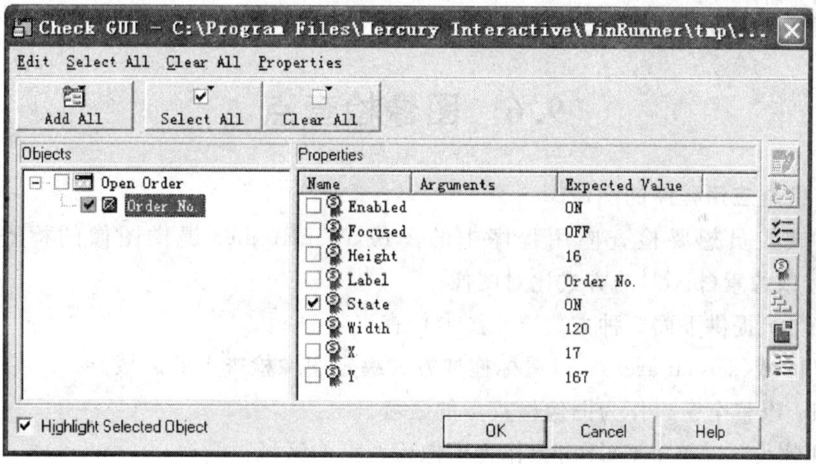

图 9-19　Check GUI 窗口

单击 OK 按钮，WinRunner 会在测试脚本中插入 obj_check_gui 检查点。

⑥ 输入订单编号 3。在 Open Order 窗口中，选中 Order No. 复选框，并在字段中输入“3”。

⑦ 对 Order No. 复选框建立另一个检查点。在 WinRunner 中选择 Insert→GUICheckpoint→For Object/Window 命令，或单击工具栏上的按钮。单击 OrderNo. 复选框，WinRunner 会马上以预设的属性(status)在测试脚本中加上检查点(obj_check_gui)，其预期值为 ON。

⑧ 对 Customer Name 复选框建立一个检查点。在 WinRunner 中选择 Insert→GUI Checkpoint→For Object/Window 命令，或单击工具栏上的按钮。双击 Customer Name 复

选框，则 Check GUI 窗口会开启并显示选取的 GUI 对象，以及此 GUI 对象可供检查的属性。如果是单击，则 Check GUI 窗口将不会开启，且 WinRunner 会直接以 State 属性当成检查点要检查的属性，并插入检查点。

选中 State 与 Enabled 属性，其预期值分别为 OFF 与 ON。单击 OK 按钮，WinRunner 会在测试脚本中插入 obj_check_gui 检查点。

⑨ 单击 OK 按钮开启订单。

⑩ 停止录制测试脚本。

⑪ 储存测试脚本为 exam4。

执行 exam4 测试脚本，以验证测试脚本可以正常执行，其步骤如下：

① 确认 WinRunner 与 Flight Reservation 的主窗口都已经开启。

② 开启 exam4 测试脚本。

③ 确认工具栏上显示

模式。

④ 选择 Run From Top。选择 Test→Run From Top 命令或单击工具栏上的

按钮，则 Run Test 窗口将会开启，接受预设 resl 的执行名称，确认已选中 Display test results at the end of run 复选框，单击 OK 按钮开始执行测试。

⑤ 监视测试结果。当执行结束，WinRunner 会自动开启测试执行结果。每个 end GUI checkpoint 都应该是绿色的文字，表示检查点是通过的。双击最后一个 end GUI checkpoint，会开启 GUI Checkpoint Results 窗口，显示此检查点的测试结果。

⑥ 关闭 Test Results 窗口。

9.6 图像检查点

1. 如何检查应用程序的图像

如果测试人员想要检查应用程序中的图像，WinRunner 提供图像的检查点（bitmap checkpoint），以像素（pixel）的方式比对图像。

WinRunner 提供下面 3 种方式建立图像检查点：

① 屏幕区域（screen area）：以鼠标拖拽方式决定图像检查点的区域。

② 窗口：以整个窗口作为图像检查点的区域。

③ GUI 物件：以整个 GUI 对象作为图像检查点的区域。

下面的【实例 4】是以屏幕区域（screen area）方式建立图像检查点。

WinRunner 会直接获取方框区域部分并储存成预期值，然后在测试脚本中插入 obj_check_bitmap 或是 win_check_bitmap 指令。

当执行测试脚本时，WinRunner 会比对执行时的图像与预期的图像，将结果显示在 Test Results 窗口中，如果不一致，在 Test Results 窗口提供监视差异的部分。

2. 建立图像检查点

【实例 4】

本实例将通过以图像检查点方式，测试传真订单（Fax Order）对话窗口中的签名功能。

① 开启 WinRunner 并加载 GUI map file。

② 开启 Flight Reservation 并登录。

③ 开始以 Context Sensitive 模式录制测试脚本。

④ 开启订单。在 Flight Reservation 中选择 File→Open Order 命令，选中 OrderNo. 复选框，输入“4”然后单击 OK 按钮。

⑤ 传真订单。在 Flight Reservation 中选择 File→Fax Order 命令。

⑥ 输入传真号码。在 Fax Number 文本框中输入 10 位数字，不需要输入括号与横线，如 0108260833。

⑦ 移动传真订单窗口。将窗口移动到新的位置。

⑧ 切换到 Analog 录制模式。按 F2 键或单击工具栏上的 From Top 按钮，此时录制模式将从 Context Sensitive 模式切换到 Analog 模式。

⑨ 在 Agent Signature 中签名。

⑩ 切换到 Context Sensitive 模式。按 F2 键或单击工具栏上的 Record 按钮，此时录制模式会从 Analog 模式切换回 Context Sensitive 模式。

⑪ 建立图像检查点检查签名。选择 Insert→Bitmap Checkpoint→For Object/Window 命令，或单击工具栏上的按钮，单击 Agent Signature 选项，WinRunner 会获取 Agent Signature 的图像，并且在测试脚本中插入 obj_check_bitmap 指令。

⑫ 清除签名。单击 Clear Signature 按钮，清除签名。

⑬ 再建立图像检查点。选择 Insert→Bitmap Checkpoint→For Object/Window 命令，或单击工具栏上的按钮，单击 Agent Signature 选项，WinRunner 会获取 Agent Signature 的图像，并且在测试脚本中插入 obj_check_bitmap 指令。

⑭ 关闭传真订单窗口。单击 Cancel 按钮关闭传真订单窗口。

⑮ 停止录制。

⑯ 储存测试脚本为 exam5。

⑰ 如果使用 Global GUI map file 模式要将 GUI map file 存档。在 WinRunner 中选择 Tools→GUI Map Editor 命令。在 GUI Map Editor 中选择 View→GUI Files 命令，然后选取 File→Save 命令。

接下来可以监视 exam5 测试脚本的预期结果，其步骤如下：

① 开始 WinRuner 测试结果窗口。选择 Tools→Test Results 命令，或单击工具栏上的按钮，开启测试结果窗口。

② 检查 WinRuner 获取的图像。双击第一个 capture bitmap 事件，或单击工具栏上的按钮，开启第一个获取的图像。双击第二个 capture bitmap 事件，或单击工具栏上的按钮，开启第二个获取的图像。

③ 关闭测试结果窗口。在测试结果窗口选择 File→Exit 命令关闭测试结果窗口。

以下是建立图像检查点时的建议：

① 如果要以屏幕区域(screen area)建立图像检查点，选择 Insert→Bitmap Checkpoint→For Screen Area 命令，或单击工具栏上的按钮，则光标会变成十字形，然后再以拖拽方式框出要比对的区域。WinRunner 会插入 win_check_bitmap 指令，此指令参数包含屏幕区域的 x

坐标、y 坐标、宽度以及高度。

② 如果打算在深夜或无人时执行测试，可以设定当检查点不一致时，WinRunner 不要显示信息以免中断测试的执行。选择 Tools→General Options→Run→Settings 命令，清除 Break when verification fails 选项，则在测试执行过程中就不会被检查点不一致的信息中断了，如图 9-20 所示。

③ 当执行含有图像检查点的测试脚本时，要确认屏幕显示设定与显示卡驱动程序与当初测试脚本建立时一样。如果不一样，可能会影响图像检查点的正确性。

④ 假如测试人员想要更新图像检查点的预期值，请以 

模式执行一次测试脚本，则 WinRunner 会以执行当时获取到的图像，覆盖原本的预期值，成为新的预期值。

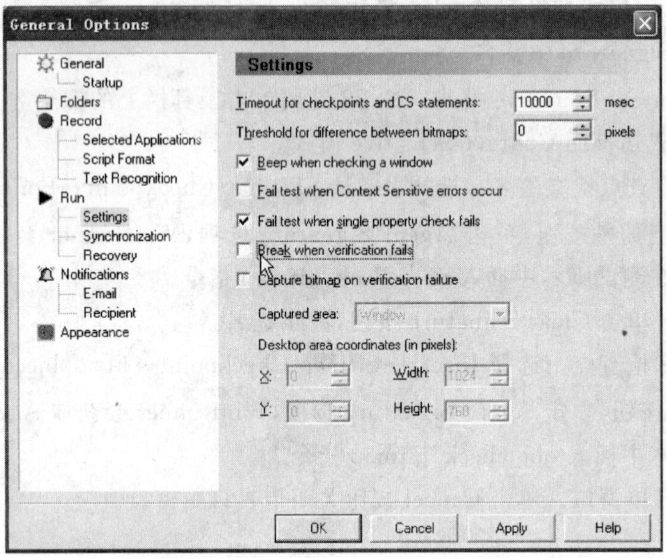

图 9-20　General Options 窗口

9.7　编辑测试脚本

当测试人员在录制测试脚本时，对应用程序的所有操作，不论是单击按钮还是键盘的输入，WinRunner 都会产生测试脚本，每一行的测试脚本称为 TSL(Test Script Languge)。除了以录制的方式产生测试脚本之外，TSL 还内建了许多函数，可以依照需求很弹性地应用这些功能强大的函数。除此之外，WinRunner 还提供可视化工具函数产生器(Function Generator)，帮助测试人员在测试脚本中快速插入函数。

函数产生器(Function Generator)提供两种使用方式：测试人员可以直接点选 GUI 对象，让 WinRunner 建议合适的函数，然后再把函数加入测试脚本中。测试人员可以直接依照分类，从函数清单中挑选要使用的函数。

除了使用函数外，TSL 也提供一般程序语言具备的元素，如条件判断(condition)、循环(loop)和表达式(arithmetic operator)。

1. 录制基本测试脚本

【实例 5】

从开启订单开始录制。

① 开启 WinRunner 并加载 GUI map file。

② 开启 Flight Reservation 并登录。

③ 开始以 Context Sensitive 模式录制测试脚本。

④ 开启订单。在 Flight Reservation 中选择 File→Open Order，选中 Order No. 命令，输入“3”然后单击 OK 按钮。

⑤ 传真订单。在 Flight Reservation 中选择 File→Fax Order 命令。

⑥ 单击 Cancel 按钮关闭传真订单窗口。

⑦ 停止录制测试脚本。

⑧ 储存测试脚本为 exam6。

2. 使用函数产生器(Function Generator)在测试脚本中插入函数

通过加入函数的方式，取得传真订单窗口上的＃Tickets、Ticket Price、Total 各字段的值。

① 在“button_press(“Cancel”)；”脚本前插入一行空白。

② 开启传真订单窗口。在 Flight Reservation 选取 File→Fax Order 命令。

③ 取得 Tickets 字段的值。选择 Insert→Function→For Object/Window 命令，或单击工具栏上的按钮，选择 Tickets 的值。

函数产生器会开启并建议使用 edit_get_text 函数，如图 9－21 所示。

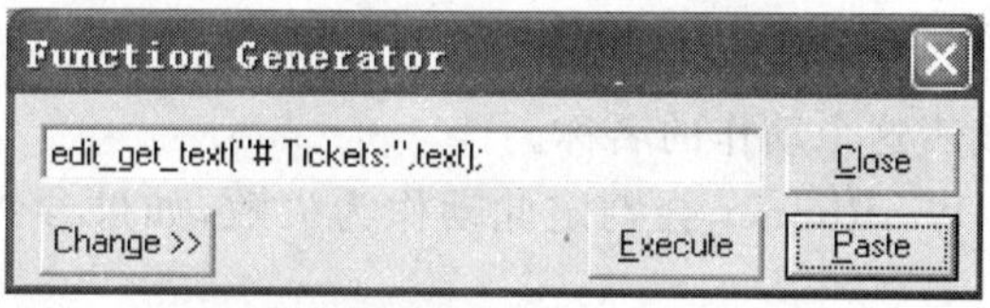

图 9－21　Function Generator 窗口

这个 edit_get_text 函数会取得 Tickets 字段的值，并储存到变量中。变量的预设名称为 text。此处，可以直接将变量名称 text 改成 tickets，然后单击 Paste 按钮将函数插入测试脚本中。

```
edit_get_text("# Tickets:",tickets);
```

④ 取得 Ticket Price 字段的值。选择 Insert→Function→For Object/Window 命令，或单击工具栏上的按钮。函数产生器会开启并建议使用 edit_get_text 函数。将变量名称 text 改成 price，然后单击 Paste 按钮将函数插入测试脚本中。

```
edit_get_text("Ticket Price:",price);
```

⑤ 取得 Total 字段的值。选择 Insert→Function→For Object/Window 命令，或单击工具栏上的按钮。函数产生器会开启并建议使用 edit_get_text 函数。将变量名称 text 改成 total，然后单击 Paste 按钮将函数插入测试脚本中。

```
edit_get_text("Total:",total);
```

⑥ 单击 Cancel 按钮关闭传真订单窗口。

⑦ 储存测试脚本。

接下来将在测试脚本中加上 if…else 的判断式，如此测试脚本便可以通过计算方式判断测试是否通过。

① 将光标置于最后一个 edit_get_text 脚本的下一行。

② 加上下列的脚本。

```
if(tickets* price= = total)
tl_step("total",0,"Total is correct.");
    else
tl_step("total",1,"Total is incorrect.");
```

③ 加上批注。在 if 脚本前加上一行空白，然后选取 Edit→Comment 命令，然后在"#"后加上批注。

```
# check that the total ticket price is calculated correctly
if(tickets* price= = total)
tl_step("total",0,"Total is correct.");
    elset
tl_step("total",1,"Total is incorrect.");
```

④ 储存测试脚本。通过加上 tl_step 函数，可以自行决定测试脚本中的某段动作是通过还是失败，进而决定整个测试脚本的执行结果是通过还是失败。

举例来说：

```
tl_step("total",1,"Total is incorrect.");
```

第一个参数"total"代表这个动作的名称。

第二个参数为"1"则 WinRunner 会判定此动作为失败，如果参数值为"0"则 WinRunner 会认定此动作为通过。

第三个参数"Total is incorrect"则是 WinRunner 针对此动作显示的信息，通过有意义的描述，帮助用户在监视最后测试结果时，更多地了解此动作代表的意义。

如果要更深入地了解 tl_step 函数的用法，请参考 WinRunner TSL Online Reference。

在修改完测试脚本后，通常会执行看运行是否顺利，是否有语法或逻辑上的错误，WinRunner 同时也提供了除错的工具。通过使用除错工具，可以进行以下操作。

- 逐行执行测试脚本；
- 设定断点；
- 以 Watch List 监视变数的值。

以 Debug 模式执行测试脚本，测试结果会储存在 debtug 目录下，每次以 Debug 模式执行测试脚本后，WinRunner 会覆写前一次 debug 的执行结果。

① 选取 Debug 模式。选取工具栏上的 Debug 模式。

② 将执行箭头放在测试脚本第一行。用鼠标在测试脚本第一行左边灰色地方点一下，会出现一个黄色小箭头⇨。

③ 逐行执行。选择 Debug→step 命令，或单击工具栏上按钮，WinRunner 开始执行第一行测试脚本。

④ 逐行执行完成各测试脚本。继续单击工具栏上 按钮，一行一行执行完成各测试脚本。

⑤ 停止执行。执行完最后一行后，单击工具栏上的 ■ Stop 按钮。

⑥ 监视测试结果。当以 Debug 模式执行完测试脚本，执行结果窗口并不会自动开启。选择 Tools→Test Results 命令，或单击工具栏上的 按钮，将会开启测试结果窗口。

⑦ 关闭测试结果窗口。在测试结果窗口选择 File→Exit 命令。

9.8　数据驱动测试脚本

建立好测试脚本后，测试人员可能会想要用多组不同的数据去执行测试脚本。为此目的，测试人员可以将测试脚本转换成数据驱动（Data - Driven）测试脚本，并建立一个数据表提供测试所需的多组数据。

可以通过下列步骤将测试脚本转换成数据驱动测试脚本。

① 加上开启及关闭数据表的指令。

② 加上循环并读取数据表的每一组数据。

③ 将录制的固定值与检查点的值参数化为数据表的字段值。

可以使用数据驱动精灵（DataDriver Wizard）或自己手动修改测试脚本，将测试脚本转成数据驱动测试脚本。

当执行数据驱动测试脚本时，WinRunner 会读取数据表的每一笔数据，并放入被参数化的地方，然后执行一次。每执行一次称为一个反复（iteration），数据表有几组数据，WinRunner 就会执行几次反复。并在最后的测试结果中显示每一次反复的测试结果。

在 9.7 节中已经建立了一个测试脚本，开启一笔订单数据，并检查单价乘以票数是否等于总金额。下面会建立一个相同的检查测试脚本，并且开启多笔订单，以验证不同的票数与单价的计算也是正确的。

将测试脚本转成数据驱动（Data-Driven）测试脚本的举例如下。

【实例 6】

把 exam6 录制的测试脚本转成数据驱动测试脚本。

① 开启 exam6 测试脚本。启动 WinRunner，打开 exam6 测试脚本。选取 File→SaveAs 命令将 exam6 另存成 exam7。检查 GUI map file 是否已经加载，选择 Tools→GUI Map Editor 命令开启 GUI Map Editor，再选择 View→GUI Files 命令检查是否加载 flight4a. gui。如果 flight4a. gui 没有加载，选择 File→Open 命令，然后选取 flight4a. gui 后，单击 Open 按钮将其载入。

② 执行数据驱动精灵。选择 Table→Data Driver Wizard 命令，数据驱动精灵的欢迎窗口会开启。单击 Next 按钮，如图 9 - 22 所示。

③ 建立数据表。在 Use a new or existing Excel table 文本框中输入 exam7. xls，数据驱动精灵会自动建立一个 Excel 档案，并储存在测试脚本的目录下。

④ 指定数据表的变量名称。Assign aname to the variable 使用默认值 table 为数据表的变量名称。在测试脚本的开头，会以数据表的变量来取代数据表的完整路径与文件名，这样，当测试人员想要用其他的数据表来取代原本的测试数据时，只要修改此变量的值就可以了。

⑤ 设定参数化选项。其中：

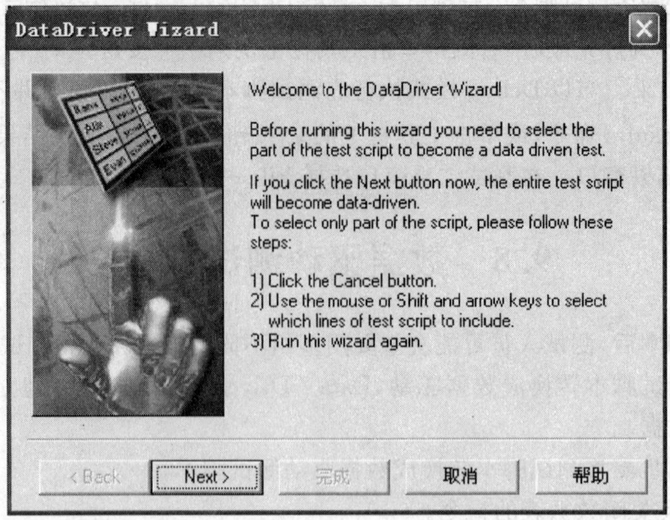

图 9-22　**DataDriver Wizard 窗口**

- Add statements to create a data_driven test 选项表示由数据驱动精灵自动将转成数据驱动测试脚本的指令加到测试脚本中，预设是选中的。
- Parameterize the test 选项表示要做参数化，预设是选中的。
- Line by line 选项 WinRunner 会显示可以做参数化的脚本，预设是选中的。

设定好参数之后，单击 Next 按钮。

⑥ 选择要被参数化的值。第一个显示要参数化的测试脚本为"button set("OrderNo.", ON);"这行脚本是选中 Order No. 复选框，不是要做参数化的测试脚本，选中 Donot replace this data 复选框，单击 Next 按钮。第二个显示要参数化的测试脚本为"edit_set("Edit"," 3");"这行脚本是在 OrderNo. 字段中输入"3"，就是要做参数化的脚本，此时可以看到在 Argument to be replaced 字段中显示要被参数化的资料为"3"。

在"Replace the selected value with data from:"下选取 A new column 项，并在字段中输入 Order_Num，则数据驱动精灵会在 exam7. xls 中新增一栏 Order_Num 字段，且第一笔数据为被参数化的资料 3，单击 Next 按钮。

⑦ 完成。单击 Finish 按钮，数据驱动精灵将测试脚本转成如下数据驱动测试脚本。

```
table= "exam7.xls";
rc= ddt_open(table,DDT_MODE_READ);
if(rc! _E_OK&&rc! = E_FILE_OPEN)
pause("Cannot open table.");
ddt_get_row_count(table,table_RowCount);
for(table_Row= 1;table_Row< = table_RowCount;table_Row+ + )
{
ddt set row(table,table Row);

# Flight Reservation
set_window("Flight Reservation",20);
menu_select_item("File;Open Order…");
```

```
# Open Order
set_window("Open Order",0);
button_set("Order No.",ON);
edit_set("Edit",ddt val(table,"Order Num"));
button_press("OK");

# Flight Reservation
set_window("Flight Reservation",3);
menu_select_item("File;Fax Order…");

# Fax Order No.3
set_window("Fax Order No.3",4);
edit_get_text("# Tickets:",tickets);
    edit_get_text("Ticket Price:",price);

# check that the total ticket price is calculated correctly.
    if(tickets* price=  = total)
    tl_step("total",0,"Total is correct.");
else
    tl_step("total",1,"Total is incorrect.");

button press("Cancel");

}
ddt_close(table);
```

将数据加入数据表的步骤如下：

① 开启数据表。选择 Table→Data Table 命令开启数据表，可以看到第一栏为 Order_Num，且其第一笔资料为 3。

② 加上数据。加上 4 笔数据，分别为 1、5、7、11。

③ 储存数据表。选择 File→Save 命令将数据表存盘，选择 File→Close 命令关闭数据表。

④ 储存测试脚本。以 regular expression 调整测试脚本。测试脚本已经接近完成，不过在执行测试脚本之前，还要先检查一下测试脚本是否有冲突的地方。虽然数据驱动精灵已经帮助测试人员将测试脚本中需要做参数化的值以参数取代了，但是数据驱动精灵并没有帮测试人员取代像对象 label 的值，这些固定的值可能会导致数据驱动测试脚本执行失败。

在 Flight Reservation 范例程序中，传真窗口的 label 会随着开启的订单编号而改变，所以如果执行刚刚转换成数据驱动的测试脚本，在第二次反复(iteration)时，就会出现找不到窗口的错误信息。要解决这个问题，可以通过 regular expression 来解决。所谓 regular expression 就是利用某些字符来表示特定的字符，例如用“＊”来表示所有字符。下面将传真窗口的 label 属性修改成 regular expression，以解决找不到窗口的问题。

① 在 flight4a. gui 找到 Fax Order 窗口。选择 Tools→GUI Map Editor 命令。选择 View→GUI Files 命令。选择 flight4a. gui，选择 Fax Order No. 3 窗口。

② 修改窗口 label 属性。单击 Modify 按钮，开启 Modify 窗口，如图 9－23 所示。

在 Physical Description 字段中，将 label 这一行第一个双引号后加上“!”，然后将“3”与前面的空白删除改成“ * ”号，如图 9－24 所示。

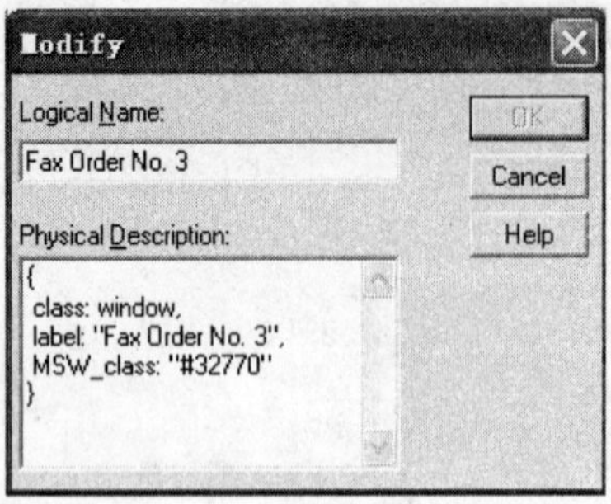

图 9－23　Modify 窗口(1)

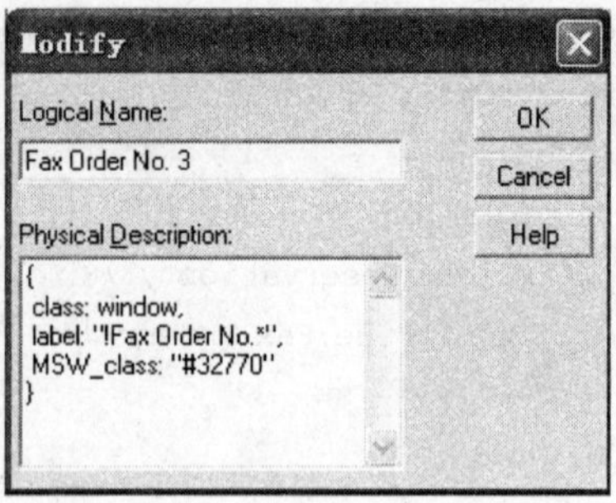

图 9－24　Modify 窗口(2)

③ 关闭 Modify 窗口。单击 OK 按钮关闭 Modify 窗口。

④ 如果现在使用 Global GUI map file 模式请将 GUI map file 存盘。

在 WinRunner 中选择 Tools→GUI Map Editor 命令。在 GUI Map Editor 中选择 View→GUI Files 命令，然后选取 File→Save 命令。

现在可以执行这个测试脚本了，不过在显示测试结果时的信息都是一样的。为了让测试结果也能更有意义，下面将修改测试脚本的 tl_step，使其显示的信息更有意义。

(1) 修改 tl_step

找到第一个 tl_step 脚本：

```
tl step("total",0,"Total is correct.");
```

修改成以下脚本：

```
tl_step("total",0,"Correct."tickets"tickets at$ "price"cost$ "total".");
```

同样找到第二个 tl_step 脚本：

```
tl_step("total",1,"Total is incorrect.");
```

修改成以下脚本：

```
tl step("total",1,"Error."tickets"tickets at$ "price"does not equal$ "total".");
```

(2) 储存测试脚本，执行测试脚本并分析结果

执行此测试脚本，并在测试脚本执行完成后，监视测试结果。

① 确认 Flight 4A 已经开启在桌面上。

② 选择工具栏上的执行模式 Verify 。

③ 选取 Run From Top 项。选择 Test→Run From Top 命令或单击工具栏上的 From Top 按钮，则 Run Test 窗口将会开启，接受预设 resl 的执行名称，确认选择 Display test rest results at the end of run 复选框，单击 OK 按钮开始执行测试。

④ 监视测试结果。当执行完测试脚本，WinRunner 会自动开启测试结果。测试结果显示了 5 笔 tl_step 记录，而且每一笔记录都显示了票数、单价、总金额的值。

⑤ 关闭测试结果。选择 File→Exit 命令关闭测试结果窗口。

⑥ 关闭 Flight Reservation。选择 File→Exit 命令关闭 Flight Reservation 范例程序。

⑦ 关闭测试脚本。选取 File→Close 命令关闭测试脚本。

建立数据驱动脚本时的建议如下：

① 可以只将测试脚本的一部分转成数据驱动测试脚本，只要在开启数据驱动精灵前，先选取要转成数据驱动的测试脚本即可。同一测试脚本中也可以包含多个数据驱动测试脚本。

② 可以开启 default. xls 然后储存成其他文档名，以便使用多个测试数据表。

③ GUI 检查点、图像检查点、图像同步点、常数都可以参数化。

④ 数据表的使用方式与 Excel 工作表相同，也可以在储存格中使用公式。

⑤ 在执行数据驱动测试脚本之前，应该先检查整个测试脚本及其他部分，如 GUI 对象的属性等，看看是否有冲突的部分。以下是解决冲突的两种方案：

- 使用 regular expression 将属性变动的部分以特殊字符取代；
- 重新设定 GUI Map Configuration，将会变动的属性排除掉。

⑥ 测试执行时并不需要开启数据表监视器(data table viewer)。

9.9 文字检查点

WinRunner 提供读取图像或非标准 GUI 对象上的文字的功能，并且可以手动撰写测试脚本来检查文字是否正确。

举例来说，可以通过文字检查点(text checkpoint)达到下列的目的。

- 验证某个值是否在一定范围之内；
- 计算数值是否正确；
- 当某个指定的文字出现在画面上时，就执行某些动作。

只要指定要读取文字的区域、对象或窗口，就可以建立文字检查点。

WinRunner 会以 win_get_text 或是 obj_get_text 读取文字，并将读取到的文字储存到变量中，然后再以手动撰写测试脚本的方式，检查变量中的文字是否为预期的文字。

另外，当要验证标准的 GUI 对象(按钮、功能选单、list、edit box 等)上的文字时，建议使用 GUI 检查点，以省去手动撰写测试脚本的不便。

【实例 7】

1. 建立测试脚本

- 开启图表并读取卖出的票数；
- 新增一笔订单；
- 再开启图表检查卖出的票数是否被更新；
- 回报数值是否正确。

2. 从应用程序读取文字

① 开启 WinRunner 并加载 GUI map file。

② 开启 Flight Reservation 并登录。

③ 确认文字识别的设定。选择 Tools→General Options 命令，开启 General Option 窗

口，选择 Record→Text Recognition 命令，确认 Timeout for TextRecognition 设定为合理的值(如不为0)，默认值为500。确认完单击 OK 按钮关闭窗口。

④ 开始以 Context Sensitive 模式录制测试脚本。在 WinRunner 中选择 Test→Record_Context Sensitive 命令或单击工具栏上的 Record 按钮。

⑤ 开启图表。在 Flight Reservation 中选择 Analysis→Graphs 命令。

⑥ 读取图表上的票数。在 WinRunner 中选择 Insert→Get Text→From Screen Area 命令或单击工具栏上的按钮。此时光标会变成十字光标，以左键拖拉的方式框住票数后，再以鼠标右键结束操作，如图 9-25 所示。

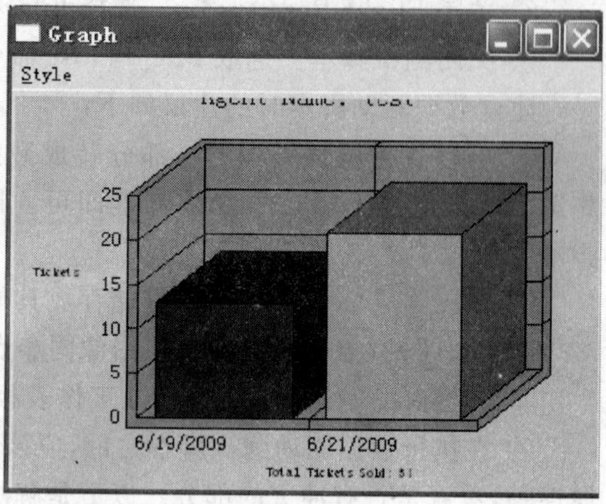

图 9-25　Graph 窗口

WinRunner 会插入 obj_get_text 指令，并且在后面加上批注文字“#51”，表示目前读取到的文字为“518”。

```
obj_get_text("GS_Drawing",text,308,291,328,314);    # 51
```

⑦ 关闭图表窗口。

⑧ 建立新订单。在 Flight Reservation 中选择 File→New Order 命令。

⑨ 填入航班与旅客资料。请输入以下数据：

【Date of Flight】:08/30/09(日期格式为 MM/DD/YY，日期要大于今天的日期)

【Fly From】:London

【Fly To】:San Francisco

单击【Flights】按钮，选取一个航班。

【Name】:liujian

【Class】:First

【Tickets】:1

⑩ 新增订单。选择 Insert Order 命令，当完成新增订单后，状态列会显示 InsertDone…的信息。

⑪插入同步点。选择 Insert→Synchronization Point→For Object/WindowBitmap 命令，或单击工具栏上的按钮。将光标移动到 Insert Done…的状态列上并点选，WinRunner 会在测试脚本中插入一行 obj_wait_bitmap("Insert Done…","Imgl",14);的指令。

⑫ 再开启图表。在 Flight Reservation 中选择 Analysis→Graphs 命令。

⑬ 读取图表上的票数。在 WinRunner 中选择 Insert→Get Text→From ScreenArea 命令或单击工具栏上的按钮。此时光标会变成十字光标，以左键拖拉的方式框住票数后，再以鼠标右键结束操作。WinRunner 会插入 obj_get_text 指令，并且在后面加上批注文字“#39”，表示目前读取到的文字为“39”。

⑭ 关闭图表窗口。

⑮ 停止录制测试脚本。

⑯ 储存测试脚本为 exam8。

⑰ 如果在 Global GUI map file 模式下，记得储存新的 GUI 对象。

3. 检查文字

下面通过 if…else 验证当新增一笔机票订单后，图表上的票数是否有更新。

① 在第一个 obj_get_text 指令将 text 变量名称改成 first_total。

② 在第二个 obj_get_text 指令将 text 变量名称改成 new_total。

③ 将光标移到测试脚本最后一行。

④ 加入以下的测试脚本。

当 new_total＝＝first_total＋1 则回报检查点通过，反之则回报检查点失败。

```
if(new_total==first_total+1)
{
tl_step("graphtotal",0,"Total is correct.");
else
    tl_step("graph total",1,"Total is incorrect.");
}
```

⑤ 加上批注。在 if 前加上以下批注：

```
# check that graph total increments by one.
```

⑥ 储存测试脚本。

4. 除　错

以除错(Debug)模式执行测试脚本，检查是否有语法或逻辑上的错误。如果有任何错误信息，试着去修正问题。

① 选取 Debug 模式。

② 执行测试脚本。

③ 监视测试结果。以 Debug 模式执行完测试脚本，执行结果窗口并不会自动开启。选择 Tools→Test Results 命令，或单击工具栏上的按钮，将会开启测试结果窗口。

④ 关闭测试结果窗口。在测试结果窗口选择 File→Exit 命令。

⑤ 关闭 Flight Reservation。在 Flight Reservation 中选择 File→Exit 命令。

9.10　批次测试

1. 批次(batch)测试

如果测试人员刚刚变更了自己的应用程序，然后要在新版的应用程序上执行所有的测试脚本。测试人员不需要一个一个单独地执行测试脚本，只需要执行一个批次测试，然后就可以去做其他事情，过段时间，屏幕上已经显示所有测试脚本的测试结果。

批次测试脚本看起来与一般的测试脚本一样，但实际上批次测试脚本与一般测试脚本有下面两个不同的地方。

① 批次测试脚本含有 call 指令，用来开启其他测试脚本，例如：

```
call"c:\\qa\\flights\\exam4"();
```

当批次测试执行时，WinRunner 一执行到 call 指令，便会开启并执行指定的测试脚本，当被呼叫的测试脚本执行完毕，WinRunner 便会回到批次测试继续执行下去。

② 在执行批次测试之前，测试人员要先选择 Tools→General Options 命令，在选择 Run 后选取 Run in batch mode 选项，这个选项会让 WinRunner 不再跳出信息对话窗口而中断测试的执行。例如当一个图像检查点失败时，WinRunner 不会再暂停测试执行并显示 mismatch 的信息了。

当测试人员监视测试结果时，可以看到整个批次测试的测试结果是通过还是失败，也可以看到所有被批次测试呼叫的测试，其结果是通过还是失败。

2. 建立批次测试

【实例 8】

建立一个批次测试。

- 呼叫之前建立的测试脚本(exam4、exam5、exam6)。
- 执行每个被呼叫的测试脚本 3 次。

① 开启 WinRunner 并加载 GUI map file。

② 加上 call 指令呼叫其他测试脚本。在新开启的测试脚本中输入以下的脚本：

```
call"c:\\qa\\flights\\exam4"();
call"c:\\qa\\flights\\exam5"();
call"c:\\qa\\flights\\exam6"();
```

在测试脚本中，请将 c:\\qa\\flights 换成测试脚本存放的路径。

注意：在 WinRunner 的测试脚本中用双斜线“\\”取代一般文件路径的斜线“\”。

③ 加上 loop 循环。为了执行 3 次所有被呼叫的测试脚本，请加上以下的 loop 循环：

```
for(1= 0;i< 3;i+ + )
{
call"c:\\qa\flights\\exam4"();
call"c:\\qa\flights\\exam5"();
call"c:\\qa\flights\\exam6"();
}
```

④ 设定以批次模式执行。选择 Tools→General Options→Run 命令，选取 Runin batch mode 选项，然后单击 OK 按钮。

⑤ 储存批次测试脚本

3. 建立批次测试脚本时的建议

① 测试人员可以设定测试脚本的搜寻路径，WinRunner 会自动到设定的路径下搜寻被呼叫的测试脚本，这样在批次测试中呼叫其他测试脚本时，就不需要输入完整的测试脚本的路径，而只要输入测试脚本名称就可以了。

选择 Tools→General Options→Folders 命令，在 Search path for called tests：中输入测试脚本的搜寻路径，然后单击✚按钮，即完成设定测试脚本的搜寻路径。设定完成后，在批次测试脚本中呼叫其他测试脚本时，就不需要输入完整的路径，而只要输入测试脚本名称就可以了。

② 在选择 Tools→General Options→Run 命令时，选中 Run in batch mode 选项，否则当批次脚本执行过程中如果有任何错误发生，将导致测试执行中断。

9.11 维护测试脚本

如果测试人员花了几个星期的时间，建立了一整套涵盖应用程序所有功能的测试脚本。开发团队为了改善使用者接口，修改了一些 GUI 对象，也新增了一些 GUI 对象，甚至删除了一些 GUI 对象，并且发行了新版本。而测试人员要如何用现有的测试脚本来测试新版的应用程序呢?

面对这样的情况，WinRunner 提供了一个非常方便的解决方案 GUI Map。通过更新 GUI Map，WinRunner 就可以识别这些被新增、修改的 GUI 对象，不需要手动去修改现有的测试脚本。

在 GUI Map 中记录了应用程序中 GUI 对象的描述(descriptions)，其内容由以下两个部分组成。

① 逻辑名称(logic name)：一个简短且直接的名称，用来代表 GUI 对象，可以看到这个名称出现在测试脚本中，例如：

```
button press("Insert Order");
```

Insert Order 就是某个 GUI 对象的逻辑名称。

② 实体描述(physical description)：一组可用来唯一识别 GUI 对象的属性，例如：

```
{
    class:push_button,
    label:"insert Order"
}
```

表示这个 GUI 对象是属于 push_button 类别，也就是一个按钮，且按钮上的卷标(label)为 Insert Order。

在执行测试脚本时，当 WinRunner 读取到一个 GUI 对象的逻辑名称后，WinRunner 会到 GUI Map 中寻找这个 GUI 对象实体描述，然后以这些属性，在应用程序上找到拥有这些属性的 GUI 对象。所以当应用程序上的 GUI 对象有变更，就必须在 GUI Map 中修改此 GUI 对象的实体描述，WinRunner 就可以识别此 GUI 对象了。

【实例 9】

- 在 GUI Map 中编辑 GUI 对象的属性。
- 新增一个 GUI 物件到 GUI Map 中。
- 使用执行精灵(Run wizard)自动侦测使用者界面的变动，并自动更新 GUI Map。

1. 在 GUI Map 中编辑 GUI 对象的属性

假设在新版本的 Flight Reservation 应用程序中，原本的 Insert Order 按钮已经修改成 Insert 按钮，为了要让用到 Insert Order 按钮的测试脚本可以继续被使用，必须在 GUI Map 中修改 Insert Order 按钮的卷标。

① 开启 WinRunner 并加载 GUI Map File。

② 开启 GUI Map Editor。选取 Tools→GUI Map Editor 命令，开启 GUI Map Editor。

在 GUI Map Editor 选取 View→GUI Map，则 Windows/Objects 会列出目前 GUI Map 的内容，每个 GUI 对象会根据其类别(class)以不同的图标显示，并显示 GUI 对象的逻辑名称。

③ 找到 Insert Order 按钮。在 GUI Map Editor 中选择 View→Collapse ObjectsTree 命令，以便只监视窗口。双击 Flight Reservation 窗口，Flight Reservation 窗口会展开并显示属于 Flight Reservation 窗口的所有 GUI 对象，找到 Insert Order 按钮。

④ 监视 Insert Order 按钮的实体描述。选择 Insert Order 按钮，在 GUI Map Editor 下方会显示 Insert Order 按钮的实体描述。

⑤ 修改 Insert Order 按钮的实体描述。单击 Modify 按钮或双击 Insert Order 按钮，会开启 Modify 窗口，并显示 Insert Order 按钮的逻辑名称与实体描述。在 Physical Description 中将 label 属性从 Insert Order 改成 Insert。单击 OK 按钮，储存修改。

⑥ 关闭 GUI Map Editor。选择 File→Save 储存 GUI Map，然后选择 File→Exit 关闭 GUI Map Editor。

2. 新增 GUI 物件到 GUI Map

当应用程序新增 GUI 对象时，只要以 GUI Map Editor 的学习(learn)功能，就可以将新增的 GUI 对象加到 GUI Map 中，不需要再执行 RapidTest Wizard。GUI Map Editor 可以一次学习一个 GUI 对象或是一个窗口中的所有 GUI 对象。

3. 让 WinRunner 学习 Flight Reservation 登录窗口

① 开启 Flight Reservation 并登录。执行【开始】→【程序】→WinRunner→sample Applications→Flight 4A 命令。

② 开启 GUI Map Editor。在 WinRunner 中选择 Tools→GUI Map Editor 命令。当 GUI Map Editor 开启后选择 View→GUI Files 命令。

③ 学习登录窗口的所有 GUI 对象。单击 Learn 按钮，此时光标会变成，选择登录窗口的标题列，则 WinRunner 会跳出一个信息窗口，询问是否要学习窗口中所有的 GUI 对象。单击 Yes 按钮后，注意看 WinRunner 如何将窗口中的 GUI 对象学习下来的。

④ 储存 GUI Map。选择 File→Save 命令储存 GUI Map，单击 OK 按钮将新的窗口与 GUI 对象储存到 flight4a. gui 中。

⑤ 关闭 GUI Map Editor。选择 File→Exit 命令，关闭 GUI Map Editor。

⑥ 关闭登录窗口。在登录窗口中单击 Cancel 按钮。

4. 使用执行精灵(Run wizard)自动更新 GUI Map

在测试执行过程中，假如 WinRunner 在应用程序上无法找到测试脚本中所使用的 GUI 对象，就会自动开启执行精灵(Run wizard)。通过执行精灵(Run wizard)，可以让 WinRunner 自动重新识别找不到的 GUI 对象或是新增 GUI 对象。

举例来说，当 WinRunner 在 Flight Reservation 执行到单选 Insert Order 按钮的测试脚本：

```
button press("Insert Order");
```

假设这个按钮的卷标(label)已经从 Insert Order 改成 Insert。这时执行精灵(Run wizard)会自动开启,并提醒 WinRunner 找不到 Insert Order 按钮。然后单击按钮,并重新单击 Insert 按钮。这时执行精灵(Run wizard)会建议解决方案,单击 OK 按钮,则执行精灵(Run wizard)会自动更新 Insert Order 按钮的实体描述,并且从中断的地方继续执行下去。

① 开启 GUI Map Editor。在 WinRunner 中选择 Tools→GUI Map Editor 命令,当 GUI Map Editor 开启后选择 View→GUI Files 命令,并在 GUI Files 中选取 flight4a. gui。

② 从 GUI Map Editor 中删除 Fly From 清单对象。选择位于 Flight Reservation 窗口下的 Fly From 清单对象,并单击 Delete 按钮,删除后存档并关闭 GUI Map Editor。

③ 开启 Flight 4A 并登录。

④ 开启 exam3 测试脚本并执行。

⑤ 依照执行精灵(Run wizard)的指示将 Fly From 清单对象加到 GUI Map,由于 Fly From 清单对象已经被删除,所以执行精灵(Run wizard)会开启,同样单击按钮,并重新选择 Fly From 清单对象,然后单击 OK 按钮,则执行精灵(Run wizard)会自动将 Fly From 清单对象加到 GUI Map 中。

另外由于之前变更了 Insert Order 按钮的实体描述,同样也使用执行精灵(Run wizard)将 Insert Order 按钮的实体描述改回来,则 WinRunner 继续完成测试脚本的执行。

⑥ 储存 GUI Map。选择 File→Save 命令,储存 GUI Map,单击 OK 按钮将新的窗口与 GUI 对象储存到 flight4a. gui 中。

⑦ 关闭 GUI Map Editor。选择 File→Exit 命令,关闭 GUI Map Editor。

⑧ 关闭 Flight Reservation。选择 File→Exit 命令,关闭 Flight Reservation。

习 题

1. 列举出 WR 学习软件 GUI 的不同方式。

2. 比较 WinRunter 中 GUI map file per test 和 Global GUI map file 两种模式的区别。

3. 简述利用 WinRuner 进行测试的过程中分为哪几个阶段,即操作步骤是什么?

4. 给出 WinRuner 中将测试脚本转换为数据驱动测试脚本的一种实现步骤。

5. 仿照【实例 4】,在 Flight Reservation 样本软件的 Flight 4B 版本中建立 GUI 对象检查点。

6. 仿照【实例 5】,在 Flight Reservation 样本软件的 Flight 4B 版本中建立图像检查点。

参考文献

[1] 张海藩. 软件工程导论. 第 4 版. 北京:清华大学出版社,2003.
[2] 朱少民. 软件测试方法和技术. 北京:清华大学出版社,2005.
[3] [美]布莱克(Black,R.). 软件测试实践:成为一个高效能的测试专家. 郭耀,等译. 北京:清华大学出版社,2008.
[4] 武剑洁,等. 软件测试技术基础. 武汉:华中科技大学出版社,2008.
[5] 贺平. 软件测试教程. 北京:电子工业出版社,2007.
[6] 袁玉宇. 软件测试与质量保证. 北京:北京邮电大学出版社,2008.
[7] 柳爱利,周绍磊. 自动测试技术. 北京:电子工业出版社,2007.